浙江海洋大学教材建设基金资助

海洋资源管理

崔旺来　钟海玥◎著

U0190054

中国海洋大学出版社
CHINA OCEAN UNIVERSITY PRESS
·青岛·

图书在版编目（CIP）数据

海洋资源管理/崔旺来,钟海玥著. —青岛：
中国海洋大学出版社,2017.2
ISBN 978-7-5670-1383-4

Ⅰ.①海… Ⅱ.①崔… ②钟… Ⅲ.①海洋资源—资
源管理 Ⅳ.①P74

中国版本图书馆 CIP 数据核字（2017）第 070776 号

出版发行	中国海洋大学出版社			
社　　址	青岛市香港东路 23 号		邮政编码	266071
出 版 人	杨立敏			
网　　址	http://www.ouc-press.com			
电子信箱	harveyxyc@163.com			
订购电话	0532-82032573(传真)			
责任编辑	徐永成		电　　话	0532-82032643
印　　制	青岛国彩印刷有限公司			
版　　次	2017 年 2 月第 1 版			
印　　次	2017 年 2 月第 1 次印刷			
成品尺寸	185 mm×260 mm			
印　　张	18			
字　　数	410 千			
印　　数	1~10000			
定　　价	56.00 元			

发现印刷质量问题,请致电 0532-88183078,由印刷厂负责调换

高等学校海洋科学类本科专业基础课程规划教材
编委会

总前言

　　海洋是生命的摇篮、资源的宝藏、风雨的故乡,贸易与交往的通道,是人类发展的战略空间。海洋孕育着人类经济的繁荣,见证着社会的进步,承载着文明的延续。随着科技的进步和资源开发的强烈需求,海洋成为世界各国经济与科技竞争的焦点之一,成为世界各国激烈争夺的重要战略空间。

　　我国是一个海洋大国,拥有18 000多千米的大陆海岸线和约300万平方千米的主张管辖海域。这片广袤海疆蕴藏着丰富的海洋资源,是我国经济社会持续发展的物质基础,也是国际安全的重要屏障。我国是世界上利用海洋最早的国家,古人很早就已从海洋获得"舟楫之便,渔盐之利"。早在2 000多年前,我们的祖先就开启了"海上丝绸之路",拓展了中华民族与世界其他国家的交往通道。郑和下西洋的航海壮举,展示了我国古代发达的航海与造船技术,比欧洲大航海时代的开启还早七八十年。然而,到了明清时期,由于实行闭关锁国的政策,我们错失了与世界交流的机会和技术革命的关键发展期,我国经济和技术发展逐渐落后于西方。

　　新中国建立以后,我国加强了海洋科技的研究和海洋军事力量的发展。改革开放以后,海洋科技得到了迅速发展,在海洋各个组成学科以及海洋资源开发利用技术等诸多方面取得了大量成果,为开发利用海洋资源,振兴海洋经济,做出了巨大贡献。但是,我国毕竟在海洋方面错失了几百年的发展时间,加之多年来对海洋科技投入的严重不足,我国的海洋科技水平远远落后于其他海洋强国,在国际海洋科技领域仍处于跟进模仿的不利局面,不能最大限度地支撑我国海洋经济社会的持续快速发展。

　　当前,我国已跨入实现中华民族伟大复兴中国梦的征程,党的"十八大"提出了"提高海洋资源开发能力,发展海洋经济,保护海洋生态环境,坚决维护国家海洋权益,建设海洋强国"的战略任务。推动实施的"一带一路"战略,开启了"21世纪海上丝绸之路"建设的宏大工程。这些战略举措进一步表明了海洋开发利用对中华民族伟大复兴的极端重要性。

实施海洋强国战略,海洋教育是基础,海洋科技是脊梁。培养追求至真至善的创新型海洋人才,推动海洋技术发展,是涉海高校肩负的历史使命!在全国涉海高校和学科如雨后春笋快速发展的形势下,为了提高我国涉海高校海洋科学类专业的教育质量,教育部高等学校海洋科学类专业教学指导委员会(2013~2017)根据教育部的工作部署,制定并由教育部发布了《海洋科学类专业本科教学质量国家标准》,并依据本标准组织全国涉海高校和科研机构的相关教师与科技人员编写了"高等学校海洋科学类本科专业基础课程规划教材"。本教材体系共分为三个层次:第一层次为涉海类本科专业通识课:《普通海洋学》;第二层次为海洋科学专业导论性质通识课:《海洋科学概论》《海洋技术概论》《海洋资源导论》和《海洋工程概论》;第三层次为海洋科学类专业核心课程:《物理海洋学》《海洋气象学》《海洋声学》《海洋光学》《海洋遥感及卫星海洋学》《海洋地质学》《化学海洋学》《海洋生物学》《海洋生态学》《海洋资源管理》《生物海洋学》《海洋调查方法》等,将由中国海洋大学出版社陆续出版发行。

本套教材覆盖海洋科学、海洋技术、海洋资源与环境和军事海洋学等四个海洋科学类专业的通识与核心课程,知识体系相对完整,难易程度适中,作者队伍权威性强,是一套适宜涉海本科院校使用的优秀教材,建议在涉海高校海洋科学类专业推广使用。

当然,由于海洋学科是一个综合性学科,涉及面广,且限于编写团队知识结构的局限性,其中的谬误和不当之处在所难免,希望各位读者积极指出,我们会在教材修订时认真修正。

最后,衷心感谢全体参编教师的辛勤努力,感谢中国海洋大学出版社为本套教材的编写和出版所付出的劳动。希望本套教材的推广使用能为我国高校海洋科学类专业的教学质量提高发挥积极作用!

教育部高等学校海洋科学类专业教学指导委员会

主任委员　吴德星

2016 年 3 月 22 日

前　言

　　海洋与我们的生活息息相关,历来是人类生存和发展不可替代的重要资源和物质载体。海洋利用随着人类的出现而产生,并随着人类社会生产的发展而不断演进和变化。人类向海洋索取的越来越多,同时又将大量生活和生产中的废弃物等返还给海洋,致使海洋环境质量恶化,直接威胁人类的生存和可持续发展。为提高海洋利用的生态、经济和社会效益,实现海洋资源的可持续利用,必须综合运用行政、经济、法律和技术手段,对海洋资源利用进行计划、组织、协调和控制。由此,海洋资源管理学应运而生。

　　海洋资源管理的基本内容是由海洋资源管理的目的和任务所决定的,主要包括基础管理、用海管理、措施管理。基础管理是海洋资源管理的基础,其任务是认识海洋资源的属性,摸清区域内海洋资源管理的数量和质量状况,制定管理的基本规范,为海洋资源管理各项工作提供基础资料。用海管理是海洋资源管理的核心,其根本任务是对海洋利用实行宏观控制和微观计划管理,保证海洋在利用过程中发挥最大的生产力,主要包括海洋功能区划的编制、实施和管理,海域使用论证、使用权流转和监督检查,以及海洋资源利用与可持续利用。措施管理是管理实现的手段,包括海洋资源利用过程中的一系列法律的、行政的、经济的、生态的和信息的手段和措施。这三个部分是相互联系、不可分割的总体,构成了海洋资源管理的完整科学体系。本书正是基于这种思路,组织编写各章节。全书由 10 章组成:第一章,绪论,主要介绍海洋资源的概念,海洋资源的属性和海洋资源管理的性质、内容、原则和体制等;第二章,海籍管理,主要介绍海籍管理的内涵、海域使用分类体系、海籍调查内容、海域使用权登记、海域使用统计和海籍档案管理;第三章,海洋资源调查,主要介绍海洋资源调查的内容、方法和程序;第四章,海洋功能区划管理,主要介绍海洋功能区划的体系、编制、审批与实施;第五章,海域使用管理,主要介绍海域使用管理的内涵和论证管理,海域使用权管理、价值评估以及海域使用监督检查;第六章,海洋资源经济管理,主要介绍海洋资源经济管理理论、海洋资源的经济相关性、海洋资源利用经济效益评价、海洋资源部门间分配和再分配;第七章,海洋资源法律管理,主要介绍海洋资源法律管理的概念、内容、体系、调整对象、调整内容、国际海洋法的形成、内涵和国外海洋资源基本法,以及我国海洋资源管理相关法律;第八章,海洋资源生态管理,主要介绍海洋资源生态管理的内涵、原则、目标、内容和手段,以及海洋资源生态系统和环境问题、生态用海调控、海洋资源生态承载力管理、海洋生态保护区管理和海洋资源生态系统管理;第九章,海洋资源可持续利用管理,主要介绍海洋资源可持续利用的含义,海洋资源可持续利用管理的基本原则和主要内容;第十章,海洋信息管理,主要介绍海洋信息管理含义、海洋地理信息系统、海籍管理信息系统和海域动态监视监测管理系统。

本书章节的编写分工如下:第一章崔旺来、刘超,第二章钟海玥、应晓丽、梅依然,第三章钟海玥、陈骏玲,第四章崔旺来、俞仙炯,第五章钟海玥、梅依然、应晓丽,第六章崔旺来、刘超,第七章崔旺来、俞仙炯,第八章崔旺来、俞仙炯、刘超,第九章崔旺来、应晓丽,第十章钟海玥、应晓丽。全书由崔旺来、钟海玥统稿。

本书的编写是在参阅了众多专家学者已有相关教材、专著、论文和研究成果的基础上完成的,在此向这些专家学者表示深深的谢意。

海洋资源管理是一门新兴学科,至今在国内外尚无现存教材可供借鉴,虽然参编者们竭尽了自己最大的努力,可限于认识和水平,书中不足之处在所难免,敬请同行们不吝赐教。

作者
2016. 8

目　录

第一章 绪 论

第一节 海洋与海洋资源

一、海洋与海洋资源的概念

(一)海洋的概念

海洋是人类文明的发源地,与我们的生活息息相关。长期以来,人类从不同角度给海洋赋予了不同的概念和含义。在原始社会中,海的知识已经萌芽,甲骨文中虽尚未找到"海"字,然有"晦"字,据汉人刘熙《释名》:"海,晦也"。大概古人认为"晦"、"海"可以通借,因为郁郁苍苍的天空如同浩瀚深邃的海水,可以合二为一。古人讲的"海"的确太大了,只有与"天"才能匹配。东汉时期,许慎在《说文解字》中,对"海"的解释是:"海,天池也",《说文解字注》中称:"凡地大物博得皆得谓之海。"意思是说"海"是无边无际的。晋《博物志》记载:"旧说云:天河与海相通,近世有人居海渚者,年年八月,有浮槎去来,不失期。"从视觉体现天河与海相通的观念。《海洋百科全书》解释:"洋"即"海洋",希腊神话认为圆盘形的地球外围被大型水流或江河所环绕,同时把江河人格化,称其为海洋,即太古掌管大水的神,Uranus 和 Gaia 的儿子,同时也是 Tethys 的丈夫。古老的海洋概念仅指地中海之外的外海,而现代意义的海洋是指地球表面上相连接的广大咸水体。海洋包围着陆地、占地球总表面积的 70% 左右。近代一些社会学家很形象地证明汉字中的海字是由"水"、"人"、"母"三部分组成,说明从有文字起,海洋作为"中华民族之母"意识已扎根于民族文化的土壤中,并且与人类生活息息相关。

虽然有关海洋含义的产生历史上已经相当久远,但对海洋的含义科学地界定则是近代的事情。由于海洋涉及的领域非常广泛,涵盖土地学、法学、经济学、政治学、物理学、生态学等多学科领域,所以从事不同专业的学者从不同的角度对海洋有着不同的认识。关于"海洋"其他的内涵、外延,则是随着人类开发利用海洋的深入而不断相加和综合的,美国学者蒂默(Peter Cry Tumer)和阿姆斯特朗(Jom M Armstrong)就认为"海洋"包括其自然部分、管理部分、管辖部分三大范围,基本的是自然部分,即表层水、水体、海床、底土,其他部分(管理、管辖)都与国家、政府的意志相关。首先,从土地学角度看,"海洋"是一个地理的区域概念,是我国 $3×10^6$ 平方千米神圣不可分割的国土。从法学的角度来看,"海洋"是由业已生效的所有海洋国家签署的《联合国海洋法公约》确定下来的,全球 $3.61×10^8$ 平方千米的海洋被分割为"领海"、"毗连区"、"专属经济区"、"大陆架"、"用于国际航行的海峡"、"群岛水域"等,并分别制定了一系列区域性海洋法律制度。从经济学观点来看,海洋是人类赖以生存和发展的资源宝库,所以在经济学上,海洋与海洋资源是联系在一起的。政治学上的海洋称为国家领土,根据现行的国际法规定,国家领土是指国家主权管辖下的地球表面的特定部分,包括领陆、领水、领陆和领水的底层土以及领陆和领水上面的空气空间。可见已经为"海洋"赋予了国家意志的政治、经济、环境、科学技术的内涵,并确定了立足于"国家"的海洋利用和开发的框架。在物理学上,海洋是由作为主体的海水水体、生活于其中的海洋生物、邻近海面上空的大气和围绕海洋周缘的海岸等组成的多维结构体。

如今,人类从不同角度给海洋赋予了不同的概念与含义。这里我们从广义与狭义的角度解释海洋的含义,从广义角度讲,海洋是指作为海洋主体的海水水体、生活于其中的海洋生物、邻接海面的空气空间,以及围绕海洋周缘的海岸和海床与底土所组成的统一体。从狭义角度讲,海洋是指作为海洋主体的广袤无边、连续不断的海洋水体。

综上所述,可以得到如下结论:

1. 海洋是自然综合体

海洋的性质取决于其各个组成部分,如从渔业生产来看,气候、水质、海底矿物质、海底植物等自然要素均对渔业生产施加一定的影响,但这些影响不是孤立的,而是彼此联系、相互制约的。换言之,渔业生产并不仅仅受某一因素的影响,而取决于各个因素之间的相互联系和相互结合。海洋矿产资源的开发利用也是如此,不应只考虑海底地基的承载力,还应顾及气候条件、海底地质地貌及海底构造和板块运动状况。实际上,海洋的综合概念正是在这类生产实践过程中逐步形成和发展起来的。

2. 海洋是一个垂直系统

在海洋表面,每一片海域占据着特定的三维空间。笼统地说,垂直系统从空中环境直到海底地质层,处于岩石圈、大气圈和生物圈相互接触的边界。从空间视角立体地看待整个海洋资源,我们会发现海洋就其物理性质来说是"多相"(multi-phase)的,它包含了水体上面的空气、水体本身以及水体之下的底土(subsoil),可以说是气态、固态、液态三相俱全。我们还可以发现,在空气、水体、底土与陆地之间,存在有空气与水体间的海表面(sea surface),水体与底土间的海床(sea-bed)及水体与陆地间的海岸(coast)等三个界面(interfaces)[①]。

---

① 胡念祖. 海洋政策:理论与实务研究[M]. 台湾:五南图书出版有限公司,1997.

图1-1　海洋空间垂直系统示意图

3. 海洋是一种历史综合体

这是说海洋具有发生和发展的历史过程,它是在长期的地质历史过程中形成的。海洋的形成要追溯到距今约38亿年前。在地球诞生的初期,由于大规模的陨石碰撞,带来了水蒸气,并不断地将深藏在地球内部的水蒸气翻搅上来,最终随着地球表面的逐渐降温,水蒸气逐渐冷却凝结,形成现在地表的海洋。

(二)海洋资源的概念

《辞海》中将资源定义为"资财的来源",即能带来资财的一切"东西",包括天然的和人为的。这一解释赋予资源概念质的规定,即"能够产生经济价值"。联合国环境规划署(UNDP)认为,自然资源是指一定时间、地点条件下能够产生经济价值,以提高人类当前和将来福利的自然环境因素和条件。所以自然资源是指在一定的技术经济条件下,现实或可预见的将来能作为人类生产和生活所用的一切资料。

海洋资源是指在一定的技术经济条件下可以为人类利用的海洋,包括可以利用而尚未利用的海洋和已经开发利用的海洋的总称。严格地说,海洋与海洋资源的概念是有差别的,海洋资源是目前或可预见的未来能够产生价值的海洋,海洋与海洋资源的关系见图1-2。但这种差别又是比较模糊的,海洋资源的范围随着科学技术的进步正在

图1-2　海洋与海洋资源的关系示意图

不断扩大。一些资源当前用途极少,甚至毫无用处,但随着科学技术的进步,人类社会发展以及需求的多样化,在将来完全有可能变为有用的甚至是宝贵的资源。

二、海洋资源的属性

海洋首先是一个自然概念,是由各种自然物构成的综合体,同时它也是一个经济学的概念,是作为"一切劳动对象"的生产资料。所以,海洋资源同时具有自然属性和经济属性,从这个意义上说,海洋可以称为自然-经济综合体。

(一)海洋资源的自然属性

1. 海洋资源数量的有限性

由于人类对海洋资源的认识不足,加之在海洋资源的使用过程中没能遵循可持续利用的原则,导致多种问题的发生。对海洋的不可再生资源来讲,在其被使用过程中,很少会有人去思考社会的最佳使用途径,这往往导致不可再生资源的浪费。对海洋的可再生资源来讲,人类过度开采导致其迅速衰竭。人口增长,使得人类对海洋资源的依赖逐步加大,这将愈加突显海洋资源的稀缺。不同国家对海洋资源的不均等占有,其结果,往往使

得富国越富、穷国越穷。

2. 海洋资源介质的流动性

海水不是静态的，而是动态的，朝着水平或垂直方向运动。溶解于海水中的物质随着海水的流动性而位移；污染物也经常随着海水的流动在大范围内移动和扩散；部分鱼类和其他海洋生物也具有洄游的习性。这些海洋资源的流动，使人们难以对这些资源进行明确而有效地占有和划分。世界海洋是连成一个整体的，鱼类的洄游无视人类森严的疆界而四处闯荡，此种资源的开发，在不同的国家间产生了利益和产权责任分配问题。污染物的扩散和移动，造成归属海域和领海国家的损失，甚至引起国际纠纷。这些都需要世界各国紧密配合、相互支持、谋求合作共赢。

3. 海洋资源的不可复制性

海域与海域之间因自然环境、地理位置等因素的不同，造成海域性能的独特性和差异性，因此，即便是在同一片海域，海洋资源的差异性还是很明显的，其资源的功能效用也是不同的。这体现出海洋资源的不可替代性和复制性。

4. 海洋资源环境的脆弱性

海洋水系是一个统一整体，各个水域的分布不同，潮间带和近海水域水层浅、变换慢、环境复杂、海水自净能力差，一旦受污染，容易引发病害，并能迅速蔓延整个海域，直接影响海洋渔业，同时也会对旅游业、人文景观以及人类的身体健康造成危害。如海上石油开采过程，有导致海洋大面积污染的风险；海洋渔业捕捞有产生渔业资源枯竭的风险等。海底矿产的开采会影响海底生态系统的健康存在，这种影响是否一定会构成风险，人们还没有清晰的认识，所以在海底矿产开发过程中，也没有相对完善的预防预警措施，而这一类问题一旦产生，后果将很难预料。

5. 海洋资源空间分布复杂性

海洋资源的分布在空间区域上符合程度较高，各海域有各自不同资源分布并构成各具有特色的海洋资源区域，例如大陆架的石油资源，国际海底区域的铀矿资源。海洋表面、海洋底部都广泛分布着各种资源，立体性强。另外，在同一片海区也会存在着多种资源。海洋资源区域功能的高度复杂性，使得海洋资源的开发效果明显，响应速度快，这样为合理选择开发方式增加了困难，要求必须强调综合利用，兼顾重点。

（二）海洋资源的经济属性

1. 海洋资源供给的稀缺性

海洋资源数量的有限性和海水介质的流动性决定了海洋资源供给的稀缺性，就像商品一样，如果生产的少，用的人多，就会导致供不应求。可见，海洋资源的稀缺性在特定时期和特定海区才能表现出来，由此可以引申出海洋资源利用的制约性。不同的海区，不同的条件，导致海洋资源的用途有所不同，而一种用途向另一种用途的变更同样受到诸如地理位置、地形、地貌特征等因素影响，从而使得这种用途的海洋资源供给在一定区位、一定时期变得稀缺。

2. 海洋资源用途的可转换性

海洋资源可以有很多用途,而且在不同的用途间可以相互转换。如海岸带资源经开发为农用地、养殖用地、房地产用地、海洋旅游休闲用地、港口用地、临海工业用地;在一定条件下,这些海岸带资源和海水资源的用途之间可相互转换交替使用。因此,要妥善保护好海洋资源,通过改变海洋资源用途来调整具体海区某种类型海洋资源的供求状况。

3. 海洋资源产权的模糊性

对于海洋资源而言,法律明确规定所有权归国家所有。但是,长期以来国家所有权缺乏人格化的代表,在实际的经济运行中是虚化模糊的,表现在其所有权和使用权的泛化和管理的淡化上,实际上是"谁发现、谁开发、谁所有、谁受益"。在产权不具有排他性的情况下,对海洋资源的开发、利用和保护的权责利关系就无法确定。海洋资源所有权代表地位模糊,各种产权关系缺乏明确的界定,造成沿海各个利益主体之间经济关系缺乏协调。同时,海洋资源的流动性又决定了海洋资源产权的模糊性。如海洋渔业资源具有洄游性,除领海和专属经济区外,海洋的极大部分没有划分国界,即使是在一国的领海,或跨区域的河流,一般也没有明显的省、市或州等界线,因此在某一水域中,对于渔业资源产权归属仍具有模糊性。

4. 海洋资源的公共性

就海洋资源的属性来看,它同样具有商品性和公共产品性两个特征,尤其是其公共物品性表现得更加明显。海洋作为一个连通的整体,任何一个国家或地区均不能独占海洋资源,这与陆地有很大的不同。如大多数海洋鱼类属于捕获者,这一点与内陆的养殖鱼类,在其进入市场完成交易之前只属于养殖者有着很大的区别。海洋资源的公共性,一方面体现了国家性,表现为国家管辖海域内的自然资源通常属于国家所有,在海洋资源的管理中必须在国家有关法律、法规框架内,运用适当的公共产品管理手段进行管理,如海洋的空间资源。另一方面则体现了国际性,国际海洋法明文规定国际水域资源属于全人类所有,使各国在海洋资源的开发活动中,容易产生一定的利益关系或利益冲突,以海洋资源问题为中心的国际争端则是常年不休,这就亟待寻求一种共同的准则以协调利益、责任、义务的分配和履行。

三、海洋资源的功能

(一)养育功能

海洋中的许多动物和植物可以食用,是潜力极大的优质食物宝库。已知全世界海洋中生物种类 20 多万种,其中鱼类约 1.9 万种,甲壳类约 2 万种。海洋为人类提供食物的能力是每年约生产 1.35×10^{11} 吨有机碳,在不破坏生态基本平衡的情况下,每年可提供 3×10^{9} 吨 水产品,如按成人每年所需食用量

图 1-3　海洋牧场

计算,至少可供 300 亿人食用。海洋中还有大量天然植物资源有待开发利用,近海水域还可以变成人工海上农牧场,成为大规模食品生产基地。

(二)承载功能

海洋不仅为人类提供了航运、捕捞、养殖空间,而且还提供了人类发展所需要的海上城市、海上工厂、海上电站、海上娱乐场、海底隧道、海底仓库、海洋牧场等新兴海洋工程建设空间。利用海洋的立体空间和自然环境优势,开发建设可供人类长期居住、生产、生活、娱乐和科研等日常性活动的场所,是人类从陆地迈向海洋的关键一步,也是利用海洋资源的核心内容。发展海上城市是近年来海洋资源利用进展中可行的研究项目,是海洋对人类生存空间的"无限"价值体现。

图 1-4　海上城市

(三)仓储功能

海洋矿产资源主要来自地壳,是地壳中具有开采价值的物质,如海洋石油、天然气以及钛铁、金刚石、铌铁、琥珀砂等。这些矿产资源蕴藏在海底,海洋为其仓库。富含矿产资源的海洋,即工矿用海,不仅为矿产资源提供仓储场所,而且也为矿产资源的开采、加工等提供场所。海洋资源的仓储功能还体现为海底货场、海底仓库、海上油库、海洋废物处理场等。

图 1-5　马里亚纳海沟

(四)景观功能

景观意义上的海洋是一种环境资源,具有景观功能的海洋价值在于舒适性和美学价值。风景旅游用海、自然保护区用海就是发挥海洋景观功能的海洋资源利用方式。如海洋公园、海滨浴场、海上运动区、岩礁岸滩、珊瑚礁、红树林、海岛景观、海滨沙滩、深海环境等。

图1-6　滨海浴场

四、海洋资源研究简史

（一）我国的海洋资源研究简史

早在石器时代,人类的祖先就与海洋发生了密切的联系。在距今18 000多年前的北京周口店山顶洞人穴居的洞内,就发现了作装饰品的海蚶壳。我国考古学家在沿海各地发现数十处贝丘遗址,多是距今4 000年左右的原始人类采拾贝类留下的遗迹。以"贝"作为偏旁,说明在文字形成的初期,"贝"曾广泛作为货币使用,证明古代商品经济的出现与海洋有密切的联系。在远古时代,海洋除了通过气候的调节作用,影响着人类的活动和人类文明社会发展之外,一方面它构成了阻隔不同地区人民往来交流的障碍;另一方面,人们又从岸边的浅海获取鱼类、贝类和海藻等海洋资源作为食物。据我国史书记载,早在2000多年前的战国时期,位于山东东部的齐国就已经开始生产海盐了,并将海盐运销列国,换取其他生产和生活用品,推动齐国经济发展。到了汉代,天津府志详细记载塘沽、汉沽一带的海盐生产状况:"近海之区,预掘土沟,以待海潮入侵,注满晒之。"在《宁河乡图志》中亦有"用八尊风车,将潮水车入沟内,使之入池,暴晒即成盐"的记载。原始海洋渔业的出现,是人类认识海洋和开发利用海洋的第一个伟大胜利。公元220～460年的魏晋南北朝时期,我国的船只就来往于中国和波斯湾之间。到了15世纪初,我国古代著名航海家郑和七下"西洋",成为世界的创举,他们除了与所到各国进行经济交流外,宣扬明代高度发达的中国文化,还对沿海各海区、岛屿和海岸进行了调查,编制海图志20幅40面,对航线、港口、浅滩等均有可靠记载。这对早期我国海洋资源的研究起到了推动作用。

明代中叶以后,由于统治阶级采取闭关锁国的政策,使得我国海洋事业一蹶不振,海洋资源调查与制图研究基本处于停滞状态,直至新中国成立后,停滞数百年的海洋事业才步入正轨。

20 世纪 50 年代，中国科学院在山东青岛建立海洋生物研究所，随后几年又将海洋生物研究所扩建为海洋研究所。此外，我国的海洋资源调查从零开始，最早进行的是海洋生物资源调查，如 1953 年进行的烟台、威海鲐鱼渔场调查，辽东湾毛虾渔场调查等。接着 1957 年进行渤海、北黄海多船同步观测工作，1958 年进行了海洋大普查以及其他各种专业性或综合性的调查，此次调查使我国海洋资源研究进入了一个大发展时期。海洋资源的开发利用和海洋人才的培养工作正式成为海洋资源研究的推动力量。这一时期的主要特点是建立海洋资源研究所，开展海洋资源调查。

60 年代中期到 70 年代中后期，由于国民经济建设的需要，1964 年国务院设立了国家海洋局，并下设第一、二、三、四海洋研究所和海洋仪器研究所；还成立了国家水产总局，下设黄海、东海、南海水产研究所；在地质方面先后成立燃化部海洋石油勘探指挥部、地质部海洋地质调查局，下设四个调查大队，专门从事海洋矿产资源调查，以后又成立海洋地质研究所。现在已有了一支专门进行综合地质调查的队伍。在大连、青岛、天津、厦门、浙江等地都先后成立有海水资源综合利用研究所，还有海水淡化研究单位以及许多其他专业研究机构及科技情报机构，科技队伍不断壮大，他们的研究工作颇有成效，在实践上和理论上都提出了不少独到的见解。1965 年建成 2 500 吨的"东方红"号调查船，设计制造自升式石油钻探装置、海洋地质钻井船促进了我国海洋资源开发、研究的发展。1976 年春季，我国万吨级大型调查船"向阳红 05"号和"向阳红 11"号在太平洋海域进行远洋调查活动，标志我国海洋资源调查已伸向深海。这一时期的主要特点：① 成立海洋资源管理机构；② 建造大型海洋资源调查船；③ 海洋资源调查伸向深海。

80 年代中后期以来，海洋资源研究侧重于海洋产业发展、海洋资源资产、海洋资源评价及海洋规划等研究，如为配合环渤海海洋资源产业布局开展的研究、海域使用功能划分等。我国有关部委于 1984 年组织专家开展了对部分自然资源实物量和价值量的初步核算，探讨了核算理论、核算方法、核算技术等问题。《中国海洋 21 世纪议程》提出应通过海洋资源价值评估，开展海洋资源的资产化管理。1989 年中国为适应近岸海域环境保护工作的需要，全面启动全国海洋功能区划工作，开始编制近岸海域环境功能区划。近岸海域环境功能区划依据近岸海域的自然属性和社会属性以及海洋自然资源的开发利用现状，对近岸海域按照不同的使用功能和保护目标来规划海洋区域。联合国《21 世纪议程》明确指出，海洋是全球生命支持系统的一个基本组成部分，也是一种有助于实现可持续发展的宝贵财富。可持续开发利用海洋资源是人类进军海洋的正确选择。《中国海洋 21 世纪议程》也同样明确提出，建设良性循环的海洋生态系统，形成科学合理的海洋开发体系，促进海洋经济持续发展。随着 2003 年国务院印发《全国海洋经济发展规划纲要》（国发〔2003〕13 号）文件，我国于 2004 年开始有史以来规模最大的近海调查项目——我国近海海洋综合调查与评价项目（2004~2009 年），我国近海海洋综合调查与评价项目包括三项基本内容，即我国近海海洋综合调查、我国近海海洋综合评价、我国"数字海洋"信息基础框架构建。2008 年 2 月，中国第一部海洋工作综合性规划《国家海洋事业发展规划纲要》面世，明确提出重点发展天然气水合物勘探开发技术、大洋矿产资源与深海基因资源探查和开发利用技术和海洋可再生能源技术等的研究开发,为拓展海洋资源开发的深度与广度提供战略性的技术储备。积极发展海水淡化与综合利用技术、海洋油气高效利用技术、深海油气勘探开发技术、海洋能利用技术、海洋新材料技术、海洋生物资源可持续利用技术和高效增养殖技术的研发和应用。加强海洋基本理论和基础学科建设,协调发展物理海洋学、海洋地质学、生物海洋学、海洋生物地球化学、海洋生态学、海洋环境学和海洋工程学等学科。推进海洋科学与其他科学之间交叉研究,开拓海洋科学新领域。重点开展中国海及大洋环境变异规律、海洋地质过程与资源环境效应、海洋生态系统演变过程与生态安全、深部生物圈与海洋极端环境生物、全球气候变化的区域海洋响应、环渤海地区复合污染、生态退化及其控制修复原理和海气相互作用与气候变化等研究。围绕海洋资源、环境、生态和权益问题,开展海洋战略、区域海洋管理、海洋权益维护、海洋经济等社会科学基础理论研究和创新。按照整合、共享、完善、提高的原则,优化组合现有科技力量,集中配置大型科学仪器设备,推进海洋微生物菌种、动植物种质、海洋地质样品、极地样品标本等海洋自然科技资源服务平台建设。通过科技推进平台的业务化运行,合理配置海洋科技和信息资源,促使新兴产业得到快速发展,支撑和引领海洋经济转向资源节约型、环境友好型和区域协调型发展模式。《国家海洋事业发展"十二五"规划》立足于《国家海洋事业发展规划纲要》,结合新形势,对新时期海洋资源开发技术做出了全面深入的部署。与此同时,一批海洋资源保护法规相继出台,为海洋资源可持续利用提供相应的立法保障。应该说,进入 21 世纪我国海洋资源的研究也得以更多地展开,这一时期海洋资源研究的特点:① 更加注重海洋资源规划、政策和法律研究;② 关于海洋资源的研究从全国的海域范围逐步过渡到省(市)海域范围,更加注重将海洋资源研究与海洋资源利用规划等实践任务结合起来;③ 海洋资源研究的领域进一步拓宽,将更多的注意力集中于海域的分类、分等和估价以及海岛、海岸带使用利用的价值评估;④ 从过去偏重海洋资源的自然属性逐步转向自然、经济、社会综合,从而显著提高了海洋资源研究成果的实用性;⑤ 计量方法及遥感、地理信息系统等高技术在海洋资源研究中得到了日益广泛的应用,从而明显地增强了海洋资源研究的定量性、先进性和动态预测性。

(二)国外海洋资源研究简史

国外对海洋资源的研究,首先表现在海洋资源利用的研究上。波罗的海沿岸的贝丘文化,北欧斯堪的纳维亚和里海沿岸的古代遗址,证明那里的居民也都经历过原始海洋利用阶段。当时的滨海原始居民过着渔猎生活,利用贝壳作为装饰品和货币。原始海洋开发阶段的基本特征:人们依赖简陋的工具,向海洋索取鱼、盐等基本生活资料,活动范围限于近岸和浅海水域。原始海洋开发利用阶段的意义很大,为人类认识海洋和开发利用海洋积累了初步的知识和经验。

15 世纪以后,随着我国指南针的发明和罗盘仪的应用,以及造船技术的提高,海洋资源调查考察活动逐渐频繁。1492 年,意大利人哥伦布横渡大西洋;1519 年,葡萄牙人麦哲伦作环球航行,这些成为早期的海上航行探索考察活动。18 世纪,英国航海家科克曾进行三次世界性的科学考察航行,他曾在悉尼到托雷斯海峡一带测量了水深、水温、海流和风。

19世纪80年代至20世纪前期,海洋资源研究进入大调查时期。一艘重2300吨的英国军舰"挑战号",游弋太平洋、大西洋和南极冰障附近,第一次使用颠倒温度计测量了海洋深层水温;在362个点上进行了生物标本的采集,总共发现海洋生物4700多种;测量了海底地形、地质;测量了环流、透明度、海洋动植物;分析了海水盐度;在大西洋里首次发现了锰结核;探明了深海中生物生存的结论,被认为是现代海洋科学研究真正的开始。1831—1836年,英国人达尔文乘"贝格尔"舰作南半球航行,进行了地质和生物的考察,并于1859年发表著名的《物种起源》一书,引起了生物学界的一场巨大的革命。1877—1905年,美国"布莱克"号和"信天翁"号两艘调查船,在西印度群岛、印度洋、太平洋上进行了浮游生物、底栖动物的调查。1885—1915年,摩纳哥"希隆德雷"号和"普伦西斯·阿里斯"号等调查船,从赤道北极圈范围内,对大西洋、北冰洋以及地中海进行海洋物理、海洋生物的观测,发现了新的海洋生物并第一次汇编了大西洋表层海流图。此外,在海洋化学研究方面,1884年狄特马证实了海水主要溶解成分的恒比关系;在海流研究方面,1903年桑德斯特朗和海兰—汉森提出了深海海流的动力计算方法,1905年艾克曼提出了漂流理论;海洋地质学方面,默里于1891年出版了《深海沉积》一书。这些调查研究事实成为海洋资源研究的一个划时代的创举①。

20世纪50代初到60年代,由几个国家的海洋科学家,汇集了当时所有海洋水文物理方面的调查研究结果,提出了世界大洋海流模式,人们对海洋环流才有了清晰的了解;对海洋生物资源、化学资源、海洋地质、矿物资源也有了一个较为全面的概念。同时,人们经分析海水中蕴藏着近80种化学元素;对全世界海洋中的生物资源总量做出了定量的估计;提出了鱼类不是均匀地散布于海水之中,而是集中在锋面附近或者上流区域;通过对大洋底锰结核的调查,认为这是最优开发远景的资源之一,有的国家还着手大规模研究提取方法。这一时期总的特点是:第二次世界大战结束以后,各国都需要恢复自己的经济。除去利用有限的陆地资源外,更多的人则把眼光转向海洋,要求政府有计划地开发海洋资源,并且尽可能低给予更多的投资。同时,鉴于过去的海洋资源研究调查方多是落后的单船走航方式,不易搞清楚海洋资源和海洋水文物理性质,因此建议加强国际协作,向多船联合调查方向发展。

20世纪60年代,法国提出了"大陆架开发计划",1962年成立国家海洋开发中心并在这一时期,人造卫星广泛使用,给海洋考察和海洋资源的调查带来了美好的希望。由此,许多发达国家投入大量资金,组织实施与海洋资源调查、研究和开发利用相关的研究计划,以获得开发利用海洋资源的优势。在美国,以加利福尼亚大学斯库里浦斯海洋研究所为中心,自1957年以来,调查了全世界海洋的含锰结核以及其他有用矿产资源,并于1969年发表了他们的结果。另外,苏联也有海洋研究所科学院地质调查所等单位以黑海、里海、北冰洋、北太平洋及日本海等广大范围海洋为对象,详细调查了海洋沉积物,搜集了庞大的资料,并进行了海洋资源评价。美国在科学考察地图绘制计划的基础上由商务部海

---

① 冯士筰,等. 海洋科学导论［M］. 北京:高等教育出版社,1999.

岸大地测量局自 1961 年就着手绘制太平洋沿岸大西洋沿岸大陆架海底地形图（1：125000）。日本于 1967 年绘制日本沿岸海域基础地质图（1：200000），海上保安厅水路部进行了测量，其成果已出版了一部分，1968 年度工业技术院地质调查所出版了陆域"日本地质构造图"，从 1969 年起以全面掌握大陆架地质构造为目的，继续进行调查。在这期间，美国内政部为解决海底表层矿床的评价和开发方面的重要问题，在进行海水和海底各种要素调查同时，进行了探测仪器和探测方法的开发。期间，利用空中照相的海底地形和地质的译码技术已进入了实际应用阶段，目前正在进行用空中照相绘制海底地形图的尝试。这一时期的特点是：政府对海洋科学研究投资大幅度增加，研究船数量成倍增长，研究设备性能更好，更先进，计算机、微电子、声学、光学及遥感技术广泛地应用于海洋调查和研究中，海洋资源开发速度加快，以高技术支撑的近海油气业、临港工业和生产性海洋服务业异军突起。

20 世纪 70 年代以后，众多国家预见到了海洋资源可持续利用发展的危机，大量的海洋污染防治公约在这一时期发展并走向成熟，1969 年的《国际干预公海油污染事故公约》（*International Convention Relating to Intervention in the High Seas in Cases of Oil Pollution Casualties*）；1982 年通过的《联合国海洋法公约》（*United Nation Convention On the Law of the Sea*），专门对海洋环境保护问题作了规定，使国际海洋环境立法趋于完善和成熟；1992 年联合国环境与发展大会通过了《21 世纪议程》提出了开展海洋综合管理的建议；《欧盟 2005 年~2009 年战略》指出，"需要制定综合性海洋政策，在保护海洋环境的同时使欧盟海洋经济持续发展"。国际上海洋环境质量评价进一步朝综合方向发展，广泛被应用的两种河口和沿岸生态环境质量综合评价模型，分别是欧盟 Vincent C（2003）提出的"生态状况评价综合方法"和美国国家环境保护局提出的"沿岸海域状况综合评价方法"。此外，还有河口生物完整性指数（Estuarine Biotic Integrity Index）、香农-韦尔纳指数（Shannon-Wiener Index）等等。关于海洋资源安全法律研究、海洋资源综合评价，包括数据处理、建模、求解、评价和制图等研究，已具备成熟的条件和研究基础。21 世纪以来，随着海洋资源、环境和人类社会矛盾的日益激化，海洋资源可持续利用被作为 21 世纪议程的核心，海洋资源研究进入了一个全新的发展时期。

第二节　海洋资源的分类与分布

一、海洋资源的分类

海洋资源十分丰富，种类繁多。对海洋资源进行科学划分，不但有利于更好地理解和把握不同资源间的相互关系及同类海洋资源的共同特征，同时可以进一步揭示海洋资源种类存在的自然规律，更有利于为更好、更合理地开发和利用资源夯实基础。海洋资源从不同的角度、标准，有着各种各样的分类方法。目前主要有以下几种基本分类方法。

（1）按照海洋资源与人类社会生活和经济活动的关系，海洋资源分为海洋生物资源、海洋化学资源、海洋矿产资源、海洋能源资源、海洋空间资源。

（2）按照海洋资源可被利用的特点,从经济学观点将海洋自然资源分为耗竭性的和非耗竭性的资源、再生性的和非再生性的资源、恒定的和变动的资源等类型。据此可以提出如图 1-7 所示的海洋自然资源分类系统。

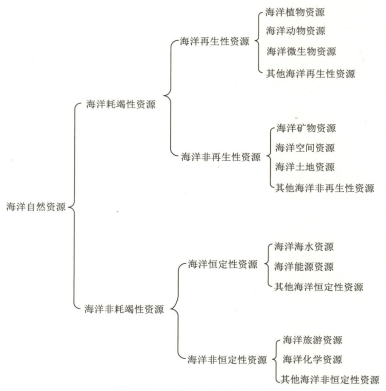

图 1-7　海洋自然资源的分类

（3）按照资源所处的地理位置划分,海洋资源分为海岸带资源、海域资源、海岛资源、极地资源等。

（4）按照海洋资源的实物形态划分,海洋资源分为海洋物质资源和海洋非物质资源。

（5）按照海洋资源的空间层次划分,海洋资源分为海上空间资源、海中空间资源、海底空间资源。

（6）按照海洋资源的依赖关系,海洋资源分为主体性资源与依属性资源两大类。主体性资源是构成海洋本体的各种资源,包括:海域资源、海岛资源、海洋矿产能源资源、滩涂湿地及盐田资源;依属性资源是依附于海洋主体资源而存在的海洋资源,包括:海洋生物资源、海洋新能源、海洋景观资源、港口岸线资源。

（7）按照海洋资源自然属性划分,海洋资源分为海洋物质资源、海洋空间资源和海洋能源资源三大类。三大类再按照其他属性详细划分如表 1-1。

表 1-1　海洋资源分类及其利用举例

分类				利用举例
海洋物质资源	海洋非生物资源	海洋水资源	海水本身资源	冷却用水;盐土农业灌溉;海水养殖;海水淡化利用
			海水中溶解物质资源	除传统的煮盐晒盐类外,现代技术在卤元素、金属元素(钾、镁等)和核燃料铀、锂等方面取得了很大进步与发展
		海洋矿产资源	海底石油、天然气	当前海洋最重要的矿产资源,其产量已近世界油气总产量的1/3,而储量则是陆地的40%
			滨海矿砂	金属和非金属矿砂,用于冶金、建材、化工、工艺等
			海底煤矿	弥补沿海陆地煤矿的日益不足
			大洋多金属结合和海底热液砂床	可开发利用其中的锰、镍、铜、钴、镉、锌、钒、金等多种陆地稀缺的金属资源
	海洋生物资源		海洋植物资源	种类繁多,常见的有海带、紫菜、裙带菜、鹿角菜、红树林等。用途广泛:食物、药物、化工原料、饲料、肥料、生态、服务功能等
			海洋无脊椎动物资源	种类繁多,包括贝类、甲壳类、头足类及海参、海蜇等。主要作为优质食物和饲料、饵料等
			海洋脊椎动物资源	种类繁多,主要是鱼类、海鸟和海兽等。鱼类是最主要的海洋食物。海鸟和海兽也有特殊的经济、科学、旅游和军事意义
海洋空间资源			海岸与海岛空间资源	包括港口、海滩、潮滩、湿地等,可用于运输、工农业、城镇、旅游、科教、海洋公园等许多方面
			海洋/海面空间资源	国际、国内海运通道;可建设海上工人岛、海上机场、工厂和城市;提供广阔的军事实验演习场所;海上旅游和体育运动等
			海洋水层空间资源	潜艇和其他民用水下交通工具运行空间;水层观光旅游和体育运动;人工渔场等
			海底空间资源	海底隧道、海地居住和观光;海底通讯线缆;海底运输管道;海底倾废场所;海底列车;海底城市等
海洋能源资源			海洋潮汐能	蕴藏在海水中的这些形式的能量均可通过技术手段,转换为电能,为人类服务,理论估算世界海洋总的能量 4×10^{13} kW以上,可开发利用的至少还有 4×10^{10} kW;海洋能量资源是不枯竭的无污染能源
			海洋波浪能	
			潮流/海流能	
			海水温差能	
			海水盐度能	

资料来源:朱晓东,等．海洋资源概论．北京:高等教育出版社,2006.

二、海洋资源基本分类简述

海洋中几乎涵盖陆地上的各种资源,而且还有陆地上没有的一些资源。按照目前通用的划分方法可以将海洋资源分为五大部类,即海洋生物资源、海洋化学资源、海洋矿产资源、海洋能源资源、海洋空间资源。

(一)海洋生物资源

海洋生物的种类非常多,海洋中的生物资源极其丰富(图1-8),地球动物的80%生活在海洋中。依据不同的分类标准,对海洋生物进行分类的方法很多。按生物学特征分类,海洋生物资源分为海洋植物资源、海洋动物资源和海洋微生物资源。按系统分类,生物学上海洋生物资源分为鱼类资源、无脊椎动物资源、脊椎动物资源和海藻资源;按生态类群分类,海洋生

图1-8　丰富的海洋生物资源

物根据其生活习性可分为浮游生物、游泳生物和底栖生物三大生态类群。据统计,中国近海已确认20 278种海洋生物,隶属5个界,44个门,其中有12个门属于海洋所特有。海洋中鱼类约有近万种,我国已记录的3 802种鱼,海洋鱼占3 014种,具有经济开发价值的约为150种,甲壳类动物共有25 000多种;藻类共有10门约10 000多种,人类可以食用的海藻有70多种,现在人们已经知道海洋中的230多种海藻含有维生素,240多种生物含有抗癌物质;软体动物也是海洋生物中种类最繁多的一个门类,其中许多种类具有重要的经济价值。随着人们对海洋研究的深入,海洋将为人类提供更多的食物及药物,还可以提供大量、多种重要的工业、化工原材料推动社会进步发展。

(二)海洋化学资源

海洋化学资源是指深存于海洋巨大水体中的各种化学元素,它是海洋资源中利用潜力最大的一种资源。主要包括海盐资源、常量元素资源和稀有元素资源。海盐资源是指海水中所含有的并易直接提取的盐类资源,如氯化钠等;常量元素资源是指从海水中所含的常量元素资源,如镁、钾等;稀有元素资源是指海水中所含的稀有元素资源,如溴、铀、重水(氚)。海水可以说是地球上最大的液体矿产。地球表面海水的总储量为13.38亿立方千米,占地球总水量的97%。人类已经在地球上找到的100多种元素,其中大约80种可以在海水中找到。海水中可以提取大量的元素进行综合利用,从淡化的海水中就可以提取大量的镁、钾、钠等元素,海水中还储存有5×10^8亿吨的盐类,氯化镁是海水中最丰富的溶解盐之一,每立方千米海水中含有镁大约130万吨,每年提取的量约20万吨,占世界总产量的60%。而地球的溴90%蕴藏在海水中,约为1 000亿吨,1千克的海水中约含有溴65毫克。它们大都呈化合物状态存在,如氯化钠、氯化镁、硫酸钙等,其中氯化钠约占海

洋盐类总质量(约 $5×10^8$ 亿吨)的 80%。

图 1-9　海盐盐场

（三）海洋矿产资源

海洋矿产资源是指储存于海洋水体中的天然产出的固态、液态、气态物质的富集体，该富集体是从经济角度具有开采价值、从技术角度有利用价值的无机或有机体。对海洋矿产资源的分类主要依据是矿产本身所具有的特点，以及从人类开采利用的角度出发。根据矿产资源为人类提供的物质、能量属性，海洋矿产资源分为提供燃料的能源资源和提供原料的物质资源两大类；从适应现今工业生产体系的角度，海洋矿产资源分为金属矿

图 1-10　富饶的海洋油气资源

产资源和非金属矿产资源；根据海洋分区原则，海洋矿产资源可以分为海水矿产、海滩矿产、大陆架矿产、洋底表层沉积矿产、海底硬岩矿产；根据海洋构造环境原则，海洋矿产资源分为被动大陆边缘矿床、大洋环境形成矿床、俯冲带有矿床。根据前人对海洋资源分类概况总结，海洋矿产资源可以分为滨海砂矿、海底热液矿床、洋底多金属结核、海底富钴结壳、海底磷矿床、海洋可燃矿产或油气资源。据法国石油研究院的估计，全世界海洋石油可采储量为 1 350 亿吨。据美国专家统计，世界有油气的海洋沉积盆地面积有 2 639.5 万平方千米。我国邻近海域油气储藏量为 40 亿~50 亿吨。目前亚洲一些国家还发现许多海底锡矿，已发现的海底固体矿产有 20 多种。我国大陆架浅海区广泛分布有铜、煤、硫、磷、石灰石等矿产资源。从海岸到大洋、从海面到海底均分布有丰富的海洋矿产资源，是人类可利用的重要物质基础。

（四）海洋能源资源

　　海洋能源通常是指海洋中特有的依附于海水的可再生资源,包括潮汐能、波浪能、海流能、海水温度差能和盐度差能等。海洋中的能源既包括来自太阳辐射能的第一类能源:煤炭、石油、波浪、海流、海洋热、含盐浓度差、海草燃料等,也包括来自地球本身的第二类能源:铀、氘、氚,还有由地球和其他天体相互作用而产生的第三类能源——潮汐,这类能源数量极为丰富。海洋能按储存形式可分为海洋机械能、海洋热能和海洋化学能。海洋机械能是指潮汐、潮流、海流和波浪运动所具有的能量。海洋热能主要是指由太阳辐射产生的表层和深层海水之间的温差所蕴藏的能量。海水化学能指流入海洋的江河淡水与海水之间的盐度差所蕴藏的能量。海洋能分布广、蕴藏量大、可再生、无污染,预计21世纪将进入大规模开发阶段。据估计,全世界海洋能源资源总量为780亿千瓦,其中波浪能700亿千瓦、潮汐能30亿千瓦、温度差能20亿千瓦、海流能10亿千瓦、盐度差能10亿千瓦。科学家曾作过计算,沿海各国尚未被利用的潮汐能比世界全部的水力发电量大一倍。从发展趋势来看,海洋能源资源必将成为沿海国家,特别是发达的沿海国家的重要能源之一。从各国的情况看,潮汐发电技术比较成熟。利用波能、盐度差能、温度差能等海洋能进行发电还不成熟,仍处于研究试验阶段。

图 1-11　近海风力发电

（五）海洋空间资源

　　海洋空间资源是指可供人类利用的海洋三维空间,由一个巨大的连续水体及其上覆大气圈空间和下伏海底空间三大部分组成。其主要分为海上空间资源、海中空间资源和海底空间资源三类。海上空间资源又包括港口、海滩、潮滩、湿地等,可用于运输、工业、农业、城镇、旅游、科教、海洋公园等许多方面;海中空间资源包含海面和海洋水层两方面,包括国际、国内海运通道及建设海上人工岛、海上飞机场、水上观光旅游、人工渔场等;海底空间资源包括海底隧道、海底居住和观光、海底通讯枢纽、海底运转通道等。海洋覆盖地球 2/3 以上的表面积,拥有广阔的空间资源。它不仅能为海洋生物提供生存空间,也许将来它还会为人类生存提供空间,1978 年由 17 国联合组织的维也纳国际应用系统分析研究所的一份报告估计:"地球表面对人口的负载能量最大可能达 1 000 亿,以现在的人口增长速度,3 000 年后即可达到。到时有 2/3 的人口应该住在海上。"随着地球人口的增加,人类将不得不对海洋空间资源进行开发。也许将来,用铝、镁等轻型合金建造的人类住房——三维高层建筑会屹立在海面之上,人类会在海洋上空建造出更具现代化的空间城市。

图 1-12 美丽海港

三、海洋资源的分布

(一)海洋地理基础知识

海洋的形成要追溯到距今 38 亿年前,在地球诞生的初期。由于大规模的陨石撞击,带来了水气,并不断地将深藏在地球内部的水蒸气翻搅上来,最终随着地球表面的逐渐降温,水蒸气逐渐冷却凝结,形成现在地表的海洋。有关地壳运动的学说,主要分为三大类。

1. 地壳运动学说

(1)大陆漂移学说。1912 年由德国气象学家魏格纳(Alfred Lothar Wegener)首次指出,3 亿年前,地球上的陆地是相连在一起的,周围被海水所包围。在距今 2 亿年左右,大陆开始分裂漂移,形成现在所看到的海陆交错分布形态。

(2)海底扩张学说。20 世纪 60 年代初期由美国学者赫斯(Harry H. Hess)提出,假设海洋地壳本身在运动,由于地球北部蕴藏大量的放射性元素发生衰变,产生许多热能。地球内部受热不均,靠近地核的温度高,而靠近地壳的则温度低,两者的温度差在地球内部产生了循环对流。这种缓慢而巨大的对流运动,带动了部分较轻的地壳,并形成了大洋脊。海底扩张就从中央脊开始,逐步向外推行。根据海洋磁力测量,已经证实了海底扩张的理论。

(3)板块构造学说。20 世纪 60 年代由法国地质学家勒皮雄(Xavier Le Pichon)所提出,他认为地球由 6 大板块构成,当两个板块发生碰撞,就会被挤压隆起成岛弧或山脉,并将原来分离的板块连接起来,形成两板块的地缝合线。由于现代的板块构造学说,结合了海底扩张学说,将板块运动的动力来源归因于海洋地壳的扩张,进而带动了大陆地壳的运动,目前已被地球科学界普遍接受。

地球表面积总共 $5.99×10^8$ 平方千米,其中陆地占 $1.49×10^8$ 平方千米,海洋则占 $3.61×10^8$ 平方千米。所以地球表面积 70.8% 是海洋。海洋的体积共有 $1.37×10^9$ 立方千米,平均深度 3 795 米,最大深度为 11 034 米。海洋在地球上的分布很不均匀,整体来看,大部分的陆地集中在北半球,大部分的海洋则分布在南半球。虽然南北半球海洋与陆地分布不均,但仔细观察却发现许多对称的现象。例如,与南半球的南极大陆位置相对的北极区域是海洋:围绕南极洲的是三大洋(太平洋、大西洋、印度洋),而围绕北冰洋的是三大洲(亚洲、美洲、欧洲)。

2."海"与"洋"的区别

海洋是对地球表面包围大陆及岛屿的广大咸水水域的总称,按形态与水文特征,海洋可以分成洋与海两个部分,洋与海的连接处并无明显的界限,所以通称为海洋。但在海洋学的分类上,则将海洋的中心主体称为"洋",边缘附属与陆地相接的部分称为"海"。主要的区别有下列五种:

(1)面积:洋的面积广阔,远离大陆,根据海岸线的轮廓等特征,全世界的大洋可分为太平洋、大西洋、印度洋和北冰洋四个部分,他们大约占据了海洋总面积的 88.4%;海则指介于大陆与大洋之间的水域,面积较小,约占海洋总面积的 11.6%。

(2)深度:大洋的深度有很大的变化,水色深,透明度大,深度在 3 000~6 000 米之间,最深的地方有 11 034 米,出现在西太平洋马里亚纳海沟;而海的水色浅,透明度较大的大洋底,深度则在 1 000~2 000 米。

(3)潮汐与洋流:大洋具有其独立的潮汐系统及强大的洋流系统,且水域不受大陆的影响,如黑潮、亲潮。洋流是让海洋中的物质及能量,甚至生物体转移交换的重要因素。海具有各自的海流体系,但海潮没有独立的系统,一般是从大洋传来,起落的潮差比洋大。

(4)物理化学特性:大洋离陆地较远,物理化学性质受陆地的影响较小。水温、盐度、密度等年间变化小盐度较高,表面盐度的平均值约为 35;海与陆地相连接,海水温度受陆地的影响较大,且会随季节更替而产生显著的变化,盐度则易受陆上河流的影响。

(5)沉积物:洋底的沉积物特有的生物源钙质软泥、硅质软泥、红黏土等;海的沉积物多为陆源的,如陆地河流冲刷下来的泥、沙及生物碎屑。海底与海岸的形态,由于受到侵蚀与堆积的作用,变化较大。

海洋的平均深度为 3 795 米,仅相当于地球半径的 1/1 600;而体积则相当于地球总体积的 1/800。若以赤道为标准,把地球分为南北两个半球,则北半球海洋占 60.7%,南半球海洋则占其表面积的 80.9%。海洋是由海,以及海湾、海峡等几部分组成,主要部分为洋,其余部分可以视为洋的附属部分。根据海与洋的连接情况及地理标志的认识,一般又将深入大陆,或者位于大陆之间,有海峡连接,且毗邻海区的海域称为内陆海;并把位于大陆边缘,一面以半岛、岛屿或群岛与大洋分开的海域叫作边缘海。

海湾和海峡是洋的另一个附属部分。洋与海的一部分延伸入大陆,且其宽度、深度逐渐减小的水域称为湾。湾的外部通常以入口处的夹角与夹角之间的连线为界限,海湾中的海水性质,一般与相邻海洋的海水性质相近。在海湾中常出现最大潮差,如我国杭州湾的钱塘江潮驰名世界,潮差一般为 6~8 米,最大可达到 12 米。海洋中相邻宽度较窄的水道称为海峡,海峡中的海洋特征主要是急流。海峡中的海流又常常发生上下或左右向的逆反,底质则多为岩石或沙砾。

3. 海底形态

海底的地形也有许多的变化。简单来说,从海岸线往外延伸,在 200 米以内的海域称为大陆架,占海洋总面积的 8%。从大陆架往海洋中间延伸称为大陆坡。大陆坡非常陡,可以一直降到水深 3 000~4 000 米。在大陆坡的边缘,还有一些大陆隆起,称为大陆基。再往深处去,就会有一些平原,叫作大洋盆地。在整个大洋盆地或海盆上面有中洋脊,是海洋中绵延突起的山脊。大洋盆地上还有一些深海丘陵。此外,海底还会有些隆起,形成海底山与海桌山,有些突出到海面的山岭形成海岛,譬如夏威夷群岛。在热带海域,还有许多珊瑚礁形成的岛屿或特殊地形,譬如澳洲的大堡礁。

随着科技的发展,近世纪以来,海底的奥妙逐渐被人们所了解,从海岸往大洋方向排列,海底依次可以分成大陆边缘、大洋盆地和大洋中脊等部分。

(1)大陆边缘:大陆边缘是指大陆与海洋连接的边缘地带,从坡度和深度上看,大陆边缘可分为大陆架、大陆坡、大陆基、海沟和岛弧等四大部,地貌剖面如图 1-13 所示。

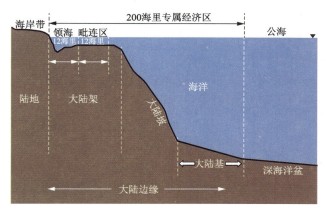

图 1-13　海岸带至深海典型的地貌剖面示意图

大陆架(Continental Shelf):海岸线到水深 200 米的区间,平均坡度很小,面积约占海洋总面积的 7.5%。沿海国的大陆架包括其领海以外依其陆地领土的全部自然延伸,扩展到大陆边外缘的海底区域的海床和底土,如果从测算领海宽度的基线量起到大陆外缘的距离不到 200 海里,则扩展到 200 海里的距离。大陆棚宽度因地区而异,在海岸山脉外围很窄,如南美洲太平洋沿岸;在沿海平原外围非常宽阔,如亚洲北冰洋沿岸,宽度可达 1 300 千米。世界各地大陆棚的平均宽度为 75 千米。多数情况下,大陆棚只是海岸平原的陆地部分在水下的延伸。

大陆坡(Continental Slope):大陆架往下,坡度陡然增大,这个具有很大坡度的部分称为大陆坡。大陆坡是一个分开大陆和大洋的全球性巨大斜坡,其上限是大陆架外缘(陆架坡折),水深范围为200~2 500米。大陆坡在大洋底周围呈带状环线,宽度从十几千米到数百千米不等。大陆坡的坡度一般较陡,平均坡度4°17′。多数大陆坡的波表面崎岖不平,其上发育有复杂的次一级地貌形态,最重要的是海底峡谷和深海平坦面。

大陆基(Continental Rise):在大陆坡基部常有大面积的、平坦的、由沉积物质经过浊流和滑塌作用堆积成的沉积群,称为大陆基(又称大陆隆、大陆裙)。大陆基一部分叠置在大陆坡上,另一部分覆盖着大洋底,一般分布在水深2 000~5 000米的地方,面积约有2 000万平方千米,占海洋总面积5.5%,在无海沟分布的海区陆基发育较好。大陆基的坡度为1:100~1:700。大陆基的厚度很大,平均厚度为2 000米,是海洋石油的远景区域之一。

海沟(Trench)和岛弧:有些地区,陆地下面并不存在大陆基,取代他的是海沟或岛弧系。海沟是深海海底长而窄的海底陷落带,由大洋板块向大陆板块下方俯冲而形成。海沟水深大于5 000米,最大水深可达到1万多米。全世界有20多条海沟,多数集中在太平洋。太平洋北部或西部的阿留申群岛、日本群岛、琉球群岛、菲律宾群岛等,无论单独或连起来看都呈弧形,所以称岛弧。有些地区,海沟紧接着大陆坡的底部分布,更为常见的情况是海沟沿着大陆坡上的岛弧分布。海沟与岛弧的位置关系,既有海沟在岛弧外侧的情况,也存在海沟在岛弧内侧的情况。岛弧凸面朝向大洋,其外侧一般为很深的海沟,内侧与大陆之间的海域称为边缘海,边缘海中的深海盆地,叫边缘海盆地。

整个大陆边缘除大陆基外,其基底性质与大陆地壳一样,下面是较厚的硅铝层,这与深海平原缺少的硅铝层具有明显的区别,显示大陆边缘属于大陆的自然延伸。

(2)大洋盆地:大洋盆地是海洋的主体,位于大陆边缘和中洋脊之间,坡度平缓,地形平坦广阔,但也分布着多样的海底形态,如海陵、海底山、深海谷、断裂带。深海平原平均深度4 877米,沉积物主要由大洋性软泥,如硅藻、放射虫、有孔虫软泥等所组成,和大陆棚、大陆坡有显著不同。

(3)大洋中脊:大洋中脊是大洋底的山脉或隆起。与一般的海岭不同的是,中洋脊是海底扩张的中心。中洋脊自北极海蜿蜒至太平洋、印度洋和大西洋的洋底,像一条绵绵不断的海底山脉,总长7万余千米,突出海底的高度在2 000~4 000米,宽度在数千米以上,占海洋总面积的32.7%。

(二)海洋资源分布规律

海洋资源形成和分布受自然规律的支配,具有广泛性和不均衡性,通常两者是矛盾统一体。海洋资源分布规律和海洋资源开发利用的关系非常紧密。海洋资源只有得到人类社会的开发利用,才能产生经济价值并充分发挥海洋资源在促进国民经济发展中的作用;同时海洋资源的开发利用,也只有在充分认识和掌握自然资源分布规律的前提下,才能采取有效措施,合理地开发利用,达到最大的经济效果。由于海底地貌的变化很大,坡度也不一样,因此在不同地区形成的沉积矿产、分布的生物资源等,不仅种类有别,而且具有各自的特点。

不同大类的海洋资源,在海洋中有着不同的分布规律。海水及海水化学资源分布整个海洋的海水水体中;海洋生物资源也分布于整个海洋的海床和海水水体,但以大陆架的海床和海水水体为主;海洋固体矿产资源的滨岸砂矿分布于大陆架的滨岸地带,结核、结壳及热液硫化物等矿场分布于大洋海底;海洋油气资源分布于大陆架;海洋能资源分布于整个海洋的海水水体中;海洋空间资源和海洋旅游资源分布于海洋海水表层、整个海洋的海水水体及海底底床附近。海洋矿产资源的分布如图 1-14 所示:

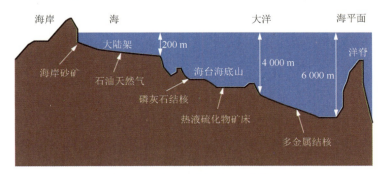

图 1-14 海洋矿产资源分布示意图

1. 海岸带海洋资源的分布

海岸带是指海陆之间相互作用,每天受潮汐涨落海水影响的潮间带(海涂)及其两侧一定范围的陆地和浅海的海陆过渡地带。现代海岸带由潮上带、潮间带和潮下带三部分组成。潮上带又称海岸,是指高潮线以上狭窄的陆地,大部分时间裸露于海水面之上,仅在特大高潮或暴风浪时才被淹没。潮间带又称海滩,是指高低潮之间的地带,高潮时被水淹没,低潮时露出水面。潮下带又称水下岸坡,是指低潮线以下直到波浪作用所能达到的海底部分,其下线相当于 1/2 波长的水深处,通常水深为 10~20 米。

海岸带往往拥有丰富的土地资源——海涂,蕴藏有潮汐能、盐差能、波浪能等可再生海洋能,以及大量可供开采的煤、铁、钨、锡、沙砾矿和稀有元素矿物金红石、金、金刚石等,它们是被陆地河流搬运到海中后,又被潮流和海浪运移、分选和集中而成的。海岸河口水域饵料丰富,是大量鱼类生长和孵化的场所。海岸带还拥有丰富的生物资源和旅游资源,同时又是国防的前哨和海运的基地。

2. 大陆架海洋资源分布

大陆架海洋资源包括分布在大陆架上的、可以被人类利用的物质、能量和空间。大陆架上繁茂的生物,珊瑚、藻类、有孔虫等形成生物沉积。大陆架水浅、光照条件好,海水运动强烈,营养盐丰富,已经成为最富饶的海域,具备海洋生物生长和繁殖的良好环境,既是重要的渔场,又是海水养殖的良好场所。目前世界上海洋食物资源的 90% 来自于大陆架和领海湾。大陆架还有丰富的矿藏资源,已发现的有石油、煤、天然气、铜、铁等 20 多种矿产。此外,滨海矿砂以及用作建筑材料的砂砾石,也取源于大陆架。

大陆架海域拥有丰富的有机质。这些有机质主要是由大陆河流把许多无机盐类带入海中,促使海洋浮游植物繁殖,成为浮游生物和鱼类繁殖的重要场所。据测定,大陆架沉积物中有机质的含量要比大洋多 10 倍。

大陆架是海底沉积作用发育的地带,地形有利于物质的沉积,其沉积类型和特征受环境因素制约。大陆架边缘常有与岸线平行的地壳隆起带,隆起带的内侧是地壳沉降带,形成一个能充填沉积物的盆地。隆起带将河流入海泥沙拦截,因此在内侧盆地可以形成 1~2 千米厚的沉积层,这里富有多种沉积矿床,如海绿石、磷钙石、硫铁矿、钛铁矿、石油和天然气等。据计算,只要充分开发大陆架上的资源,人类就可以受用不尽。大陆架的地势多平坦,其海床被沉积层所覆盖,是人类向海上发展首当其冲的开发区。

3. 大陆坡海洋资源分布

大陆坡海域离大陆较远,海洋状况比较稳定,水文要素的周期变化难以到达海底,底层海水运动形式主要是海流和潮汐,沉积物主要是陆屑软泥。整个大陆坡的面积,约有 25% 覆盖着沙子,10% 是裸露的岩石,其余 65% 盖着一种青灰色的有机质软泥。由于河流径流和海洋作用,陆坡沉积物中含有丰富的有机质,陆坡上有巨厚沉积层的地方具有良好的油气远景。陆坡区尚有锰结核、磷灰石、海绿石等矿产。在陆坡一些上升流区,可形成渔场。

4. 大陆基海洋资源分布

大陆基跨越大陆坡坡麓和大洋底,是由沉积物堆积而成的沉积体,其动力作用以浊流为主。大陆基是接受陆坡上下滑的沉积物的主要地区,表面坡度较小,沉积物厚度一般巨大,有时可达数千米,经常以深海扇的形式出现。这种巨厚沉积是在贫氧的底层水中堆积的,富含有机质,具备生成油气的条件。因而这里也有着丰富的海底矿产,不仅有石油、硫、岩盐、钾盐,还有磷钙石和海绿石等,而且还是良好的渔场。富含沙质的大陆基很可能是海底油气资源的远景区。

5. 大洋底海洋资源分布

大洋底是大洋的主体,由大洋中脊和大洋盆地两大单元构成,位于大陆边缘之间。大洋底是潜在的矿产资源开发区,广大大洋底分布深海黏土沉积、钙质软泥沉积和硅质软泥沉积。深海动力作用以海流(底流)和火山等地质活动为主,深海海底蕴藏着锰结核和含金属沉积物,还有红黏土、钙质软泥、硅质软泥等。锰结核是一种重要的深海矿藏,分布广,密度大。在太平洋底就有 1 500 亿吨,某些地方锰结核的密度甚至达到 9 000 吨/平方千米,而且大约每年还以 1 000 万吨的速度在继续生成。锰结核平均含锰 35%、铜 2.5%、镍 2%、钴 0.2%。矿床位于水深 2 000 米的海底,金属储量约 1 亿吨,包括 29% 的铁、2%~5% 的锌、0.3%~0.9% 的铜、$6×10^{-5}$ 的银和 $5×10^{-7}$ 的金。

(三)世界海洋资源分布概况

1. 太平洋海洋资源分布

太平洋是世界上最大的洋,位于亚洲、大洋洲、美洲和南极洲之间,总面积 17 868 万平方千米,平均深度 3 957 米,最大深度 11 034 米,体积 70 710 万立方千米。太平洋中有许多海洋生物,目前已知浮游植物 380 余种,主要为硅藻、甲藻、金藻、蓝藻等;底栖植物由多种大型藻类和显花植物组成。太平洋的海洋动物包括浮游动物、游泳动物、底栖动物等,总的数量尚未有明确统计数据。太平洋的许多海洋生物具有开发利用价值,成为水产资源最丰富的洋。太平洋的渔获量每年在 3 500~4 000 万吨之间,占世界海洋渔获总量的一半左右。主要渔场在西太平洋渔区,即千岛群岛至日本海一带、中国的舟山渔场、秘鲁渔场、美国-加拿大西北沿海海域,年渔产量近 2 000 万吨。

太平洋也有丰富的矿产资源。目前,矿产资源勘探开发工作主要集中在大陆架石油和天然气、滨海砂矿、深海盆多金属结核等方面。目前的主要产油区包括美国加利福尼亚沿海、新西兰库克湾、日本西部陆架、东南亚陆架、澳大利亚沿海、南美洲西海岸以及中国沿海大陆架。滨海砂矿的分布范围:金、铂砂主要分布太平洋东海岸的俄勒冈至加利福尼亚沿岸,以及白令海和阿拉斯加沿岸;锡矿主要分布在东南亚各国沿海,其中主要在泰国和印度尼西亚沿海;印度和澳大利亚沿海是钻石、金红石、钛铁矿最丰富的海区;中国沿海共有 10 余条砂矿带,有金刚石、金、锆石、金红石等多种砂矿资源。另外,日本、中国和智利大陆架上都有海底煤田。在深海盆区有丰富的多金属结核,其中主要集中在夏威夷东南的广大区域。总储量估计有 17 000 亿吨,占世界总储量的一半。

2. 大西洋海洋资源分布

大西洋是地球上的第二大洋,面积约 9 165.5 万平方千米。大西洋位于欧洲、非洲和南北美洲之间,自北至南约 1.6 万千米,东西最短距离 2 400 多千米。大西洋的生物分布特征:底栖植物一般分布在水深浅于 100 米的近岸区,其面积约占洋底总面积的 2%;浮游植物共有 240 多种,主要分布在中纬度地区;动物主要分布在中纬度区、近极地区和近岸区,其中哺乳动物有鲸和鳍脚目动物,鱼类主要以鲱、鳕、鲈、鲽科为主。大西洋的生物资源开发很早,渔获量曾占世界各大洋的首位,20 世纪 60 年代以后次于太平洋到第二位,每年的渔获量 2 500 万吨左右。大西洋的单位渔获量平均约 830 千克/平方千米,陆架区约 1 200 千克/平方千米。在大西洋中,渔获量最高的区域是北海、挪威海、冰岛周围海域。纽芬兰、美国、加拿大东侧陆架区,地中海、黑海、加勒比海、比斯开湾和安哥拉沿海是重要渔场。

大西洋的矿产资源有石油、天然气、煤、铁、硫、重砂矿和多金属结核。加勒比海、墨西哥湾、北海、几内亚湾是世界上著名的海底石油、天然气分布区。委内瑞拉沿加勒比海伸入内地的马拉开波湾,已探明石油储量 48 亿吨;美国所属的墨西哥湾石油储量约 20 亿吨;北海已探明石油储量 40 多亿吨;尼日利亚沿海石油可采储量超过 26 亿吨。英国、加拿大、西班牙、土耳其、保加利亚、意大利等国沿海都发现了煤矿,其中,英国东北部海底煤炭储量不少于 5.5 亿吨。大西洋沿岸许多国家沿海发现了重砂矿,包括独居石、钛铁矿、锆石等。西南非洲南起开普敦、北至沃尔维斯湾的海底砂层,是世界著名的金刚石产地。大西洋的多金属结核总储量估计约 10 000 亿吨,主要分布在北美海盆和阿根廷海盆底部。

3. 印度洋海洋资源分布

印度洋是地球上第三大洋,位于亚洲、南极洲、大洋洲和非洲之间,总面积约 7.6×10^9 平方千米。印度洋也有丰富的生物资源。浮游植物主要密集于上升流显著的阿拉伯半岛沿海和非洲沿海。浮游动物主要密集于阿拉伯西北部,主要是索马里和沙特阿拉伯沿海。

底栖生物以阿拉伯海北部沿海最多,由北向南逐步减少。印度洋的鱼类有3 000～4 000种,目前的渔获量约 $4×10^6$ 吨,主要是鳀鱼、鲐鱼和虾类,还有沙丁鱼、鲨鱼、金枪鱼。科威特、沙特阿拉伯和澳大利亚沿海等海域均发现了油气资源。此外,印度洋也有多金属结核资源,但资源量低于太平洋和大西洋。

印度洋矿产资源以石油和天然气为主,主要分布在波斯湾,此外,澳大利亚附近的大陆架、孟加拉湾、红海、阿拉伯海、非洲东部海域及马达加斯加岛附近,都发现有石油和天然气。波斯湾海底石油探明储量为120亿吨,天然气储量7 100亿立方米,油气资源占中东地区探明储量的25%,其石油储量和产量都占世界首位。印度洋是世界最大的海洋石油产区,约占海上石油总产量的33%。印度洋的金属矿以锰结核为主,主要分布在深海盆底部,其中储量较大的是西澳大利亚海盆和中印度洋海盆。红海的金属软泥是世界上已发现的具有重要经济价值的海底含金属沉积矿藏。

4. 北冰洋海洋资源分布

北冰洋是世界大洋中面积最小的大洋,总面积约 $1.5×10^9$ 平方千米。北冰洋以北极为中心,有常年不化的冰盖。由于北冰洋处于高寒地带,动植物种类都比较少。浮游植物的生产力比其他洋区要少10%,主要包括浮冰上的小型植物,表层水中的微藻类,浅海区的巨藻和海草等。鱼类主要有北极鲑鱼、鳕鱼、鲽鱼、毛鳞鱼。巴伦支海和挪威海都是世界上最大的渔场。北冰洋的许多哺乳动物具有重要的商业价值,如海豹、海象、鲸、海豚以及北极熊等。

北冰洋海域的矿产资源相当丰富,是地球上尚未开发的资源宝库。北冰洋的广阔大陆架区有利于碳氢化合物矿床的形成,特别是巴伦支海、喀拉海、波弗特海和加拿大北部岛屿以及海峡等地,蕴藏有丰富的石油和天然气,估计石油储量超过100亿吨。目前已发现了两个海区具有油、气远景,一是拉普捷夫海,二是加拿大群岛海域。此外,北冰洋地区还蕴藏着丰富的铬铁矿、铜、铅、锌、钼、钒、铀、钍、冰晶石等矿产资源,但大多尚未开采利用。北冰洋海底也有锰结核、锡石及硬石膏矿床。

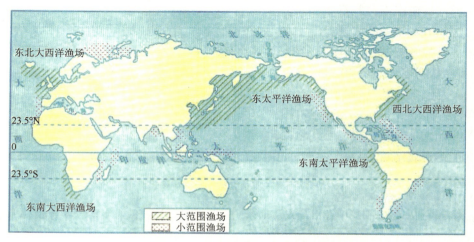

图 1-15 世界主要渔业地区的分布

第三节 海洋资源管理

一、海洋资源管理的概念

管理是为了有效地实现组织目标,由专门的管理人员进行持续的有意识、有组织的协调活动。管理的四要素,即管理主体、管理客体、管理目标和管理职能。

海洋资源管理,主要是通过海洋功能的区划和开发规划,组织、协调、控制海洋资源开发利用活动,以形成科学的海洋生产布局和合理区域开发利用结构,实现资源可持续利用的目的的综合性活动。

海洋资源管理具有如下几个方面的含义:

(1)海洋资源管理的主体是国土资源部、国家海洋局、农业部、交通运输部、环境保护部和中国气象局等。

(2)海洋资源管理的客体是海洋和海洋开发利用中产生的人与人、人与海、海与海之间的关系。

(3)海洋资源管理的基本任务是保护国家海洋资源综合收益权,调整海洋关系和管控海洋资源开发利用。

(4)海洋资源管理的目标是不断提高海洋资源开发能力、发展海洋经济、保护海洋生态环境、维护国家海洋权益。

(5)海洋资源管理的手段包括行政手段、经济手段、法律手段、技术手段、军事手段。

(6)海洋资源管理的职能是计划、组织、协调和控制。

(7)海洋资源管理的依据是《联合国海洋法公约》、各类国际海洋条约以及国内海洋法律、法规等。

二、海洋资源管理的性质

海洋资源具有三重性,它既是自然物质资源,又是社会经济关系的客体,还是国家领海基线的基点。所以,海洋资源管理同时具有自然属性、社会经济属性和权益属性。

(一)海洋资源管理的自然属性

海洋资源管理的自然属性表现为处理人与海的关系。这指的是人类在开发利用海洋资源的过程中要了解与尊重海洋的自然特征和人的相互作用的规律,实现海洋与其他生产要素的科学有效结合,提高海洋资源利用的经济与生态等方面的效益。

在海洋资源管理中由于没有重视起自然属性而导致利用问题的案例很多。根据 FAO(2010)的报道,"自 1961 年起,全球的人口以年均 1.7% 的速度在增长,而人均每年水产品消费在 20 世纪 60 年代为 9.9 千克,80 年代为 12.6 千克,2007 年时上升到 17.0 千克"①。在人类需求增长的同时,渔业技术的不断进步使得渔业捕捞能力迅速提高,渔业资源变得越来越稀缺。海洋资源管理的过程中应当重视资源的自然属性,采取相应的管理措施,促进海洋资源可持续发展。

(二)海洋资源管理的社会经济属性

海洋资源管理的社会经济属性表现为海洋资源开发利用过程中人与人的关系。海洋资源开发利用活动是在一定的生产关系下进行的,海洋资源作为一种生产资料参与生产,必然会导致人与人之间发生以海洋资源为客体的多种关系。海洋资源管理就是通过协调人与人之间在海洋资源的开发、使用、收益分配、处置等方面的关系,从而合理利用和保护海洋资源,最终达到体现国家意志的海洋资源可持续利用的目的。

(三)海洋资源管理的权益属性

海洋资源管理的权益属性表现为国家在海洋上获得的属于领土主权性质的权利,以及由此延伸或衍生的部分权利。海岛作为海洋资源的重要组成部分,是确定国家领海基线的基点,对划定国家的领海范围和专属经济区,维护国家海洋权益等有着关键性作用。海洋作为国家安全的国防屏障,通过外交、军事等手段,防止发生海上权益冲突。

三、海洋资源管理的内容

海洋资源管理的基本内容,是由海洋资源管理的目的和任务所决定的,主要包括基础管理、用海管理、措施管理。

(一)基础管理

基础管理是海洋资源管理的基础,其任务是认识海洋资源的属性,摸清海区内海洋资源的数量和质量状况,制定管理的基本规范,为海洋资源管理各项工作提供基础资料。

(二)用海管理

用海管理是海洋资源管理的核心,其根本任务是对海洋资源开发利用实现宏观控制和微观计划管理,保证海洋资源在开发利用过程发挥最大生产力,主要包括海洋功能区划的编制、实施和管理,海域使用论证、使用权流转和监督检查,以及海洋资源利用与可持续利用海洋资源的集约与可持续利用,以及海洋生态保护与修复等监督和调控活动。

(三)措施管理

措施管理是管理实现的手段,包括海洋资源利用过程中的一系列法律的、行政的、经济的和生态的手段和措施。这三部分是相互联系、不可分割的总体,构成了海洋资源管理完整的科学体系(图 1-16)。

---

① FAO. 世界渔业和水产值养殖状况 . 罗马,2010.

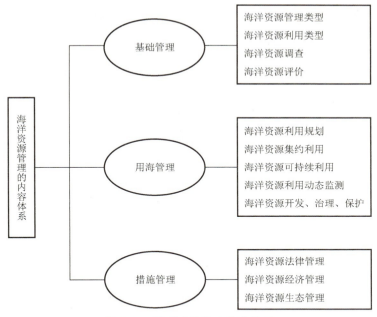

图 1-16 海洋资源管理内容体系

四、海洋资源管理的原则

（一）依法管理原则

依法管理就是依照《联合国海洋法公约》及其他相关海洋法规的规定,建立海洋资源管理制度,管好用好海洋资源。《联合国海洋法公约》的颁布和施行,为依法统一管好海洋资源提供了法律依据。有了海洋资源管理法律并不等于就能自动地管好海洋资源,还必须做好法律宣传工作,提高执法的自觉性,做到有法必依、执法必严。

（二）国家所有原则

在国家海洋资源的开发利用及保护中,所有权是最核心的问题,它制约着其他一切社会关系。在我国,海洋及其资源归国家所有。对此,《中华人民共和国宪法》(1982)已经对国家所赋予的权利做了原则性的规定,其中第九条规定:"矿藏、水流……自然资源,都属于国家所有……",其他有关自然资源的法规也对这种权利作了明确的规定和说明。海洋资源归国家所有是海洋资源管理的基本控制因素,是在各项管理工作中必须遵循的基本原则。

（三）综合利用原则

综合利用原则是海洋资源与空间的整体性决定的。为保证海洋综合价值的发挥,必须对海洋各种开发进行统筹兼顾、综合平衡,通过区域、时序上的安排,以及消除不利影响的措施,使各种资源的有关价值都能保证或得到利用的机会和条件。

（四）系统管理原则

海洋资源的开发、利用和保护是一个庞大的系统,因此海洋资源管理也必须应用系统的理论、方法和原则。具体包括以下几点：从整体的角度对海洋资源进行综合化管理；统筹考虑各种海洋资源，以达到系统整体优化；把握动态规律，对海洋资源进行动态管理。

（五）可持续发展原则

海洋资源对人类未来的发展而言，无论是可再生或非可再生，也无论海洋资源的存量是大或者小，最终都会变得稀缺。可持续发展原则的含义是，既满足当代人的需求，又不损害子孙后代满足需求能力的发展，即发展不能超越资源与环境的承载能力。遵循可持续发展的基础是人们必须认识和正确对待海洋资源供给能力的有限性和生态环境容纳排污能力的有限性。

五、我国海洋资源管理体制

海洋资源管理体制是指海洋资源管理机构的设置和管理职能权限划分所形成的体系和制度。海洋资源管理体制是海洋资源管理权限及范围的体现。

新中国成立以后，我国的海洋事业有了很大发展，海洋资源管理也逐步引起各级政府的重视。从新中国成立至20世纪60年代中期，我国的海洋资源管理体制实行分散管理方式。从中央到地方，是根据海洋自然资源的属性及其开发产业特点，分兵把口，按行业部门管理为主，基本上是陆地各种资源开发部门管理职能向海洋的延伸。国家和各级政府的水产主管部门负责海洋渔业的管理，交通部门负责海上交通安全管理，石油部门负责海上油气的开发管理，轻工业部门负责海盐业的管理，旅游部门负责滨海旅游的管理等。这种以行业管理为主的管理体制延续了40多年。

从1964年到1978年，我国海洋管理工作由海军统一管理。1964年7月国家海洋局正式成立，从此我国有了专门的海洋资源工作领导部门，我国的海洋事业也由此进入了一个新的发展时期。当时，国家赋予国家海洋局的建局宗旨是负责统一管理海洋资源和海洋环境调查、资料收集整编和海洋公益服务，目的是把分散的、临时性的协作力量转化为一支稳定的海洋工作力量，特别是为国防建设事业做出重大贡献。此时的海洋资源管理体制仍是局部统一管理基础上的分散管理体制。

从1978年到现在，我国海洋资源管理工作一直由国家海洋局负责，对海洋资源管理工作进行统一和协调。改革开放后，国家海洋局改为由国家科委代管，并被赋予了海洋行政管理和公益服务的职能。这一时期的国家海洋局会同地方海洋管理机构做了大量的海洋资源开发和环境保护管理工作，为20世纪90年代的沿海地区海洋经济热潮打下了良好的基础。1988年国务院机构改革，国家海洋局被正式赋予海洋综合管理的职能，开始了我国海洋事业的相对统一管理时期，制定了海洋管理的综合政策和法规，开展了以海洋资源开发和环境保护为基础的卓有成效的综合管理工作，同时还建立发展了一整套为海洋事业各项工作直接服务的海洋工业服务和科技调查体系，有效地促进了我国海洋资源的可持续发展。1998年国务院再次进行机构改革，国家海洋局由新成立的国土资源部管理，被确定为监督管理海域使用和海洋环境保护、依法维护海洋权益、组织海洋科技研究的行政机构,海洋资源管理职能被划归国土资源部。1999 年,中国海监总队成立,与国家海洋局合署办公,主要负责海洋监察执法。紧接着,国家海洋局东海分局、南海分局、北海分局相继组建了东海区海监总队、南海区海监总队和北海区海监总队。2013 年国务院重新组建国家海洋局,整合海上执法力量,稳步推进大部制改革。国家海洋局以中国海警局名义开展海上维权执法,接受公安部业务指导,由国土资源部管理。

第四节　我国海洋资源状况介绍

一、我国海洋资源的自然背景

我国位于地球的东半球,地处世界上最大面积的陆地(亚欧大陆)的东部,面临世界上最大面积的海洋(太平洋)的西海岸。北起黑龙江省漠河以北的江心(北纬 53°31′),南达南海南沙群岛南缘的曾母暗沙(北纬 3°58′),南北纵贯约 5 500 千米;西抵新疆维吾尔自治区乌恰县西缘的帕米尔高原(东经 73°40′),东至黑龙江省抚远县境内黑龙江和乌苏里江汇合处(东经 135°05′),东西横延约 5 200 千米;全国海域面积约 300 万平方千米,大陆海岸线北起鸭绿江口,南至北仑河口,长达 1.8 万多千米,岛屿岸线长达 1.4 万多千米。海岸类型多样,大于 10 平方千米的海湾 160 多个,大中河口 10 多个,自然深水岸线 400 多千米。

我国近海北起温带,中经副热带,南至热带,大部分海域位于北纬 20°~40°之间的中纬度海区。我国近海全年太阳辐射总量在 $2.08×10^8$~$6.25×10^8$ 焦耳/(平方米·月)之间[冬季 $2.08×10^8$~$5.42×10^8$ 焦耳/(平方米·月),夏季 $4.17×10^8$~$6.25×10^8$ 焦耳/(平方米·月)],比内陆太阳辐射小。其四季分配是,夏季最大,冬季最小,而秋季在多数海域大于春季。就海区而言,渤海西部、南海中部和南部四季都比较高;东海西部沿岸夏、秋、冬季均为高值区;东海东部春、秋、东为低值区,春季为低值区;东海东部春、秋、冬季为低值区,而夏季为高值区;黄海太阳辐射总量较邻近海域要低。太阳辐射量的纬度差异,是我国近海热量自南向北递减的基本因素,也是形成温差能的主要原因之一。我国近海热量为我国海洋生物资源提供适宜的生存环境、提高海洋生态系统生产力的重要保证。近海的热量条件和差异也是海洋热能、海洋温差能、海水水资源等海洋资源开发和发展的重要决定因素。

我国近岸海底地形总体呈西北向东南倾斜的趋势,继承了陆地地形的自然延伸状态,海底地形坡降为千分之零点二至千分之一点六,平均坡降约千分之零点八,等深线基本平行于海岸展布,河口区呈舌状向海展布。海底地形受构造控制作用明显,呈两窿两坳的南、北分带特征,并在不同沉积环境和复杂水动力条件下塑造出沉降盆地型、挤压隆起型、沉积改造型和过渡型 4 种类型。渤海地形平缓,坡降为千分之零点三五,10 米以深地形坡降减小,整个海底地形由海湾向中央浅海盆地及渤海海峡倾斜,轴部在渤海湾顶至老铁山水道之间。黄海为近南北向的浅海盆地,海底地形由北、东、西三面向中部及东南部平缓倾斜,平均坡度约千分之零点三九,海底多发育陆架潮流沙脊、陆架堆积平原、陆架洼地、陆架潮流冲刷槽等。东海略呈扇形向西太平洋展开,呈北东走向,平均水深 370 米,地形由西北向东南倾斜。近岸地形区北部为长江河口水下三角洲平原,等深线呈舌状向海伸展,水深大多小于 20 米,122.5°E～125°E 海域为长江口外潮流沙脊区,水深在 30～60 米之间,海底地形走向由北向南逐渐由东西向转为北西向。31.5°N～23.5°E 海域为北东向带状水下岸坡地形,等深线平行于岸线,呈北疏南密排列,平均坡降为千分之一。南海北部地形以陆架和岛架平原为主,总体地势平坦,海底地貌对沿海陆地构造单元具有继承性。大陆架平均坡降为千分之零点九至千分之一点二,珠江口外及珠江口以西平均坡降小于千分之一,而珠江口以东坡降则大于千分之一。我国的海底地形特征对海洋资源特性的形成和海洋资源开发利用意义重大,沿岸流和涡旋等海流为近海沉积物输运和再分配起到重要作用,潮流和径流共同作用塑造了大型潮流沙脊和水下三角洲地貌,也改造了海底原始底形,并在全新世海侵的影响下形成了多条古岸线和阶地状陡坎地形。

二、我国海洋资源的基本特征

(一)数量特征

1. 海洋资源十分丰富

海洋是人类的资源宝库,我国拥有极其丰富的大陆架、专属经济区和海岛资源。按照《联合国海洋公约》的规定,我国管辖的海域面积约 300 万平方千米。我国大陆海岸线长度为 18 000 千米,居世界第四位;200 多万平方千米的大陆架面积位居世界第五,200 海里专属经济区面积为世界第十。根据《全国海岛保护规划》我国拥有面积大于 500 平方米的海岛 7 300 多个,海岛陆域总面积近 80 000 平方千米,海岛岸线总长 14 000 多平方千米。我国海岛面积占全球海岛总面积 9 700 多万平方千米的 1/15[①]。迄今为止,在中国海域共发现具有商业开采价值的海上油气田 38 个,获得石油储量约 9 亿吨,天然气储量约 2 500 多亿立方米。根据《中国海洋生物种类与分布》记载,我国海洋生物 20 278 种,占世界海洋生物总数的 25% 以上。

2. 人均海洋资源占有量少

我国 13 亿人口,从单位陆地面积平均拥有的海岸线长度来看,我国只占世界第 94 位。人均海洋面积,世界沿海国家平均为 0.026 平方千米,而我国只有 0.0029 平方千米,只是世界平均数字的十分之一,而与我国相邻的海洋国家的平均数都超过我国的 10 倍以上。我国近海鱼类可捕量人均还不到 4 千克,大大低于世界人均可捕量 19 千克的水平。其他资源,如滩涂、港址、滨海砂矿和旅游资源等人均占有量也大大低于世界沿海国家的平均水平。

(二)质量特征

海洋环境质量是海洋环境的总体或它的要素水质、底质或生物等对人类的生存和繁衍以及社会经济发展的适宜程度,反映人类对海洋环境的具体要求。《2015 年中国海洋

---

① 张耀光. 中国海岛开发与保护[M]. 北京:海军出版社,2012.

环境状况公报》显示,我国近岸局部海域海水环境污染依然严重,近岸以外海域海水质量良好。我国全海域第二类水质海域面积为 61 902.5 平方千米、第三类水质海域面积为 36 920平方千米、第四类水质海域面积为 27 110 平方千米,劣于第四类水质海域面积为 55 535 平方千米。其中渤海海域分别为 18 222.5 平方千米、8 105 平方千米、5 045 平方千米、5 817.5 平方千米;黄海海域分别为:18 205 平方千米、8 045 平方千米、6 905 平方千米、6 910 平方千米;东海海域分别为:19 677.5 平方千米、12 152.5 平方千米、12 990 平方千米、37 985 平方千米;南海海域分别为 5 797.5 平方千米、8 617.5 平方千米、2 170 平方千米、4 822.5 平方千米。春季、夏季和秋季,劣于第四类海水水质标准的海域面积分别为 5.1 万平方千米、4.0 万平方千米和 6.3 万平方千米,主要分布在辽东湾、渤海湾、莱州湾、长江口、杭州湾、浙江沿岸、珠江口等近岸海域,主要污染要素为无机氮、活性磷酸盐和石油类。夏季重度富营养化海域面积约 2.01 万平方千米,主要集中在辽东湾、长江口、杭州湾、珠江口等近岸区域。海水增养殖区综合环境质量等级为"优良"、"较好"和"及格"的比例分别为 81%、16% 和 3%,未出现等级为"较差"的增养殖区。影响海水增养殖区环境质量状况的主要原因是部分增养殖区水体呈富营养化状态以及沉积物中粪大肠菌群、铜和铬等超标。

(三) 区域分布特征

1. 海洋资源区域分布极其不平衡

我国海洋资源主要分布在地域组合特征是渤海及其海岸带主要有水产、盐田、油气、港口及旅游资源,黄海及其海岸带主要有水产、港口、旅游资源,东海及其海岸带主要有水产、油气、港口、海滨砂矿和潮汐能等资源,南海及其海岸带主要有水产、油气、港口、旅游、海滨砂矿和海洋热能等资源。另外,辽宁、河北、天津、山东、江苏、浙江、上海、福建、广东、广西和海南 11 个沿海省市的海洋资源的分布极不平衡。上海和广东的海洋交通运输业营运收入遥遥领先于其他省份。上海市近年海洋交通运输业营运收入约占全国海洋交通运输业营运收入的 1/3,海洋石油天然气生产主要集中在广东、山东、辽宁、天津沿海,海滨砂矿资源主要集中在福建、山东、广东、广西、海南,潮汐能资源以浙江、福建两省较为丰富,温差能以台湾、海南两省为多,波浪能资源则以台湾最为突出,海(潮)流能的理论蕴藏量浙江达到 7.09×10^6 kW。

2. 海洋资源开发利用程度的区域差异较大

我国海洋资源分布不均衡,直接造成海洋资源开发利用的区域差异。据 2015 年中国海洋经济统计公报公布的统计结果,环渤海地区海洋生产总值 23 437 亿元,占全国海洋生产总值的比重为 36.2%;长江三角洲地区海洋生产总值 18 439 亿元,占全国海洋生产总值的比重为 28.5%;珠江三角洲地区海洋生产总值 13 796 亿元,占全国海洋生产总值的比重为 21.3%。同时,海洋资源综合经济效益在各省(市、区)之间呈现出较大差异(图 1-17)。可见,海洋资源经济效益产值最高的地区是山东、广东,其次是上海、浙江和福建,而广西、海南等地区的海洋经济效益差异较大。

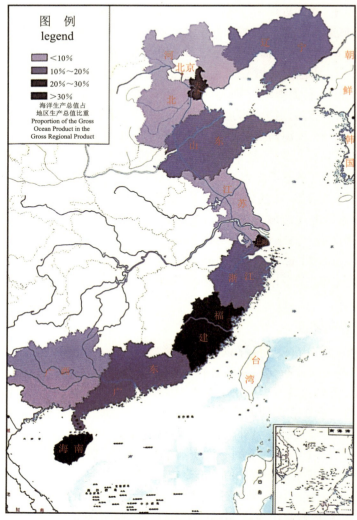

图 1-17　2014 年我国沿海地区海洋生产总值空间分布图

三、我国海洋资源利用的主要问题

（一）海洋资源环境问题突出

1. 海洋环境污染问题严重

海洋环境污染是由于人类在开发利用海洋资源过程中，直接或间接地将有害物质排到海域中，造成海洋生物资源、海水质量、海洋环境、海水自净能力等遭到损害，进而威胁人类自身健康。自改革开放到 20 世纪 90 年代末，我国海域受污染的范围不断扩大。2000 年以后，由于环保投入的增加，海域污染面积有所减少，但仍然呈现上下波动的情形，特别是中度和重度污染海域面积持续增多。根据《2014 年中国海洋环境状况公报》，渤海、黄海北部近岸等海域，主要污染物质为石油、无机氮和活性磷酸盐。海运船舶航行、海上石油运输、海水人工养殖、海洋工程建设、陆域污染物排放、海洋废弃物倾倒等是造成海洋环境污染的最主要原因,致使海水自净能力逐渐丧失、海洋环境缓冲能力下降,为海洋资源的再生和供给带来阻碍。

图 1-18　海"脏"了

2. 海洋生态破坏问题加剧

海洋资源的无序开发、海洋工程建设的不合理等均可能导致海洋生态系统遭到无法恢复的损害,进而导致严重生态后果。围填海造地、海岸线防护、沿海港口建设、人工水产养殖、海上石油勘探开采等行为不当是导致海洋生态系统灾难的主要因素。改革开放以来,由于海岸带不科学的开发使用,已造成海域滨海湿地被吞噬。海岸带侵蚀严重、海岸线退后明显、临海港口淤积、沿海滩涂荒废等负面影响不断显露,尤其进入 21 世纪,海岸线生态状况已十分严峻。当海洋经济成为新的经济增长点,海洋资源开发强度持续增大,对海洋生态系统特别是海岸带和近海系统造成的威胁也越来越大,近海海洋生态系统受到严重威胁,持续恶化的近岸海洋生态环境已经成为海洋强国建设、实现海洋新生态发展的制约性问题。

3. 海洋资源枯竭问题日益凸显

由于海洋生物资源的生长繁衍有着固定的周期性,需要制定科学合理的捕捞量保证海洋生物资源的可持续开发,从而有助于形成海洋生物生长与使用的良性循环。长期以来,在开发海洋渔业资源的过程中,渔民往往不顾长远利益,只注重眼前绩效,使用大量选择性极差的底托网、定置渔具及被限制使用的多重刺网等进行作业,导致近海生物资源几乎整体处于衰退状态,特别是渤海作为海洋鱼类的天然产卵场、索饵场的功能已基本不复存在,黄海的海洋鱼类构成已趋于严重小型化,许多传统经济鱼类资源几乎绝迹。原先市场中常见的大黄鱼、鲈鱼、对虾等已形不成鱼汛,取而代之的是一些头足类、虾蟹类等处于食物链下游、生长周期短暂的品种。与此同时,海洋资源繁衍生长所需的环境也正在不断恶化,加剧了海洋资源可持续供给的困境。

图 1-19　被石油污染的海鸟

图 1-20　海洋污染显现

（二）海洋资源市场不健全

　　海洋资源交易市场应当以海洋资源所有权与使用权分离为基础。在我国海洋资源的一级市场是国家，海洋资源交易市场实际上是海洋资源使用权转让或租赁的市场。海洋资源所有权与使用权的划分与分离问题长期以来一直阻碍着海洋资源不能作为商品进行自由买卖，在很大程度上妨碍了市场机制在配置海洋资源时发挥有效作用。由于海洋资源市场的不健全甚至缺失，使得海洋资源不能通过市场竞争实现其应有价值乃至使用价值，也不能通过市场价格调节来反映其稀缺程度，更不能通过市场手段让其实现有偿使用。理论学界在很长一段时间都认为海洋资源没有凝结人类劳动，因此不具有价值。由于市场价值理论的不完备，也使得海洋资源曾在过去很长的一段时间都被无偿开发利用，国家未有任何经济收入入账，导致海洋资源过度使用、资产严重流失。直到经济社会发展到一定程度，市场价值理论日渐完备，海洋资源的价值才充分得以展现出来，尤其是伴随人类发展对海洋资源的需求日益增大，同样具有稀缺性的海洋资源价值才得以日益显现。

（三）海洋资源开发利用程度低

　　开发利用海洋资源是各国发展的必然趋势。我国海洋资源开发主要是在石油天然气的开采、旅游资源、海洋运输、渔业捕捞和海水养殖等方面，海洋生物资源的医药利用、海水资源和海洋能源资源利用正在逐步向产业化方向推进。但是我国海洋资源开发能力不足、粗放开发状况普遍，海洋资源利用综合性与可持续性整体水平较差、利用效益的地区差异明显。目前，我国海洋开发利用面积仅占总面积的40%，且单位面积的产量和产值都很低。我国绝大部分的海洋开发活动集中在海岸和近岸海域，远海开发利用不足。如临港工业区是海洋经济主要活动区，包括钢铁、石化、机械、汽车等产业，但产业同质同构严重，布局分散，导致港口、岸线等近岸资源过度开发，资源浪费和破坏现象严重，渔业资源趋于枯竭，海洋经济效益低。海洋能资源利用也刚刚起步，每年利用海洋波浪能、潮汐能发电量都相对少，无法形成规模效应。

（四）海洋资源产权不明晰

　　随着陆源资源短缺、人口膨胀、环境恶化三大矛盾的日益突出，海洋资源成为人类社会实施可持续发展的基础。但由于长期受海洋资源"取之不尽、用之不竭、无偿占有、无偿使用"观念的影响,人们对海洋资源的无序利用、无度开发、无偿使用,已经严重制约了我国海洋经济的健康发展。而海洋资源的权属不清是产生海洋资源管理秩序混乱的主要原因。在我国,海洋资源资产是国家所有的财产,从理论上讲归全体人民所有并由国家代表全体人民对海洋资源资产进行开发和管理,但沿海有些单位、用海企业和个人错误地认为与之毗邻的海域和海岛归本地、本企业甚至个人所有,擅自占用和出让、转让、出租海域和海岛资源。海域和海岛使用者的用海权属也不能得到法律的有效保护,使我国海域和海岛使用活动形成了"谁占谁用,谁用谁有"的格局。海洋资源利用的无序性,导致开发秩序混乱,用海纠纷不断。同一海域,不同行业争相利用,使用海矛盾日益尖锐。因争占海域引发的上访、诉讼甚至械斗事件时有发生,严重影响了沿海地区的社会稳定和经济发展,有的甚至危及国防安全。海域开发无度,用海者盲目扩大用海面积,随意滥用海域资源,造成资源浪费和破坏,加剧海洋环境的恶化,使得海洋经济的可持续发展受到了严重威胁,也严重制约了海洋资源的可持续利用。

四、我国海洋资源利用管理的战略

（一）海洋资源安全战略

海洋资源保护的理想状态是海洋资源安全。海洋资源安全战略是指一个国家或地区持续、稳定、充分并经济地获取海洋资源,同时又使其发展赖以依存的海洋资源基础和海洋生态环境处于良好或不遭受破坏的状态。这种状态不单是供给与需求的均衡,更体现为海洋资源使用的良性循环,海洋资源能够持续、稳定地满足国民经济和社会发展的需要。

海洋资源安全涉及诸多方面的问题。从地缘政治上看,海洋资源安全问题一直处在一国安全战略的前沿,涉及国家的主权与海洋权益,尤其以国防、外交事务为甚。从性质上来看,海洋资源安全实际上是一种国家经济安全,海洋资源是制约一国或地区经济发展的重要因素。从状态上来看,海洋资源安全是动态的,其中任何一个因素或层次结构的改变都会引起连锁反应。海洋资源安全在国家安全体系中具有十分重要的地位,对世界各国的政治、军事、环境、经济与社会发展发挥着日益重要的作用。

保障海洋资源安全就是保障人类生存和发展所必需的资源基础。对我国海洋资源安全造成危害的主要因素包括海洋资源破坏问题、海洋环境污染问题、外来海洋生物入侵问题、国家之间的海洋权益之争等。海洋资源安全制度是构建海洋资源保护法律制度的重要内容。为保障我国海洋资源安全,必须实行海洋资源监管制度,切实保障海洋功能区划制度、海洋自然保护区制度、海洋特别保护区制度、防治外来海洋生物入侵的法律制度、化解国家之间海洋纷争的方法与制度、海洋灾害预警报制度、海洋生态安全评价制度、海洋资源监测制度、海洋排污权交易制度、实行海洋建设项目管理制度和环境影响评价制度等法律制度的进一步完善和有效实施。

（二）海洋资源合理配置战略

海洋资源合理配置战略即妥善处理经济建设与海洋开发、环境保护的关系,构筑具有不同区域特色海洋资源利用的合理结构和布局,实现我国海洋资源的可持续利用。实施海洋资源合理配置战略,必须统筹安排各类开发用海,控制新增开发用海规模,发挥区域海洋资源优势,合理调整海洋资源利用结构和布局。首先应保障国防安全、公益事业、环境保护等重点项目的建设用海,其他一般项目只能根据海洋功能区划合理配置使用。

海洋资源作为国家基础性自然资源和战略性经济资源,稀缺性十分突出。当前我国海洋资源配置中存在三个层次的问题,在法制建设上,资源配置管理规定过于原则化,配置制度不健全、配置流程不完善;在动态调节机制上,海域、海岛使用金没有充分发挥出对海洋资源利用结构和空间布局等方面的引导调节作用,海域、海岛使用金动态调整机制不健全,对海洋资源利用结构和空间布局等方面的引导作用有限;在配置方式上,资源配置方式相对单一,过分依赖行政配置,市场化配置海洋资源进程缓慢。海洋资源管理部门和有关社会团体和个人,要结合海洋资源开发与管理的实际,从体制机制入手,建立健全良好的用海市场秩序和严格的用海市场规则,加强督导和管理,以促进和推动我国海洋资源的合理开发和可持续利用。

海洋资源配置是海洋资源与使用对象之间配置的过程。我国海洋资源配置方式有市场配置和行政配置,主体是国家、单位和个人,客体是以海域和海岛为依托的海洋资源,直接目标是找适宜的海洋资源使用权人,根本目标是促进海洋资源的合理开发和可持续利用,实质是海洋资源在沿海地区乃至全社会的利益分配关系。海洋资源配置依据既有法律层面的依据,又有国家相关的海洋规划、政策,以及资源与环境经济学、产业经济学、区域经济学、海洋生态经济学等学科中蕴藏的可持续发展理论、产业结构理论、区域经济理论、产权理论等,这些都是海洋资源配置方法的基本依据。海洋资源配置是一个巨大的系统工程,包括社会、经济、生态环境、资源管理等诸多方面。实施海洋资源合理配置战略,必须完善海洋资源管理立法、转变配置方式、构建配置方法,建立海洋资源使用权储备制度、创新海洋资源使用权出让机制、推行"招拍挂"出让年度投放计划,建立全国或区域性海域资源交易服务平台、扩大海洋资源使用权抵押融资范围,完善区域海洋综合管理体制、涉海行业协调管理机制、海洋部门内部配合机制等辅助决策机制。

(三)海洋资源生态保护战略

海洋资源生态保护战略,即采取有效措施,保护我国内水、领海、毗连区、专属经济区、大陆架以及我国管辖的其他海域,具有重要经济价值的海洋生物生存区域及有重大科学文化价值的海洋自然历史遗迹和自然景观,并对具有重要经济、社会价值的已遭到破坏的海洋生态,进行整治和恢复。

海洋资源作为全球生态系统的重要组成部分,为人类的生存和发展,社会经济的增长与繁荣做出了重大的贡献。但是经济增长背后,海洋生态系统所遭受的损失已经对我国海洋可持续发展能力造成严重威胁。目前我国海洋生态系统面临污染、生态环境破坏、资源过度开发利用等前所未有的巨大压力,海洋生态保护和生态建设工作面临严峻的挑战。主要表现为近岸海域污染严重,海岸生态防护能力薄弱,重要海洋功能区受损,海洋生态保护机制尚不健全,海洋生态建设的技术储备不足。

海洋生态系统具有与陆域生态系统不同的特征,将生态系统保持在一个健康、生产率高、可恢复的状态,能够为人们提供所需的服务。当前,我国海洋生态环境保护与建设应努力实现三个转变,即由单纯污染控制向污染控制与生态建设并重转变、由单纯环境管理向环境管理与服务同步转变、由被动应对环境破坏向主动预防和治理转变。同时应做好四方面工作:一是建立完善海洋生态保护与建设的政策规划和规章制度;二是加强海洋生态监督管理;三是加快推进海洋保护区网络建设;四是积极开展海洋生态修复和建设工程。各级海洋管理部门应该建立完善海洋生态保护与建设的工作体系和业务支撑体系,包括建立完善海洋生态保护与建设的政策机制,强化海洋生态保护与建设的科技支撑,切实加强对海洋生态保护和建设工作的组织领导和协调。

(四)海洋资源产权安全战略

实施海洋资源产权安全战略,必须建立和完善适应社会主义市场经济体制要求的海洋资源管理新体制和新机制,积极推进海洋资源管理方式的转变,改善宏观调控,建立良好的海洋资源利用管理秩序,不断适应生产力发展的需要。

一是应加强海洋资源法制建设。进一步完善海洋资源保护和合理开发利用、海洋生态环境保护等方面的法律法规体系,完善与《中华人民共和国海域使用管理法》、《海岛保护法》相配套的行政法规,大力推进依法行政,规范海洋资源使用权登记、审批、处置、行政处罚等行政行为,加大海洋资源违法案件查处力度。

二是应建立集中统一、精干高效、依法行政、具有权威的海洋资源管理新体制。统筹考虑海洋资源的可持续利用。省级以下海洋资源管理部门实行双重领导,市对区、县及乡(镇)实行垂直领导。完善省级以下海洋资源执法监察领导体制的改革。建立为海洋资源管理服务的有效支撑体系。

三是应建立和完善海洋资源规划体系,发挥规划的宏观调控作用。建立由国土规划、海洋资源利用规划等自然资源规划组成的海洋资源规划体系。建立和完善以海洋资源利用总体规划为龙头、各专项规划相协调的海洋资源利用规划体系。加强规划的实施管理,实行海洋资源用途分区管制与用海指标控制相结合,以海洋功能区划、海洋资源用途转用许可和年度海洋资源利用计划为保证的海洋资源利用规划管理体系。制定和完善规划实施管理的配套法规和规章,建立规划实施的监督体系,做好规划实施的监督检查和跟踪调查。

四是应积极培育和发展海洋资源市场,充分发挥市场机制的配置作用。加大推进海洋资源有偿使用制度,依法规范和管理海洋资源使用权及相关的资本、技术和劳务等市场。改革海洋资源开发利用的供应机制,供给制约和需求引导相结合,增量与存量互补,划拨与有偿相协调。建立海洋资源使用权储备(交易)制度。积极扩大海洋资源有偿使用范围,积极推行招标、拍卖、挂牌等海洋资源使用权出让方式。建立市场信息公布制度,合理引导社会投资方向。完善海洋资源资产价格管理政策,调整海洋资源资产税费政策,降低海洋资源使用权流转成本。建立海洋资源有形市场,加强海洋资源市场监管和海洋资源资产管理,规范市场交易行为,保障海洋资源市场正常运行。

五是应加强海洋资源行政管理。完善适应社会主义市场经济体制的海洋资源产权制度,理顺产权关系,维护海洋资源使用权人的合法权益;强化政府对海洋资源所有权的主体地位,明确海洋资源使用权人的权利、义务。完善海籍管理制度,完善海洋资源使用权登记公开查询制度。加强海洋资源开发的审批与管理,严格执行海洋资源开发利用供应政策和定额指标,全面提高依法行政水平。

■ 本章小结 ■

海洋资源是人类社会赖以生存和发展的重要物质基础,本章介绍了海洋和海洋资源的概念,并从自然和社会经济两个方面阐述了海洋资源的属性,简述了海洋资源的分类与分布规律。而海洋资源管理则是为提高海洋资源利用生态、经济、社会效益而进行的综合性活动。本章概述了海洋资源管理的性质、内容、原则和体制。此外,通过我国海洋资源特征与问题的介绍,阐述了我国海洋资源利用管理的战略。

■ 关键术语 ■

海洋　海洋资源　海洋资源管理　海洋资源属性　海洋资源类型　利用管理战略

■ 复习思考题 ■

1. 简述海洋、海洋资源、海洋资源管理的概念。

2. 作一海岸带到深海的典型剖面图,说说各地貌单元中可利用的海洋资源有哪些?这些资源的形成与相关地貌单元有何关系?

3. 海洋资源管理的主要内容包括哪些方面?

4. 简述我国海洋资源的状况与问题。

5. 根据我国海洋资源状况,应采取哪些措施来实现资源、环境、人口的协调发展?

■ 参考文献 ■

[1]　何宗儒,等.海洋资源管理理论与实务[M].台湾:五南图书出版公司,2012.

[2]　朱晓东,等.海洋资源概论[M].北京:高等教育出版社,2005.

[3]　辛仁臣,等.海洋资源[M].北京:化学工业出版社,2013.

[4]　朱坚真.海洋资源经济学[M].北京:经济科学出版社,2010.

[5]　贺义雄,等.海洋资源资产价格评估研究[M].北京:海洋出版社,2015.

第二章　海籍管理

第一节　海籍管理概述

一、海籍与海籍管理

（一）海籍概述

1. 海籍的含义

海籍指记载各项目用海的位置、界址、权属、面积、类型、用途、用海方式、使用期限、海域等级、海域使用金征收标准等基本情况的簿册和图件。籍有簿册、清册、登记之说。如同建立户籍(含户口簿)及地籍(含地籍簿和地籍图)一样,海洋也要建立海籍(含海籍簿和海籍图)。

新西兰学者罗伯特森(Bill Robertson)指出,"海籍是一种能够记载、在空间上管理和实际确定海洋权利和利益界址的系统,这些界址与相邻海域或潜在权利和利益密切相关"。加拿大学者尼克尔斯(Sue Nichols)把所有权概念引入海籍,认为海籍除记载界址外,还要记载权利和责任,将海籍描述为:"海洋信息系统,就海洋辖区的所有权及各种权力和责任而言,该系统既要包含利益的性质和空间范围,还要包含财产权"。澳大利亚学者维多多(Widodo)通过海洋环境中权利、界限及责任的分析,确定了各个海洋权益部门的不同问题和需求,在此基础上讨论了海籍的概念。2003年,加拿大佛雷德里克顿大学会议上提出:"海籍的核心内容应当聚焦于法定的空间范围的确定、相关的权利、利益、约束以及责任。"这也是目前国际上比较认可的关于海籍概念的界定。

2. 海籍的作用

（1）为海域管理提供基础资料。调整海域关系,合理组织海域资源利用的基本依据是海籍所提供的有关海域的数量、质量和权属状况资料;合理配置海域资源的依据是海籍所提供的有关海域使用状况及界址界线资料;编制海域利用总体规划,合理组织海域利用的依据是海籍所提供的有关海域的数量、质量及其分布和变化状况的资料;征收海域税的依据是海籍所提供的海域面积、质量等级、海域位置等方面的资料。

（2）为维护海洋产权权益等提供基础资料。海籍的核心是权属,其所记载的海域权属界址线、界址点、权源及其变更状况资料是调处海域使用纠纷、确认海权、维护社会主义公有制和保护海洋产权合法权益的基础资料。

（3）为改革与完善海域使用制度提供基础资料。我国海域使用制度改革的第一步是变无偿、无限期、无流动的海域使用方式为有偿、有限期、有流动的海域使用。实行海域使用有偿使用制度,需制定海域使用金和各项海域课税额的标准。反映宗海面积大小、用途、等级状况的海籍为海域使用制度的改革和完善提供了基础资料。

（4）为编制国民经济发展计划等提供基础资料。海籍所记载的有关海域社会经济状况及各类型用海数量、质量及其分布状况与变化特征等资料与图件,为编制国民经济发展计划和海洋事业发展规划等提供了基础资料。

3. 海籍的分类

海籍,根据其作用、特点、任务及管理层次的不同,可分为以下几种类别:

（1）依据海籍所起的作用不同,可区分为税收海籍、产权海籍和多用途海籍。① 税收海籍是为征收海域税服务的,它要求较准确地记载海域的面积和质量,在此基础上,编绘而成的海籍簿(含图),称税收地籍。② 产权海籍,亦称法律海籍,是以维护海域所有权为主要目的,它要求准确记载宗海的界线、界址点、权属状况、数量、质量、用途等,在此基础上编绘成的海籍簿(含图)称产权海籍。③ 多用途海籍,亦称现代海籍,除了为税收和产权服务外,更重要的是为海域开发、利用、保护以及全面、科学地管理海域提供海域信息。它除了要求准确地记载海域的数量、质量、位置、权属、用途外,还要求记载宗海的地形、地貌、水质、气候、水文、地质等状况,在此基础上编制的海籍簿、图称多用途海籍。

（2）依据海籍的特点和任务的不同,分为初始海籍和日常海籍。初始海籍是指在某一时期内,对某一区域内的全部海域进行全面调查后最初建立的簿册(含图)。日常海籍是针对海域数量、质量、权属及其分布和利用、使用情况的变化,以初始海籍为基础,进行修正、补充和更新的海籍。

（3）依据海籍行政管理的层次不同,分为国家海籍和基层海籍。

（二）海籍管理概述

1. 海籍管理的概念

为了建立海籍,编制海籍薄和海籍图,必须收集、记载、定期更新海籍信息,为此,需要开展海籍调查、海域评价、海域登记、海域统计等一系列工作。这些工作的总称即为海籍管理,一般由国家委派海洋管理部门完成。基于此,可将海籍管理定义为,国家为获得海籍信息,科学管理海域而采用的海籍调查(含海籍测量)、海域分等定级、海域登记、海域统计、海籍档案整理等一系列工作的统称。

海籍管理又称海籍工作。按海籍工作任务和进行时间的不同可区分为初始海籍工作和日常海籍工作。初始海籍工作是指对行政区域内全部海域所进行的全面调查、分等定级、登记、统计、建立海籍档案系统。日常海籍工作是指在初始海籍工作的基础上,对海域数量、质量、权属、利用状况的变化所进行的调查、登记、统计、更改海籍图等工作,以保持海籍资料的现势性和适用性。

2. 海籍管理的任务

在我国，海籍管理的主要任务是：为维护海域社会主义公有制，保护海籍所有者和使用者的合法权益，促进海域资源的合理开发、利用，编制海域利用规划、计划，制定有效海域政策、法律等提供、保管、更新有关海域自然、经济、法规方面的信息。

二、海籍管理的内容和原则

（一）海籍管理的内容

海籍管理的主要内容包括海籍调查、海域分等定级、海域登记、海域统计及海籍档案管理等。

1. 海籍调查

海籍调查是以查清宗海的位置、界址、使用类型、用海方式、数量、质量和权属状况而进行的调查。

2. 海域分等定级

海域分等定级是在海籍调查和海域使用分类的基础上，为揭示海域使用价值的地域差异而划分的海域等级。海域的等别在全国范围内进行划分，在全国范围内具有可比性；海域的级别由沿海各地方结合本地区的实际，在海域等别的基础上进行划分，只在本地区内具有可比性。

海域分等定级的方法参见《海域分等定级》（GB/T 30745—2014）。2007 年国家海洋局和财政部联合出台的《关于加强海域使用金征收管理的通知》中，对全国的海域等别进行了划分，划分结果见附录 2。

3. 海域登记

海域登记指海域所有权、使用权以及他项权利的登记。

4. 海域统计

海域统计是对海域的数量、质量等级、权属、利用类型和分布等进行统计、汇总和分析，为国家提供海域统计资料，实行统计和监督。

5. 海籍档案管理

海籍档案管理是将海籍调查、海域分等定级、海域登记、海域统计等工作形成的各种文字、数据、图册资料进行立卷和归档、保管与提供利用等工作。

海籍管理的内容不是一成不变的，其各项内容是相互联系和互为补充的。海籍管理的内容将随着社会经济的迅速发展和国家对海籍资料需求的增长而不断变化和完善。

（二）海籍管理的原则

1. 必须按国家统一的制度进行

为实现海籍的统一管理，使海籍工作取得预期的效果，国家必须对海籍管理的各项工作制定规范化的政策和技术要求，如海籍调查表、海籍图册、图件等的样式、填写内容与要求；海域登记规则；宗海界址的界定规范；海籍资料有关海域的分类系统等，国家必须做出统一规定,并要求全国各地按统一规定开展海籍工作。

2. 保障海籍资料的可靠性与精确性

海籍簿册上所记载的数字必须以具有一定精度的近期测绘、调查和海域评价成果资料为依据,海籍中有关宗海的界址线、界址点的位置应达到可以随时在实地得到复原或推算的要求;海籍中有关权属关系的记载应以相应的法律文件为依据。

3. 保证海籍工作的连续性

海籍管理的文件是有关海域数量、质量、权属和利用状况的连续记载资料,这决定了海籍工作不是一次性的工作,而是经常性的工作。在进行最初的海籍调查、分等定级、登记、统计、建档工作以后,随着时间推移,海域的数量、质量、权属和利用状况会不断发生变化,为了将这些变化正确地反映到海籍簿及图上,就需要对海域进行补充调查、评价、变更登记和经常统计,也就是不间断地开展海籍工作。

4. 保证海籍资料的完整性

所谓海籍资料的完整性指海籍管理的对象必须是完整的海洋区域空间。如全国的海籍资料的覆盖面必须是我国整个海域;省级、县级及其以下的海籍资料的覆盖面必须分别是省级、县级及其以下的行政区域范围内的全部海域;宗海的海籍也必须保持宗海的完整性,不应出现间断和重漏的现象。

(三)海籍管理流程图

海籍管理流程如图 2-1 所示。

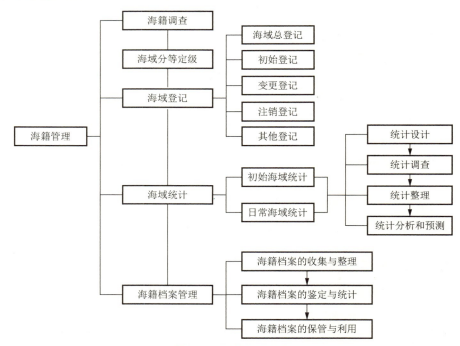

图 2-1 海籍管理流程

第二节　海域使用分类

海域使用分类是指按照一定的原则,划分海域使用类型并界定用海方式,适用于海域使用权取得、登记、发证、海域使用金征缴、海域使用执法以及海籍调查、统计分析、海域使用论证、海域评估等工作对海域使用类型和用海方式的界定。

海域使用分类是海域使用管理领域中界定用海类型和用海方式的统一依据,对于规范海域使用管理及相关技术工作,统一各环节海域使用数据口径,促进海域使用信息共享等具有重要的现实意义。具体来说,海域使用管理的诸多工作均涉及海域使用分类的相关内容:海洋功能区划制度的实施要求海域使用类型与海洋功能区类型相对应;海域使用权属管理制度针对海域使用类型、用海方式划分和设置审批权限;海域使用金征缴按照用海类型和用海方式采用不同的征收标准;海籍调查、海域权属登记、海域使用统计、海域动态监测等技术工作也需要对确权用海进行分类。

《海域使用分类》(HY/T 123—2009)行业标准规定了用海类型和用海方式两种分类,共同构成海域使用分类体系。海域使用分类体系规定了海域使用的分类原则、类型和用海方式。

一、海域使用分类原则

海域使用分类的原则:依据海域用途、考虑管理需要、区分用海方式、保持用海完整。

(1)依据海域用途是指以海域用途为主要分类依据,遵循对海域使用类型的一般认识,并与海洋功能区划、海洋及相关产业等的分类相协调。

(2)考虑管理需要是指体现海域使用管理法律法规在海域使用审批、海域使用期限确定、海域使用金征缴和减免等方面对海域使用的分类管理要求,明确界定法律法规提及的海域使用类型和用海方式。

(3)区分用海方式是指区分海域使用的具体用海方式,反映用海活动特征及其对海域自然属性的影响程度,体现海域使用管理工作特点。

(4)保持用海完整是指在海域使用类型划分上保持项目用海的完整性,反映其总体特征,方便海域使用行政管理及相关工作。

二、海域使用类型划分

海域使用类型划分主要应用于海域使用权登记、海域使用统计等用海管理工作中。根据海域用途的差异和海洋产业发展的现状,我国海域使用类型采用两级分类体系,共分为9个一级类和30个二级类,其中9个一级类分别为渔业用海、工业用海、交通运输用海、旅游娱乐用海、海底工程用海、排污倾倒用海、造地工程用海、特殊用海和其他用海。海域使用类型采用阿拉伯数字编码,第一位数字表示一级类,第二位数字表示二级类。海域使用类型名称和编码详见表2-1。

表 2-1　海域使用类型名称和编码

| 一级类 | | 二级类 | |
编码	名称	编码	名称
1	渔业用海	11	渔业基础设施用海
		12	围海养殖用海
		13	开放式养殖用海
		14	人工渔礁用海
2	工业用海	21	盐业用海
		22	固体矿产开采用海
		23	油气开采用海
		24	船舶工业用海
		25	电力工业用海
		26	海水综合利用用海
		27	其他工业用海
3	交通运输用海	31	港口用海
		32	航道用海
		33	锚地用海
		34	路桥用海
4	旅游娱乐用海	41	旅游基础设施用海
		42	浴场用海
		43	游乐场用海
5	海底工程用海	51	电缆管道用海
		52	海底隧道用海
		53	海底场馆用海
6	排污倾倒用海	61	污水达标排放用海
		62	倾倒区用海
7	造地工程用海	71	城镇建设填海造地用海
		72	农业填海造地用海
		73	废弃物处置填海造地用海
8	特殊用海	81	科研教学用海
		82	军事用海
		83	海洋保护区用海
		84	海岸防护工程用海
9	其他用海		

海域使用类型划分将各种用途的用海以产业和用海方式进行细分,明确界定了每种用海类型的定义及所包含的用海方式,具有较强的可操作性。

三、用海方式

用海方式是指根据海域使用特征及对海域自然属性的影响程度划分的海域使用方式。用海方式采用两级分类体系,共分为 5 种一级方式和 20 种二级方式,其中 5 种一级方式分别为填海造地、构筑物、围海、开放式、其他方式。用海方式采用阿拉伯数字编码,第一位数字表示一级方式,第二位数字表示二级方式。用海方式名称和编码详见表2-2。

表 2-2　用海方式名称和编码

一级类		二级类	
编码	名称	编码	名称
1	填海造地	11	建设填海造地
		12	农业填海造地
		13	废弃物处置填海造地
2	构筑物	21	非透水构筑物
		22	跨海桥梁、海底隧道等
		23	透水构筑物
3	围海	31	港池、蓄水等
		32	盐业
		33	围海养殖
4	开放式	41	开放式养殖
		42	浴场
		43	游乐场
		44	专用航道、锚地及其他开放式
5	其他方式	51	人工岛式油气开采
		52	平台式油气开采
		53	海底电缆管道
		54	海砂等矿产开采
		55	取、排水口
		56	污水达标排放

用海方式体系中的关键点之一,以是否能形成有效岸线为依据,把填海活动区分为填海造地与非透水构筑物填海两种用海方式,其他具体的用海方式界定,应参考用海类型体系中的用海方式举例执行,应注意从整体把握用海方式。

第三节　海籍调查

海籍调查是指国家采用科学方法,依照有关法律程序,通过调查与勘测工作查清每一宗海的位置、界址、形状、权属、面积、用途和用海方式等基本情况,以图、簿示之,在此基础上进行海域登记。调查的目的在于获取并描述宗海的位置、界址、形状、权属、面积、用途和用海方式等有关信息。调查的成果包括海籍测量数据、海籍调查报告（含宗海图）和海籍图。

一、海籍调查的单元和内容

（一）海籍调查的单元

海籍调查的单元是一宗海。所谓一宗海是指被权属界址线所封闭的同类型用海单元，是海籍调查的基本单位。宗海内部海域可据其用海方式的差异进一步划分为宗海内部单元。

宗海的划分主要以方便海域使用行政管理为原则，因此原则上一宗海由一个海域使用单位使用，但同一权属项目用海中的填海造地用海应独立分宗。在实际工作中，经常遇到一些特殊情况，其宗海划分说明如下：当宗海界定的开放式用海与其相邻宗海的开放式用海范围相重叠时，重叠部分的海域，应在双方协商基础上，依据间距、用海面积等因素按比例分割；当宗海界定的开放式用海范围覆盖航道、锚地等公共使用的海域时，用海界线应收缩至公共使用的海域边界；当宗海内几种用海方式的用海范围发生重叠时，重叠部分应归入现行海域使用金征收标准较高的用海方式的用海范围；当宗海内某种用海方式的用海需求超出一般方法界定的用海范围时，可在充分论证并确认其必要性和合理性的基础上，适当扩大该用海方式的用海范围。

（二）宗海划分的原则

1. 尊重用海事实原则

宗海的划分要充分尊重用海事实，宗海界址的界定要充分考虑海域使用的排他性及安全用海的需要。

2. 用海范围适度原则

宗海的划分应有利于维护国家的海域所有权，有利于海洋经济可持续发展，应确保国家海域的合理利用，防止海域空间资源的浪费。

3. 节约岸线原则

宗海的划分应有利于岸线和近岸水域的节约利用。在界定宗海范围时应将实际无须占用的岸线和近岸水域排除在外。

4. 避免权属争议原则

宗海的划分应保障海域使用权人的正常生产活动，避免毗连宗海之间的相互穿插和干扰，避免将宗海范围界定至公共使用的海域内，避免产生海域使用权属争议。

5. 方便行政管理原则

宗海的划分应有利于海域使用行政管理，在保证满足实际用海需要和无权属争议的前提下，对于界址线过于复杂和琐碎的宗海应进行适当的归整处理。

（三）海籍调查的内容

海籍调查是海籍管理的基础，其主要内容包括权属调查和海籍测量两个方面。权属调查是指通过对海域权属状况、权利所及的界线、海域使用类型、用海方式的调查,并根据调查结果填写《海籍调查表》中的"海籍调查基本信息表"(附录1表1)相关栏目,为海籍测量提供依据,其主要内容包括权属状况核查和界址界定。海籍测量是指在海域权属调查的基础上,借助仪器,以科学的方法,测算或推算宗海的界址点坐标、权属界限,绘制测量示意图,量算宗海面积,测绘宗海图、绘制海籍图,为海域使用权登记提供依据,其主要内容包括海籍控制测量、界址测量、宗海面积量算、测绘宗海图和绘制海籍图。

二、海籍调查的分类

海籍调查通常分为初始海籍调查和变更海籍调查。其中,初始海籍调查是指初始海域使用登记前的区域性普遍调查;变更海籍调查是在变更海域登记或设定海域登记时利用初始海籍登记成果对变更宗海的调查,是海籍管理的日常性工作。

三、海籍调查的技术依据

海籍调查的技术依据主要有《海籍调查规范》、《海域使用分类体系》及其他相关政策、法规、政策性文件,有关部门规范性文件、批复、答复、函,地方制定的政策及技术标准的补充规定。

四、海籍调查的工作程序

海籍调查的工作程序(图2-2)包括准备工作→权属核查→宗海界址界定→海籍测量→面积量算→绘制宗海图、海籍图→文字总结→检查验收→资料整理与归档。

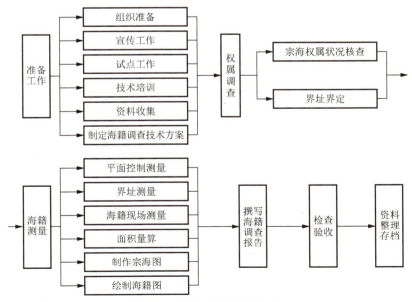

图2-2　海籍调查的工作程序

（一）准备工作

准备工作主要包括组织准备、宣传工作、试点工作、技术设计、资料收集、制定海籍调查技术方案等。

鉴于海籍调查是一项涉及面广以及政策性、技术性强的工作,需要有关部门的密切配合,因此开展海籍调查的市、县有必要成立以主管市(县)长为组长的海籍调查、海域登记领导小组。其职责是领导海籍调查、海域登记工作,研究处理海籍调查、海域登记中的重大问题,特别是研究、确定、仲裁海域权属问题。

海籍调查工作牵涉利益相关人众多,需要海域使用权人的密切配合,为此,需要在开展海籍调查之前充分利用新闻媒体对其进行宣传与报道,使用海单位(个人)了解海籍调查的意义及重要性,以得到他们的支持。

由于各地区情况不同,为使海籍调查工作在行政管理、技术标准上统一,在开展初始海籍调查工作前,应进行试点工作和技术培训,为顺利开展海籍调查工作提供技术准备。

资料收集是海籍调查中一项重要的准备工作。需要收集的资料主要包括图件资料和权利证明资料。图件资料包括测量控制网资料、已有的海籍原图资料、大比例尺地形图、海图、航片平面图资料等;海域权利证明资料包括海域使用权申请、出让、转让案卷、海域使用规划、其他权源证明文件。

物质资料准备方面,包括统一印制调查相关表格和簿册、准备必要的调查仪器、绘图量算工具、交通工具和劳保用品等。

技术设计包括权属调查和海籍测量两个部分。权属调查技术设计的内容一般包括:① 权属调查工作的人员、组织及进度;② 现场调查工作的步骤及必须履行的手续;③ 质量和数量指标及定额;④ 各种表格、文书的式样;⑤ 填写表格、文书的说明;⑥ 其他未尽事项。海籍测量技术设计的内容一般包括:① 坐标系统、起算数据的选择和配置,与原平面控制系统的关系;② 平面控制网的布设方案、加密方案及其论证;③ 宗海图的规格、比例尺、内容及要求;④ 海籍图的规格、比例尺和分幅方法;⑤ 选用的海籍测量方法和保证界址点位置精度的技术措施;⑥ 所需的仪器工具装备以及人员组织、工作进程、经费预算等。

（二）权属核查

1. 宗海权属状况核查

权属核查是对本宗海海域使用权的归属进行调查核实,包括调查本宗海的申请人或使用权人、用海类型、坐落位置,以及与相邻宗海的位置与界址关系等。权属核查应由本宗海的申请人和相邻宗海业主就相关的界址点、线在现场共同完成指界核实,并将核查结果填写《海籍调查表》中的"海籍调查基本信息表"(附录1表1)的相关栏目当中。

海域权属核查以一宗海为单位,针对海域使用者的申请,对宗海位置、界址、权源、用海类型、有无使用权纠纷等进行实地核定、调查、勘丈、记录,为海籍测量和权属审核发证提供文书凭证。

在调查之前,应准备好调查底图和调查表。调查底图可利用现有海籍图或近期的大比例尺地形图、海图、精度适当的遥感影像地图复制而成。权属核查需填写的"海籍调查基本信息表"栏目包括:海域使用申请人信息(包括申请单位/个人名称、联系电话、地址、邮编、法定代表人姓名及身份证号码、联系/代理人姓名及身份证号码)、宗海四至及相邻宗海使用权人签字、权属核查记事。属项目用海的,还需注明项目名称、用海类型(一级类、二级类)、用海设施/构筑物。界址的认定须由本宗和相邻宗海使用者亲自到现场共同指界。单位用海,需由单位法人代表出席指界;海域使用人或法人代表不能亲自到场指界的,应由委托的代理人指界并出具委托与身份证明;两个或两个以上的海域使用者共同使用的宗海,应共同委托代表指界,并出具委托书及身份证明。经双方认可的无争议界线,须由双方指界人在"海籍调查基本信息表"上签字盖章。对于有争议的海域,尽可能在调查现场由当事人协商解决,协商解决不了的,由人民政府处理。

2. 界址界定

宗海界址界定的一般流程如下:

(1)宗海分析:根据本宗海的使用现状资料或最终设计方案、相邻宗海的权属与界址资料以及所在海域的基础地理资料,按照有关规定,确定宗海界址界定的事实依据。对于界线模糊且不能提供确切设计方案的开放式用海,按相关设计标准的要求确定其界址的界定依据。

(2)用海类型与方式确定:按照海域使用分类相关规定,确定宗海的海域使用一级和二级类型,判定宗海内部存在的用海方式。海域使用类型和用海方式的划分见本章第二节。

(3)宗海内部单元划分:在宗海内部,按不同用海方式的用海范围划分内部单元。用海方式相同但范围不相接的海域应划分为不同的内部单元。内部单元界线的界定因该宗海海域使用类型和用海方式的不同而有所差异,详见《海域调查规范》(国海管字〔2008〕273号)。

(4)宗海平面界址界定:综合宗海内部各单元所占的范围,以全部用海的最外围界线确定宗海的平面界址。对于不同用海类型的海域应当分宗。

(5)宗海垂向范围界定:遇特殊需要时,应根据项目用海占用水面、水体、海床和底土的实际情况,界定宗海的垂向使用范围。

(三)海籍测量

海籍测量主要包括平面控制测量、界址测量、海籍现场测量、面积量算、制作宗海图和绘制海籍图。

1. 平面控制测量

平面控制测量是为了满足海籍测量中为确定宗海权属界线、位置、形状、数量等海籍要素的水平投影的需要而进行的测量工作,是服务于海籍管理的一种基础测量。其主要任务在于根据已有控制点的分布、作业区的地理情况及仪器设备条件,在可选用的国家大地网(点)、各等级的海控点、GPS网点、导线点的基础上,设计平面控制网,加密引测控制点,为界址测量提供坐标修正参数。

2. 界址测量

界址测量是在平面控制测量的基础上,采用 GPS 定位法、解析交会法和极坐标定位法等测量方式对宗海界址点进行的实际现场测量或推算工作,是服务于海籍管理的一种专业测量。对于能够直接测量界址点的宗海,应采用界址点作为实际测量点;对于无法直接测量界址点的宗海,应采用与界址点有明确位置关系的标志点作为实际测量点,标志点的选取应以能够推算出界址点坐标为原则。实际测量点的布设应能有效反映宗海形状和范围。

在对界址点现场施测之前,应首先实地勘查待测海域,并综合考虑待测宗海用海规模、布局、用海方式、特点、宗海界定原则和周边海域实际情况等,制定界址点和标志点测量工作方案。现场测量过程中,应现场填写《海籍调查表》中的"海籍现场测量记录表"(附录 1 表 4),绘制测量示意图,保存测量数据。并在此基础上对用于界定宗海及各内部单元范围的全部界址点坐标进行确定和推算,填写《海籍调查表》中的"界址点坐标记录表"(附录 1 表 3)、绘制海籍图、制作宗海图。

现场测量示意图的图幅大小应与海籍现场测量记录表中预留的图框相当。当测量单元较多、内容较复杂时,可用更大幅面图纸绘制后粘贴于预留的图框,但需在图中注明坐标系、测量单位,并由测绘人签署姓名和测量日期。其主要内容包括:① 测量单元,实测点及其编号、连线。实测点的编号应以逆时针为序。② 海岸线,明显标志物,实测点与标志物的相对距离。③ 相邻宗海图斑、界址线、界址点及项目名称(含业主姓名或单位名称)。④ 本宗海用海现状或方案,已有或拟建用海设施和构筑物,本宗海与相邻宗海的位置关系。⑤ 必要的文字注记。⑥ 指北针。示意图内所涉及实测点位置、编号和坐标等的原始记录不得涂改,同一项内容划改不得超过两次,全图不得超过两处,划改处应加盖划改人员印章或签字。注记过密的部位可移位放大绘制。

3. 面积量算

面积量算是对宗海及其内部单元面积的解算,计量单位一般为平方米,结果取整数,若转化为公顷,则保留 4 位小数。宗海面积的量算通常采用坐标解析法,通过手工或计算机图形处理系统计算其面积。

4. 制作宗海图

宗海图是海籍测量的最终成果之一,也是海域使用权证书和宗海档案的主要附图,应准确反映本宗海的海籍要素及宗海周围的权属单位和四至,其比例尺以能清晰反映宗海的形状及界址点分布为宜,一般设定为 1∶5 000 或更大。宗海图包括宗海位置图和宗海界址图,两者各自单独成图,一般采用 A4 幅面,宗海过大或过小时,可适当调整图幅。

宗海位置图用于反映宗海的地理位置,其主要内容包括:① 能反映毗邻陆域与海域要素(岸线、地名、等深线、明显标志物等)的地理底图,选择地形图、海图等的栅格图像作为底图时,应对底图作适当的淡化处理;② 本宗海范围或位置,需以箭头指引突出标示一个或一个以上界址点的坐标;③ 图名、坐标系、比例尺、投影与参数、绘制日期、测量单位(加盖测量资质单位印章)以及测量人、绘图人、审核人的签名等;④ 图廓及经纬度标记。

宗海界址图用于清晰反映宗海的形状及界址点分布,其主要内容包括:① 毗邻陆域与海域要素,用海方案或已有用海设施、构筑物;② 本宗海及各内部单元的图斑、界址线、界址点及其编号;③ 相邻宗海图斑、界址线、界址点及项目名称;④ 图廓及经纬度标记;⑤ 界址点编号及坐标列表;⑥ 宗海内部单元、界址线与面积列表;⑦ 图名、坐标系、比例尺、投影参数、指北针、绘制日期,测量单位(加盖测量资质单位印章)以及测量人、绘图人、审核人的签名。

5. 绘制海籍图

海籍图是在工作底图的基础上,依据宗海图的界址点数据所绘制的反映所辖海域内宗海分布情况的图件,是海域使用管理的重要基础资料。海籍图的主要内容包括:① 已明确的行政界线;② 水深渲染、毗邻陆域要素(岸线、地名等)、明显标志物;③ 各宗海界址点及界址线、登记编号、项目名称;④ 海籍测量平面控制点;⑤ 比例尺及必要的图饰等。海籍图的比例尺应与工作底图一致,图件采用分幅图形式,并配以图幅接合表。海籍图的编号采用行政区域代码与两位数字编号的组合。行政区域代码参照 HY/T 094-2006 的规定,两位数字编号按照自岸向海、自西向东或自北向南的顺序编排。

(四)撰写海籍调查报告

海籍调查报告是海籍调查完成后提交的主要成果之一,是追溯海域使用权属和海籍测量问题,解决权属纠纷等的权威历史资料。其主要内容包括:① 项目简介;② 测量单位简介及资质证明;③ 测量方案,包括测量方法、测量仪器型号及精度等;④ 坐标系、投影方式;⑤ 平面控制测量及精度;⑥ 面积计算方法与结果;⑦ 海籍调查表(含宗海位置图与界址图)。

(五)检查验收

海籍调查成果的检查验收是海籍调查工作的一个重要环节,其目的在于保证海籍调查成果的质量,并对其进行评定。海籍调查成果验收工作由海洋行政主管部门组织进行。海籍调查专业队应当设 1~2 名专职或兼职成果检查人员,作业的各班(组)应当设 1 名兼职检查员,负责监督本班(组)的作业成果自检和班组间的交换互检工作。检查验收程序见图 2-3。

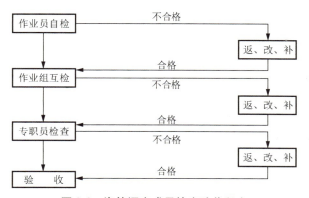

图 2-3　海籍调查成果检查验收程序

(六)成果资料整理与存档

海籍调查成果资料是指在调查过程中直接形成的文字、图、表等一系列成果的总称,它是广大海籍工作者辛勤劳动的结晶,也是国家的财富,应当妥善整理、归档和保管。海籍调查成果资料的收集、保管应指定专人负责,并在调查结束时及时整理归档;所有存档的资料必须齐全、完整、字迹清楚、纸张良好,书写的材料须用碳素墨水或蓝黑墨水;存档材料须经系统整理,做到分类清楚、编目完善、排列有序;海籍调查成果经验收合格后,可供社会使用。

海籍调查应归档的成果有海籍调查技术设计书、海籍调查报告、检查验收报告;海籍平面控制测量的控制点网图、记录手簿、平差计算资料、控制点成果表及点之记或点位说明;海籍调查表原件;面积量算的原始资料、面积成果表、面积统计表;海籍图原图、海籍图分幅图;海域使用权登记申请表、审批表、权属来源证明文件以及海域使用权出让或转让有关合同、批准书等;有关海域使用权纠纷处理的协议书和判决书等;其他一切有保存价值的书面资料。

第四节　海域使用权登记

一、海域使用权登记的概念和法律依据

(一)海域使用权登记的概念与目的

海域使用权登记是指依法对海域的权属、面积、用途、位置、使用期限等情况以及海域使用权派生的他项权利所做的登记,它是确定海域使用权权属,加强政府对海域的有效管理,保护权利人对海域使用的合法利益的一项重要法律制度。根据我国的实际情况,主要登记海域使用权及其所派生的他项权利。经过登记的海域使用权和他项权利受法律保护。

通过海域使用权登记,政府保护海域使用权人的合法权益,维护社会主义海域使用权市场的秩序,为充分合理有效利用海域提供法律保护。

(二)我国海域使用权登记的历史沿革

2001 年 10 月 27 日,第九届全国人大常务委员会批准通过了《中华人民共和国海域使用管理法》,明确国家将建立海域使用权登记制度;2006 年 10 月 13 日,国家海洋局发布《海域使用权管理规定》,明确海域使用权的确立、变更及海域使用权出租、抵押等需登记才能生效,并规定了各类海域使用权利办理登记的时限。同日,发布《海域使用权登记办法》,明确了要对海域使用权进行登记和变更登记,登记的海域权利包括海域使用权和海域使用他项权利。此外,还明确了海域使用权的申请、确认、登记和发证的相关规定。2008 年 9 月 18 日,国家海洋局发布《海域使用权证书管理办法》,规定海域使用权登记表是海域使用权证书的填写依据,两者应保持一致,而海域使用权证书是海域使用权人享有海域使用权的证明。2013 年 12 月 16 日,国家海洋局发布《海域使用权登记技术规程(试行)》,明确定义了海域使用权登记申请人、登记机关、登记人员、(申请人、代理人)身份证明、海域使用权登记表、海域使用权证书、海域使用权抵押权利证明及海域使用权登记表的编号规则,并对海域使用权初始登记、变更登记、注销登记、抵押登记、更正登记、异议登记、查封登记、出租登记等的程序(受理—审核—记载—发证—公告)和操作规程进行了明确规定。

目前,我国已初步形成了海域使用权登记申请审批制度、海域使用权登记分级审批制度、海域使用权登记公开查询制度、海域使用权登记代理制度等在内的海域使用权登记工作制度,海域使用权登记工作开始向法制化、有序化、规范化和信息化的方向发展。

(三)海域使用权登记的法律依据

海域使用权登记作为维护海域所有制的一项国家制度,必须以相关的法律为依据,这些法律依据包括海域使用权利种类、义务、确权规定以及确权和登记程序。从大的分类上来看,海域使用权登记的法律依据包括实体法律依据和程序法律依据两大类。

实体法律依据有:

(1)《中华人民共和国宪法》第六条规定:"中华人民共和国的社会主义经济制度的基础是生产资料的社会主义公有制,即全民所有制和劳动群众集体所有制。"第九条规定:"矿藏、水流、森林、山岭、草原、荒地、滩涂等自然资源,都属于国家所有,即全民所有;由法律规定属于集体所有的森林和山岭、草原、荒地、滩涂除外。"

(2)《中华人民共和国物权法》第四十六条规定:"矿藏、水流、海域属于国家所有。"这不仅丰富和完善了《宪法》关于自然资源国家所有的规定,而且有助于树立海域国家所有的意识,防止一些单位或者个人随意侵占、买卖或者以其他形式非法转让海域,避免海域资源浪费和海域国有资源财产流失。第一百二十二条规定:"依法取得的海域使用权受法律保护。"这进一步明确了海域使用权派生于海域国家所有权,是基本的用益物权。

(3)《中华人民共和国海域使用管理法》第三条规定,"海域属于国家所有,国务院代表国家行使海域所有权。任何单位或者个人不得侵占、买卖或者以其他形式非法转让海域","单位和个人使用海域,必须依法取得海域使用权"。第六条规定:"国家建立海域使用权登记制度,依法登记的海域使用权受法律保护。"第十九条规定:"海域使用申请经依法批准后,国务院批准用海的,由国务院海洋行政主管部门登记造册,向海域使用申请人颁发海域使用权证书;地方人民政府批准用海的,由地方人民政府登记造册,向海域使用申请人颁发海域使用权证书。海域使用申请人自领取海域使用权证书之日起,取得海域使用权。"第二十六条规定:"海域使用权期限届满,海域使用权人需要继续使用海域的,应当至迟于期限届满前二个月向原批准用海的人民政府申请续期。除根据公共利益或者国家安全需要收回海域使用权的外,原批准用海的人民政府应当批准续期。准予续期的,海域使用权人应当依法缴纳续期的海域使用金。"

(4)《中华人民共和国担保法》第三十五条规定,"抵押人所担保的债权不得超出其抵押物的价值","财产抵押后,该财产的价值大于所担保债权的余额部分,可以再次抵押,但不得超出其余额部分"。第四十三条规定,"当事人以其他财产抵押的,可以自愿办理抵押物登记,抵押合同自签订之日起生效","当事人未办理抵押物登记的,不得对抗第三人。当事人办理抵押物登记的,登记部门为抵押人所在地的公证部门"。第四十四条规定:"办理抵押物登记,应当向登记部门提供下列文件或者其复印件:(一)主合同和抵押合同;(二)抵押物的所有权或者使用权证书。"第四十五条规定:"登记部门登记的资料,应当允许查阅、抄录或者复印。"

（5）《海域使用权管理规定》第二十三条规定：“海域使用申请经批准后，由审核机关做出项目用海批复，内容包括：（一）批准使用海域的面积、位置、用途和期限；（二）海域使用金征收金额、缴纳方式、地点和期限；（三）办理海域使用权登记和领取海域使用权证书的地点和期限；（四）逾期的法律后果；（五）海域使用要求；（六）其他有关的内容。”“审核机关应当将项目用海批复及时送达海域使用申请人，并抄送有关人民政府及海洋行政主管部门。”第二十四条规定，“海域使用申请人应当按项目用海批复要求办理海域使用权登记，领取海域使用权证书”，“海域使用权证书是海域使用权的法律凭证”。第二十五条规定：“海域使用权期限届满需要续期的，海域使用权人应当至迟于期限届满前两个月向审核机关提出申请。”

第二十八条规定：“审核机关收到海域使用权续期、变更申请后，应当在二十日内提出审核意见，报原批准用海的人民政府审批。”“续期、变更申请批准后的，由审核机关办理海域使用权登记、发证；不予批准的，审核机关依法告知申请人。”第三十四条规定：“以招标、拍卖方式确定中标人、买受人后，海洋行政主管部门和中标人、买受人签署成交确认书，并按规定签订海域使用权出让合同。”“中标人、买受人应当持价款缴纳凭证和海域使用权出让合同，办理海域使用权登记，领取海域使用权证书。”第四十条规定：“海洋行政主管部门收到转让申请材料后，十五日内予以批复。”“批准的，转让双方应当在十五日内办理海域使用权变更登记，领取海域使用权证书。不予批准的，海洋行政主管部门依法告知转让双方。”“海域使用权转让时，其固定附属用海设施随之转让。固定附属用海设施转让时，其使用范围内的海域使用权随之转让。法律法规另有规定的，从其规定。”第四十三条规定：“海域使用权出租、抵押的，双方当事人应当到原登记机关办理登记手续。”第四十八条规定：“未经登记擅自出租、抵押海域使用权，出租、抵押无效。”第五十二条规定：“审核机关应当对填海造地项目组织竣工验收；竣工验收合格后，办理相关登记手续。”

程序法律依据：依照有关法律规定，海域使用权登记、确定海域使用权权属状况的工作由各级人民政府海洋行政主管部门负责，国家海洋局负责管理全国海域使用权登记、海域使用权确权工作，直接负有依法规范海域使用权登记工作的责任。为确保海域使用权登记工作的顺利进行，国家海洋行政主管部门出台了系列相关规章、规程和办法，主要有国家海洋局《海域使用权登记办法》（国海发〔2006〕28号）、国家海洋局《海域使用权登记技术规程（试行）》、国家海洋局《填海项目竣工海域使用验收管理办法》、国家海洋局《海域使用分类体系》（国海管字〔2008〕273号）、国家海洋局《海籍调查规范》（国海管字〔2008〕273号）、国家海洋局《海域使用权证书管理办法》（国海发〔2008〕24号）。

二、海域使用权登记的特点、原则和类型

（一）海域使用权登记的特点

1. 统一性

海域使用权登记是依据统一的法律规范，遵循统一的登记程序，在统一的登记机关进行的。

2. 唯一性

对同一宗海的登记结果应当是唯一的,不能同时存在两个或两个以上的登记结果。

3. 连续性

由于海域使用权权利状态可能会经常发生变化,为了保持现势性,海域使用权登记结果也必须不断更新,所以海域使用权登记具有连续性的特点。

4. 强制性

海域使用权登记的强制性体现在任何海域使用的单位或个人,都必须依照规定办理海域使用权登记。对逾期不进行登记申请的,按规定予以处理。

5. 公开性

海域使用权登记的实质在于公示,即将海域使用权变动的情况向社会公众展示,让公众知晓。海域使用权登记的公开包括登记依据的公开、登记程序的公开和登记结果的公开,海域使用权登记资料可公开查询就是海域使用权登记公开性的内在要求。

6. 公信力

由国家专门机关依法登记的海域使用权利具有公信力,值得社会公众信赖,其主要表现在两个方面:一是登记结果真实可靠;二是如果登记错误,国家应通过行政赔偿方式对受损人予以赔付。

(二)海域使用权登记的原则

为保证海域使用权登记工作的顺利开展,保质保量地完成任务,应遵循以下原则:

1. 依法的原则

海域使用权登记必须依法进行,具体包括 3 个方面的含义:① 海域使用权利登记义务人必须依法向海域使用权登记机关申请,提交有关的证明文件资料,并按照海域使用权登记机关的要求到现场指界等;② 海域使用权登记机关必须依法对海域使用权利义务人的申请进行审查、确权和在海域使用权登记簿上进行登记;③ 海域使用权及其所派生的他项权利经登记后的效力由法律、法规和政策规定,任何单位和个人都不能随意夸大或缩小海域使用权登记效力。

2. 申请的原则

海域使用权登记机关办理海域使用权登记,一般都应当由海域使用权利人或海域使用权利变动当事人首先向海域使用权登记机关提出申请,由于海域使用权登记是国家实行的一项法律措施,其结果具有决定物权变动是否生效的法律依据,因此,海域使用权登记申请应采取书面形式,口头方式无效。

3. 审查的原则

海域使权登记机关对海域使用权登记申请和海籍调查的结果必须进行审查。主要包括两个方面:一是形式审查,审查海域使用权登记申请所提交的各种证明、文件资料是否为海域使用权登记所必须具备的要件;二是实质审查,审查所申请的海域使用权利或权利变动事项是否符合国家有关法律和政策。经审查,有的还需要通过公示,凡符合海域使用权登记要求的,应予以登记;否则,不予登记。

4. 分级管辖的原则

海域使用权根据用海项目审批权限的不同,登记实行分级管辖原则,具体要求如下:

一是海域使用权登记机关应当坚持统一性,即在一个登记级别内只能由一个海域使用权登记机关来登记;二是海域使用权登记资料应当保持完整,即同一个登记级别内的海域使用权登记资料只能由一个海域使用权登记机关建档保存。

(三)海域使用权登记的类型

据我国《海域使用权登记办法》的规定,海域使用权登记分为海域使用权初始登记、变更登记、注销登记及其他登记。

初始登记是指初次取得海域使用权而进行的登记。

变更登记是指因海域使用权人发生改变或者因海域使用权人姓名或者名称、地址、海域使用类型、用海方式等内容发生变更而进行的登记。

注销登记是指因海域使用权消亡等而进行的登记。

其他登记包括更正登记、异议登记、预告登记和查封登记。

三、海域使用权登记的内容、程序和主要文件

(一)海域使用权登记的内容

海域使用权登记的单元是一宗海。海域使用权登记的内容是指反映在海域使用权登记簿内的海域使用权登记对象质和量方面的要素,包括海域使用权主体、客体、来源及与这3方面直接相关的其他内容。

(二)海域使用权登记的程序

海域使用权登记的程序:海域使用权登记申请→受理→审核→记载→发证→公告。

1. 海域使用权登记申请

海域使用权登记申请是指海域使用权申请人、中标人或者买受人按规定向海域使用权登记机关提交《海域使用权登记申请表》、申请人身份证明、海域使用权权属状况、宗海界址及其他证明文件并请求予以注册登记,海域使用权登记机关对申请者提交的证明文件逐项审查后登记装袋的行为。

海域使用权登记申请可以委托他人代理,但代理人应当出具本人身份证明并提交授权委托书。境外委托人的授权委托书应当按照有关规定经过公证或者认证。

2. 海域使用权登记受理

海域使用权登记受理是指对海域使用权登记机关对申请者登记申请材料的齐全性、完整性审查,并做出是否受理该登记的处理意见。对委托办理的,应审查代理合同或授权委托书及代理人身份证明;境外委托人的,还应审查授权委托书是否按照有关规定经过公证或者认证。

海域使用权登记受理的处理意见主要有几下几种:① 申请登记内容不在本机关登记权限内的,当场做出不予受理的决定,并告知登记申请人向有登记权限的登记机关申请;② 申请材料存在可以当场更正的错误的,允许当场更正,并由登记申请人签字确认;③ 申请材料不齐全或者不符合法定形式的,当场或者3日内一次告知登记申请人需要补正的全部内容;④ 申请材料齐全、符合法定形式,或者登记申请人按照要求提交全部补正申请材料的,应做出受理申请的决定,并当场或者3日内向登记申请人出具接收材料凭证。

海域使用权登记采用海洋行政主管部门分级受理的方式进行,其中,应由国家海洋局直接受理的用海项目包括:① 由国务院或者国务院投资主管部门审批、核准的项目;② 省、自治区、直辖市管理海域以外或跨省、自治区、直辖市管理海域的项目;③ 国防建设项目;④ 油气及其他海洋矿产资源勘查开采项目(不包括海砂开采);⑤ 国家直接管理的海底电缆管理项目;⑥ 国家级保护区内的开发项目及核心区用海。

其他海域使用权登记由用海项目所在地的县级海洋行政主管部门受理,未设海洋行政主管部门或者跨县级管理海域的,由共同的上一级海洋行政主管部门受理。

3. 海域使用权审核

海域使用权审核是指海域使用权登记机关在受理后,组织现场调查和权属核查,对项目用海是否符合海洋功能区划、申请海域是否设置海域使用权、申请海域界址和面积是否清楚、有无权属争议等进行审核和确认的过程。

4. 海域使用权记载

海域使用权记载是指海域使用权登记机关在对申请者海域使用权登记申请材料进行审核,确认其符合要求后,由海域使用权登记人员按照规定的格式和内容制作或填写海域使用权登记表的过程。

5. 海域使用权登记发证

海域使用权登记发证是指海洋行政主管部门根据海域使用权登记表的内容,代表本级人民政府制作海域使用权证书或海域使用权抵押权利证明,并将证书或证明发放给相关权利人的过程。海域使用权证书或证明是海域使用权利人拥有海域使用权、他项权利的证明。

6. 海域使用权登记公告

海域使用权登记公告是指海域使用权登记机关将海域使用权登记的有关内容在指定媒体发布,向社会公开,并向社会公众提供咨询、查询服务。

(三)海域使用权登记的主要文件及填写说明

海域使用权登记形成的主要文件有海域使用权登记申请表、海域使用权登记表和海域使用权证书等。

1. 海域使用权登记申请表及填写说明

(1)"登记类型",根据情况选择"初始登记"、"变更登记"或"注销登记"并画"√"。

(2)"登记申请人",是单位的,填写单位名称并加盖单位印章;是个人的,填写姓名并加盖个人印章(或手印)。"登记申请人"是个人的,"法定代表人"一栏中只填写身份证号码。"联系人"填写经办人或代理人。"通讯地址"和"邮政编码"填写申请人的地址和所在地区的邮政编码。

(3)"项目性质",根据用海项目情况选择"公益性"或"经营性"并画"√"。其中,公益性用海是指军事用海,公务船舶专用码头用海,非经营性航道、锚地等交通基础设施用海和教学、科研、防灾减灾、海难搜救打捞等非经营性公益事业用海;其他以营利为目的的项目用海属经营性用海范畴。

(4)"用海类型",据海域使用分类一级类填写。

（5）"用海时间"，指批准使用海域的起止日期和合同确认的起止日期。

（6）"使用方式"，据用海方式分类二级类填写。

（7）"用海位置说明"，用文字描述海域的大致方位或具体位置，注明项目用海的用海设施、构筑物及周围标志物。

（8）"批准文件或出让合同"，批准海域使用权的文件及主要内容或出让合同主要内容。

表 2-3   海域使用权登记申请表

登记类型	□初始登记		□变更登记		□注销登记	
登记申请人						
法定代表人	姓名			职务		
	身份证号码					
联系人	姓名			电话/手机		
通讯地址				邮政编码		
项目名称						
项目性质	□公益性			□经营性		
用海时间	自 年 月 日至 年 月 日					
用海类型		用海面积				公顷
使用方式	面积			具体用途		
		公顷				
		公顷				
		公顷				
		公顷				
用海位置说明						
批准文件或出让合同						
原海域使用权证书（变更、注销情形）						
海域使用金如期缴纳		□是 □否				
变更事项说明（选择划√）	□续期的 □改变用海位置、面积或期限的 □地址或法定代表人发生变化的 □填（围）海造地项目已竣工验收的 □因企业合并、分立或与他人合资、合作经营的 □转让的 □继承的 □因行政机关调解引起海域使用权转移的 □因人民法院判决、裁定、调解或仲裁引起海域使用权转移的 □海域使用权人名称改变的 □其他情形					

申请人签字＿＿＿＿＿＿＿＿（盖章）

2. 海域使用权登记表及填写说明

（1）"登记编号"为海域使用权登记编号，其格式为"行政区域字母代码–（年份+四位数序号）"。

表2-4 海域使用权登记表

登记编号：

海域使用权人	姓名或名称				
	法定代表人	姓名		职务	
		身份证号码			
	通讯地址			邮政编码	
项目用海基本情况	项目名称				
	项目性质	公益性		经营性	
	投资金额	元		用海面积	公顷
	用海期限	自 年 月 日至 年 月 日			
	占用岸线	米		新增岸线	米
	用海类型			用途	
	海域等级			海域使用金征收标准	
	海域使用金总额			缴纳方式	
	用海位置文字说明				
	顶点坐标（经纬度）				
海籍管理文书图件	调查表号			审批表号或合同号	
	海籍编号			图号	
	证书编号			发证日期	
初始登记	登记日期	年 月 日			
	登记人			审核人	

变更登记				
序号	日期	变更登记事项	经办人	审核人

年度审查				
审查日期	审查有效期截止日期	海域使用金收缴情况	审查机关（专用章）	备注

（2）"海域使用权人"，是单位的，填写单位名称；是个人的，填写姓名。"海域使用权人"是个人的，"法定代表人"一栏中只填写身份证号码。"通讯地址"和"邮政编码"填写海域使用权人的地址和所在地区的邮政编码。

（3）"项目性质"，根据用海项目情况选择"公益性"或"经营性"并划"√"。

（4）"用海期限"，批准使用海域的起止日期。

（5）"用海面积"，批准使用的全部海域面积；"占用岸线"，沿岸海域使用项目需要占用原有岸线；"新增岸线"，部分沿岸海域使用项目所产生的新岸线。

（6）"用海类型"，据海域使用分类一级类填写；"用途"，为具体类型，据海域使用分类二级类填写。

（7）"海域等级"，按照分等定级办法确定的项目用海的等级；"海域使用金征收标准"按"元/公顷·年"填写。

（8）"用海位置说明"，用文字描述海域的大致方位或具体位置，注明项目用海的用海设施、构筑物及周围标志物。

（9）"顶点坐标"，按批准使用海域的顶点序号逐一填写经纬度，填写不完，可另附页，贴在背面。

（10）"调查表号"为《海籍调查表》的编号；审批表号或合同号为《海域使用审批呈报表》或《海域使用权出让合同》的编号；"海籍编号"按《海籍调查表》中的海籍编号填写，"图号"为海籍管理项目中项目用海的宗海图图号；"证书编号"为项目用海的海域使用权证书编号。

（11）"登记人"、"经办人"、"审核人"分别为初始（变更、注销）登记的人员和海洋行政主管部门的对应主管领导。

（12）"年度审查"，据海域使用权证书填写说明进行填写。

3. 海域使用权证书填写说明

海域使用权证书是海域使用权人享有海域使用权的证明，由海域使用权人持有。国家海洋局负责海域使用权证书的统一印制和监督管理。国家海洋局各分局负责海域使用权证书的发放及发放后的监督检查。沿海县级以上人民政府海洋行政主管部门负责填写和向海域使用权人颁发海域使用权证书。海域使用权证书的内容应与《海域使用权登记表》保持一致。

（1）国海证号：采用9位编码，由三部分组成：年号（取最末2位），省别号（2位），序号（5位）。海域使用权证书省别号采用《全国省级行政区划代码》前2位，即：辽宁省21，河北省13，天津市12，山东省37，江苏省32，上海市31，浙江省33，福建省35，广东省44，广西壮族自治区45，海南省46。国家海洋局相应编码使用11。海域使用权证书序号以年度为周期，每年启用新的序号，年度内连续使用，按由小到大顺序发放，不得空号。

（2）发证机关（印章）：国务院批准的项目用海，盖国家海洋局印章；地方人民政府批准的项目用海，盖批准项目用海的地方人民政府印章，也可盖地方人民政府审批专用章。

（3）海域使用权人：依法取得海域使用权的单位或个人的名称。

（4）地址：海域使用权人的通讯地址。如果非法人单位等地址不明确的，填写负责人的通讯地址。

（5）项目名称：依法批准或招标拍卖确定的项目名称。

（6）项目性质："公益性"或"经营性"。

（7）用海类型和用海方式：与海域使用分类体系相关规定保持一致。

（8）宗海面积：权属界址线所封闭的单宗海域面积，单位为公顷。同时包括填海和非填海的，填海部分单独填写海域使用权证书。

（9）海域等别：与《关于加强海域使用金征收管理的通知》（财综〔2007〕10号）中的规定相一致。

（10）用海设施和构筑物：填写用海设施或构筑物的具体名称。

（11）终止日期：自准予登记之日起计算的使用海域期限，具体到年月日。

（12）登记编号：登记机关对该宗用海登记造册的编号。

（13）登记机关（印章）：加盖负责项目用海登记的机关印章。

（14）宗海位置图：据海籍调查规程要求制作，加盖测量资质单位印章。粘贴处加盖登记机关骑缝章。

（15）宗海界址图及坐标：据海籍调查规程要求制作，标注本宗海各顶点（拐点）坐标、比例尺、方向、测量单位、测量人等内容。如果周围有其他依法确权海域使用项目，或者明显标志物，也应当注明，加盖测量资质单位印章。粘贴处加盖登记机关骑缝章。

（16）海域使用金缴纳记录：缴纳方式选择逐年、一次性或分期填写；缴纳金额填写缴纳的具体数额，金额单位为元，保留小数点后2位；缴纳时间按一般缴款书或海域使用金汇款凭证的时间填写；计征机关填写批准项目用海的人民政府同级海洋行政主管部门名称；经办人填写承办人员姓名或加盖承办人签章。

（17）他项权利设定记录：他项权利类型为承租权或抵押权；他项权利人为拥有此他项权利的单位或个人；设定时限为经登记机关核准的时间，具体到年月日；登记机关为办理他项权利登记的机关名称；经办人填写具体承办人员姓名或加盖承办人签章。

四、初始海域始用权登记

（一）初始海域使用权登记的内容

《海域使用权登记办法》中明确规定，通过申请审批或者招标拍卖方式确定海域使用权后，申请人应当提出初始登记。

（二）初始海域使用权登记的材料

初始海域使用权登记的材料包括：① 初始海域使用权登记申请表；② 项目用海批复或者海域使用权出让合同；③ 营业执照、法定代表人身份证明、个人身份证明；④ 海域使用金缴纳凭证，有减免或分期缴纳等情况的，附相关证明文件；⑤ 宗海界址图（包括宗海位置图和平面图）。

海域使用他项权利设定的初始登记，即出租、抵押海域使用权的，双方当事人应当在签订租赁、抵押协议之日起30日内到原登记机关办理出租、抵押登记。

海域使用权登记机关在受理后应当在十日内进行相关海域使用权登记,颁发海域使用权证书。

(三)初始海域使用权登记的程序

初始海域使用权登记的程序与海域使用权登记的一般程序相一致,即初始海域使用权登记申请→初始海域使用权登记受理→海域使用权审核→海域使用权记载→颁发海域使用权证书或核发他项权利证明→海域使用权登记公告6个阶段。

五、变更海域使用权登记

(一)变更海域使用权登记的内容

《海域使用权登记办法》将变更海域使用权登记分为应由海域使用权人申请的变更登记和应由当事人申请的变更登记2类。

应由海域使用权人申请的变更登记包括:① 海域使用权续期的;② 改变用海位置、面积或期限的;③ 地址或法定代表人发生变化的;④ 填(围)海造地项目已竣工验收;⑤ 其他形式的变更。

应由当事人申请的变更登记包括:① 因企业合并、分立或与他人合资、合作经营而造成海域使用权人变更的;② 因海域使用权转让而造成海域使用权人变更的;③ 因海域使用权继承而造成海域使用权人变更的;④ 因行政机关调解引起海域使用权转移;⑤ 因人民法院判决、裁定、调解或仲裁引起海域使用权转移;⑥ 海域使用权人名称改变;⑦ 其他情形。

(二)变更海域使用权登记的材料

变更登记应当在有关文书生效或者签订之日起30日内由使用权人或当事人向原登记机关申请。若为依法批准的变更,应当在变更批准文件规定的期限内办理变更登记。办理变更海域使用权登记需提交的材料包括:① 海域使用权变更登记申请表;② 海域使用权证书,登记申请人不能提供原海域使用权证书的,附证书遗失声明等相关证明材料;③ 营业执照、法定代表人身份证明、个人身份证明;④ 海域使用金缴纳凭证,有减免或分期缴纳等情况的,附相关证明文件;⑤ 宗海界址图(包括宗海位置图和平面图);⑥ 有关证明文件(转让协议、继承证明、调解书、更址更名证明等);⑦ 依法批准的变更,还应当提交变更批准文件。

海域使用权登记机关在受理后应当在10日内进行相关海域使用权变更登记,不予变更登记的,依法告知申请人。

(三)变更海域使用权登记的程序

变更海域使用权登记的程序与海域使用权登记的一般程序基本一致,必要时,可增加海籍调查工作。变更海域使用权登记的程序包括变更海域使用权登记申请→变更海域使用权登记受理→变更海域使用权审核→变更海籍调查(非必要)→变更海域使用权记载→换发或更改海域使用权登记证书,核发或更改海域使用他项权利证明→变更海域使用权登记公告7个阶段。

因人民法院判决、裁定、调解或仲裁裁决而引起海域使用权转移而引发的海域使用权变更登记,其登记程序按其他相关法律的规定执行。

六、注销海域使用登记

(一)海域使用权注销登记的材料

海域使用权注销登记的申请材料一般包括:① 注销说明或证明材料;② 注销登记申请表;③ 海域使用权证书。登记申请人不能提供原海域使用权证书的,附证书遗失声明等相关证明材料;④ 营业执照、法定代表人身份证明、个人身份证明;⑤ 海域使用金缴纳凭证,有减免或分期缴纳等情况的,附相关证明文件;⑥ 海域使用他项权利注销的,还需提供出租、抵押协议。

特殊情况下,还需提供以下材料:① 因县级以上人民政府依法收回海域使用权而注销的,为政府收回海域使用权决定等文件;② 因违法而收回海域使用权的,为有批准权的人民政府收回海域使用权决定等文件;③ 因海域使用权人消亡且无人继承和受遗赠的,为相关证明材料;④ 因海域使用权期限届满的,为原批准机关未收到申请续期或申请续期未获批准的证明材料;⑤ 因填海项目竣工验收已换发其他权属证书的,为相关权属证书。

(二)海域使用权注销登记的程序

海域使用权注销登记的程序与海域使用权登记的一般程序基本一致,即海域使用权注销登记申请→海域使用权注销登记受理→注销海域使用权审核→注销海域使用权记载→回收海域使用权登记证书或海域使用他项权利证明→公告海域使用权证书或他项权利证明作废。

若为以下情况,则无须海域使用权人或当事人申请,海域使用权登记机关可直接办理注销登记:① 县级以上人民政府依法收回海域使用权的;② 海域使用权期限届满,未申请续期或者续期申请未获批准的;③ 填(围)海造地项目已竣工验收并办理相关手续的;④ 海域使用权人放弃海域使用权的;⑤ 海域使用权人死亡,且无人继承的。

七、海域使用登记的特殊情形

(1)登记申请有下列情形之一的,登记机关不予受理。① 不在登记权限内的;② 提供的材料不齐全的;③ 出租、抵押期限超过海域使用权期限的;④ 其他依法不予受理的。

(2)下列情形之一的,登记机关暂缓登记,并在收到登记申请后五日内通知申请人。① 海域使用权属争议尚未解决的;② 有违法行为尚未处理或正在处理的;③ 依法查封用海设施、构筑物而限制海域使用权的;④ 其他依法暂缓登记的。

(3)因人民法院查封财产导致海域使用权冻结的,登记机关应当及时标注。

(4)海域使用权人或者利害关系人发现登记有误,可以持以下材料向原登记机关申请更正。经审核属实的,予以更正。① 海域使用权登记申请表;② 营业执照、法定代表人身份证明、个人身份证明;③ 海域使用权证书;④ 证明更正内容真实性的材料。

(5)登记机关发现登记有误的,应当及时更正,并通知海域使用权人。

第五节　海域使用统计

一、海域使用统计概念及原则

（一）海域使用统计概念

海域使用统计是利用数字、表格及文字资料，对海域的数量、类型、权属状况、海域有偿使用情况及其动态变化，进行全面、系统的记载、整理和分析研究的一项管理措施。

开展海域使用统计对我国社会经济系统的正常运行和海洋战略的落实具有十分重要的意义。其一，通过海域使用统计可以及时掌握全国海域资源的数量、类型、权属状况、有偿使用情况及其动态变化，保持海域使用调查成果资料的现势性；其二，为国家制订海域使用相关政策、编制海域使用计划及其执行情况评价提供依据；其三，为科学管理海域资源，编制海洋功能区划等提供基础数据和资料。

《中华人民共和国海域使用管理法》第六条规定："国家建立海域使用统计制度，定期发布海域使用统计资料。"

《中华人民共和国统计法》第七条规定："国家机关、企业事业单位和其他组织以及个体工商户和个人等统计调查对象，必须依照本法和国家有关规定，真实、准确、完整、及时地提供统计调查所需的资料，不得提供不真实或者不完整的统计资料，不得迟报、拒报统计资料。"第九条规定："部门统计调查项目，调查对象属于本部门管辖系统内的，由部门拟定，报国家统计局或同级地方人民政府统计机构备案，调查对象超出本部门管理系统的，由该部门拟订，报国家统计局或同级地方人民政府统计机构审批，其中重要的，报国务院或者同级地方人民政府审批。"第十二条规定："部门统计调查项目由国务院有关部门制定。统计调查对象属于本部门管辖系统的，报国家统计局备案；统计调查对象超出本部门管辖系统的，报国家统计局审批。"第二十一条规定："国家机关、企业事业单位和其他组织等统计调查对象，应当按照国家有关规定设置原始记录、统计台账，建立健全统计资料的审核、签署、交接、归档等管理制度。""统计资料的审核、签署人员应当对其审核、签署的统计资料的真实性、准确性和完整性负责。"第二十九条规定："统计机构、统计人员应当依法履行职责，如实搜集、报送统计资料，不得伪造、篡改统计资料，不得以任何方式要求任何单位和个人提供不真实的统计资料，不得有其他违反本法规定的行为。""统计人员应当坚持实事求是，恪守职业道德，对其负责搜集、审核、录入的统计资料与统计调查对象报送的统计资料的一致性负责。"海域使用统计属于部门统计的范畴，必须遵守《中华人民共和国统计法》中的相关规定。

《中华人民共和国统计法实施细则》第十五条规定："各部门、各企业事业组织提供的统计资料，由本部门、本单位领导人或者统计负责人审核、签署或者盖章后上报。有关财务统计资料由财务会计机构或者会计人员提供，并经财务会计负责人审核、签署或者盖章。县级以上各级人民政府统计机构和乡、镇统计员提供的统计资料，由本级人民政府统计机构负责人或者乡、镇统计员审核、签署或者盖章后上报。"

《海域使用统计管理暂行办法》第五条规定,"海域使用统计报表采用分级统计、逐级汇总上报的形式","各省、市、县的本级统计数据(包括海域使用权证书本数、项目用海面积和海域使用金征收金额等)均不包括由上级政府审批的用海项目","县级海洋行政主管部门负责统计县级海洋行政主管部门登记发证的项目用海情况,统计报表报送所在市级海洋行政主管部门,并抄送省级海洋行政主管部门","省级海洋行政主管部门负责统计省级海洋行政主管部门登记发证的项目用海情况,并汇总全省海域使用统计数据,将汇总报表报送国家海洋局,并抄送国家海洋信息中心和所在海区分局","国家海洋局负责统计国家海洋局登记发证的项目用海情况,并汇总全国海域使用统计数据"。

(二)海域使用统计的原则

据我国《海域使用统计管理暂行办法》(国海管字〔2009〕140号)的规定,海域使用统计应遵循以下原则:① 统计数据真实、可靠、及时;② 指标解释和计算方法科学、规范,不与其他统计制度中的同类指标矛盾;③ 严格执行《海域使用统计报表制度》,统计报表不得擅自修改、增减。

二、海域使用统计报表制度

海域使用统计报表制度是指各级海域行政主管部门分级统计、逐级汇总上报我国的内水、领海的水面、水体、海床和底土的海域使用管理情况(包括海域使用权属管理、海域使用金征收、海域使用权招标拍卖、海域使用权变更、临时用海管理等内容),并最终汇总得到全国的海域使用统计数据。其中,各省、市、县的本级统计数据(包括海域使用权证书本数、项目用海面积和海域使用金征收金额)均不包括由上级政府审批的用海项目。

在我国的海域使用统计报表制度中,县(市、区)、地(市)、沿海省(自治区、直辖市)海洋行政主管部门和国家海洋局海域管理司的具体职责如下:

(1)县级海洋行政主管部门负责统计县级海洋行政主管部门登记发证的项目用海情况,统计报表报送所在市级海洋行政主管部门,并抄送所在省级海洋行政主管部门;

(2)地(市)级海洋行政主管部门负责统计地(市)级海洋行政主管部门登记发证的项目用海情况,并汇总全市海域使用统计数据,将汇总报表报送所在省级海洋行政主管部门;

(3)省级海洋行政主管部门负责统计省级海洋行政主管部门登记发证的项目用海情况,并汇总全省海域使用统计数据,将汇总报表报送国家海洋局海域管理司,抄送国家海洋信息中心;

(4)国家海洋局海域管理司负责统计国家海洋局登记发证的项目用海情况,并汇总全国海域使用统计数据。

三、海域使用统计的任务和内容

(一)海域使用统计的任务

海域使用统计的任务是建立和完善海域使用统计指标体系,准确、及时和全面反映海域使用现状及动态变化,提供和发布海域使用统计资料,开展海域使用统计分析,研究海

域使用管理中存在的问题,发挥海域使用统计的决策参考和监督作用。具体任务如下:

(1) 将海域使用的数量、类型、权属状况、海域有偿使用情况及其动态变化信息,按国家统一规范的要求,准确、及时、全面、系统地载入海域使用统计表;

(2) 汇总海域使用统计数据,编制海域使用管理公报、海域使用统计年报,检查、审定、管理、公布海域使用统计资料;

(3) 不断更新、充实、修正原有的统计资料,保持海域使用统计资料的现势性;

(4) 推进海洋使用统计信息化建设,建立海域使用统计信息库,逐步实施海域使用统计数据处理和传输的自动化;

(5) 进行海域使用统计分析,提供统计信息,开展统计咨询,实行统计监督,并定期发布海域使用统计分析报告。

(二) 海域使用统计的内容

海域使用统计的基本内容包括海域使用管理情况、海域使用招标拍卖情况、海域使用权变更情况和临时用海管理情况,其中,海域使用管理情况是指统计范围内的用海类型、用海项目类型(公益性、经营性)、海域使用权确权情况(发证情况、确权面积)、海域使用权注销情况(注销证书、注销面积)、海域使用金征收金额。

海域使用招标拍卖情况是指通过招标方式出让确权的各类型海域的面积、发放证书数和使用金征收额,通过拍卖方式出让确权的海域面积、发放证书数和使用金征收额。

海域使用权变更情况是指各类型用海因为转让、出租、抵押、继承、转移、更名(更址)、续期而发生变化的海域使用权证数书和面积。

临时用海管理情况是指申请临时用海的用海项目名称、用海类型、用海时限、临时用海面积和海域使用金征收金额。

四、海域使用统计类型

(一) 初始海域使用统计和日常海域使用统计

根据统计时间和任务的不同,海域使用统计可分为初始海域使用统计和日常海域使用统计。

1. 初始海域使用统计

初始海域使用统计是在某一个时点首次开展的海域使用统计,是海域使用统计的起点,是基于海籍资料建立起的反映本区域海域使用情况的海域台账、统计簿以及图件等,建立海域使用统计工作制度,是初始海域使用统计的主要任务。

2. 日常海域使用统计

日常海域使用统计是在初始海域使用登记的基础上,每季度、年度所进行的海域使用统计。随着时间的推移,海域所处区域的自然、经济、社会情况以及海域自身自然条件和开发利用情况会不断发生变化,从而出现初始海域使用统计所形成的统计成果与现实海域使用情况不一致的情况。为保持海域使用统计资料(数据、文字)和实地的一致,必须开展日常海域使用统计,及时更新海域使用统计数据。海域日常使用统计包括季度海域使用统计和年度海域使用统计,其中,年度海域使用统计表见附录 3 表 1,季度海域使用统计表见附录 3 表 2~5。

(二)基层海域使用统计和国家海域使用统计

根据国家海域使用统计管理体制有关海域使用统计报表的报告程序的规定,海域使用统计又可分为基层海域使用统计和国家海域使用统计。

1. 基层海域使用统计

基层海域使用统计是指县级海洋行政主管部门所从事的经常性海域使用统计工作。它以用海项目为基础进行,是保证提供准确、及时统计资料的关键。它包括以海域使用权审批、登记、发证工作成果为基础,进行季度和年度海域使用统计,做好季报和年报,建立和完善各项海域使用统计工作制度等。

2. 国家海域使用统计

国家海域使用统计是县级以上海洋行政主管部门在县级海域使用统计成果的基础上所开展的海域使用统计设计、调查、整理和分析等工作。它包括按国家统一制订的海域使用统计报表制度,定期完成季报和年报的填写和汇总,进行数据整理和分析,监督和检查国家各项海域管理政策的执行情况,并提出改进的建议和措施,为国家提供全面、科学、准确、系统的海域使用信息。

五、海域使用统计分析

(一)海域使用统计分析的概念

海域使用统计分析是对海域使用的类型、数量、结构、利用状况、确权情况、海域使用金征收情况的区域分布特征、动态变化规律及其内在联系与发展趋势进行分析研究。海域使用统计的目的在于及时发现海域利用、开发、保护及海洋管理等方面的新问题、新情况、新矛盾、新动态,为在国民经济建设和海洋管理中加强宏观调控、科学决策,及时正确制定政策、法规、指令计划等提供依据,从而充分发挥海域使用统计资料的积极作用。

(二)海域使用统计分析的内容

1. 计算

计算就是对海域统计整理成果进行"深加工",包括计算绝对数、相对数和平均数等各种分析指标,并在此基础上做进一步的研究分析。

2. 评价

评价就是对各种统计数据及分析指标显示出的直观与表面现象做出科学的、客观的判断和评价。例如,海域使用权确权面积是增加了还是减少了,增加(减少)的程度如何,增加(减少)的原因及是否合理等。

3. 动态变化分析

动态变化分析就是对海域使用的类型、数量、结构、利用状况、确权情况及海域使用金征收额等动态变化进行分析,从总体的特殊表征过渡到总体的一般表征,从而对海域开发利用形成规律性的认识。

4. 对海域使用动态变化趋势进行分析

通过对海域使用动态变化趋势的分析,预测和推论未来可能的海域使用情况。

5. 撰写报告

撰写分析报告,形成各项分析数据、图表和文字材料成果。

(三)海域使用统计分析的方法体系

海域使用统计分析工作,是统计上所特有的分析方法在海洋管理工作中的具体应用。常用的海域使用统计分析方法主要有综合指标分析法、动态数列分析法、统计指数分析法、相关分析法和平衡分析法等,并构成统计分析方法体系,见图2-4。

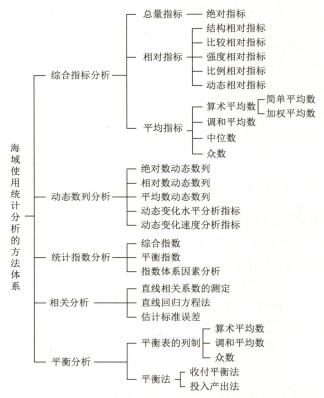

图 2-4 海域使用统计分析的方法体系

(四)主要统计指标

1. 海域使用总量指标

海域使用总量指标反映在一定时间、地点条件下海域使用的规模或增减变化,其表现形式为绝对数,因此也称为海域使用的绝对指标,如海域使用总面积、各用海类型海域使用面积、围填海增加面积等。

2. 海域使用相对指标

海域使用相对指标是指两个有联系的相关指标对比的结果,又称相对数,如:海域使用面积占区域海域总面积的比例、围填海面积占海域使用面积的比例等。

在海域使用统计分析中,根据海域使用统计研究的目的和任务的不同,海域使用相对指标主要有 5 种,分别为海域使用结构相对指标、海域使用比较相对指标、海域使用强度相对指标、各用海类型海域使用比例相对指标和海域使用动态相对指标。

3. 海域平均指标

平均指标又称平均数,是同质总体内各单位某一数量标志的一般水平或典型水平的综合指标。平均指标是一种代表数,其代表性的大小与各单位差异程度的大小相联系。在计算时依据现象的特点可分别采用简单算术平均数、加权算术平均数和调和平均数。

4. 动态数列

动态数列包括 2 个构成要素,即现象所属的时间和现象发展的水平。动态数列按其所列统计指标的不同,可分为绝对数动态数列、相对数动态数列和平均数动态数列。

(1)绝对数动态数列:由一系列同类总量指标按时间先后顺序排列所构成的动态数列,用以反映所研究现象的规模或水平的变动情况。按指标性质的不同,绝对动态数列又可进一步分为时期数列和时点数列。① 时期数列,即数列中的每一项指标都是反映某种现象在一段时期内的发展过程的总量的数列,如表 2-5。② 时点数列,即数列中的每一项指标都是反映某种现象在一段时点上的状态或达到的水平,如表 2-6。

表 2-5　某地区新增海域使用面积(2010—2016)

单位:万公顷

年份	2010	2011	2012	2013	2014	2015	2016
新增海域使用面积	10.70	8.98	16.50	9.81	12.35	10.90	14.50

表 2-6　某地区海域使用面积(2010—2016)

单位:万公顷

年份	2010.12.31	2011.12.31	2012.12.31	2013.12.31	2014.12.31	2015.12.31	2016.12.31
海域使用面积	249.26	258.24	274.74	284.55	296.90	307.80	322.30

(2)相对数动态数列:由一系列同类相对指标按时间先后顺序排列所构成的动态数列,用以反映所研究现象的数量对比关系的变化发展情况。

(3)平均数动态数列:由一系列同类平均指标按时间先后顺序排列所构成的动态数列,用以反映所研究现象平均水平的变动情况。

5. 海域使用动态变化的水平分析指标

海域使用动态变化的水平分析指标包括海域使用发展水平指标、增长量指标和平均发展水平指标等。

(1)发展水平指标:发展水平指标是指动态数列中各个指标的数值,它反映现象在各个不同时期达到的规模水平,又称发展量。发展水平指标一般用总量指标表示,如海域总面积、海域使用总面积等;也可用平均指标表示,如用海项目平均海域使用面积等;还可以用相对指标表示,如海域使用面积占海域总面积的比重等。在文字表述上,常习惯于用"增加到"、"发展到"、"增加至"、"降低到"、"降低为"等表示。

(2)增长量指标:说明现象在一定时期内增加(或减少)的绝对数量,它等于报告期水平与基期水平之差,即增长量=报告期水平−基期水平。

（3）平均发展水平指标:不同时期发展水平指标的平均数,又称序时平均数或动态平均数。对于时期数列,若各期指标数值长短相同,可采用简单算术平均数来计算其平均水平(式2.1);若各期指标数值长短不同,可采用总数除以总期数来计算(式2.2)。对于时点数列,若各时点指标数值的间隔相等,则先计算各个间隔期内的平均发展水平,然后将各个时间间隔的平均发展水平简单平均,即可得到整个时间段的平均发展水平(式2.3);若各时点指标数值的间隔不相等,则可先通过模型模拟预测间隔相等的时点指标数据,再通过式2.3进行平均发展水平的估算。

$$\overline{a} = \frac{a_1 + a_2 + a_3 + \cdots + a_n}{n} = \frac{\sum_{i=1}^{n} a_i}{n} \tag{式2.1}$$

式2.1中:

$\overline{a}$—平均发展水平;

a_i—动态数列中各时期的指标数值,$i = 1, 2, 3, \cdots, n$;

n—时期项数。

$$\overline{a} = \frac{a_1 + a_2 + a_3 + \cdots + a_n}{N} = \frac{\sum_{i=1}^{n} a_i}{N} \tag{式2.2}$$

式2.2中:

N—总期数;

其他指标同式2.1。

$$\overline{a} = \frac{\dfrac{a_1 + a_2}{2} + \dfrac{a_2 + a_3}{2} + \cdots + \dfrac{a_{n-2} + a_{n-1}}{2} + \dfrac{a_{n-1} + a_n}{2}}{M - 1}$$

$$= \frac{\dfrac{1}{2}a_1 + a_2 + a_3 + \cdots + a_{n-1} + \dfrac{1}{2}a_n}{M - 1} \tag{式2.3}$$

式2.3中:

M—间隔期;

其他指标同式2.1。

6. 海域使用动态变化的速度分析指标

动态速度指标是以相对数形式表示的发展指标,可用来比较分析海域使用发展变化的相对程度。常用的动态速度指标包括发展速度、增长速度、平均发展速度、平均增长速度等。

（1）发展速度:发展速度是根据2个不同时间上的发展水平的对比而得到的动态相对指标,用以说明报告期水平较基期水平的发展程度,用公式表示为

$$发展速度 = \frac{报告期水平}{基期水平} \times 100\%$$

（2）增长速度:增长速度是根据增长量与基期水平之比计算的,用以说明现象增长速度的相对指标,用公式表示为

$$增长速度 = \frac{增长量}{基期水平} \times 100\%$$

增长速度与发展速度的关系为

$$增长速度 = \frac{报告期水平 - 基期水平}{基期水平} = \frac{报告期水平}{基期水平} - 1 = 发展速度 - 1$$

（3）平均发展速度：平均发展速度是各期环比发展速度的乘积的多次方根，即采用几何平均数的算法，具体计算公式见式 2.4。

$$\bar{x} = \sqrt[n]{\frac{a_1}{a_0} \times \frac{a_2}{a_1} \times \frac{a_3}{a_2} \times \cdots \times \frac{a_n}{a_{n-1}}} = \sqrt[n]{\frac{a_n}{a_0}} \qquad （式2.4）$$

式 2.4 中：

$\bar{x}$——平均发展速度；

$\frac{a_1}{a_0} \times \frac{a_2}{a_1} \times \cdots \times \frac{a_n}{a_{n-1}}$——各个时期的环比发展速度；

n——环比发展速度的项数。

在实际工作中，通常用对数方法计算，其计算公式为

$$\lg \bar{x} = \frac{1}{n}(\lg a_n - \lg a_0)$$

（4）平均增长速度：平均增长速度为平均发展速度减 1（或减 100%），计算式为

$$平均增长速度 = 平均发展速度 - 1（或 -100\%）$$

第六节　海籍档案管理

一、海籍档案管理的概念和任务

（一）海籍档案管理的概念

档案是指过去和现在的国家机构、社会组织以及个人从事政治、军事、经济、科学、技术、文化、宗教等活动时直接形成的对国家和社会有保存价值的各种文字、图表、声像等不同形式的历史记录。海籍档案是指国家和地方各级海洋行政主管部门及其事业单位在海籍工作中直接形成的，对国家、社会和海洋管理工作有保存价值的，反映海籍工作和海域状况的各种文字、图表、声像等不同形式的历史记录。

海籍档案是海籍工作的历史纪实，是由过去办理的，直接使用完毕后以备考查的海籍文件资料转化来的，不是事后另行编写的材料。建立海籍档案需要对海籍档案材料进行收集、整理、分类编目、归档保管等工作，这就是海籍档案的管理活动。故而，海籍档案管理可以理解为以海籍档案为对象而进行的收集整理、分类编目、归档保管、提供利用等各项活动的总称。

（二）海籍档案管理的基本任务

贯彻海籍档案统一管理的原则，建立、健全海籍档案管理制度；逐步实现海籍档案管

理的现代化;有效保护和利用海籍档案,大力开发信息资源,更好地为社会主义建设和海洋的科学管理服务。

二、海籍档案的收集和整理

(一)海籍档案的收集

将分散在各有关部门、单位和个人的海籍档案,按照海域管理有关法规和《档案法》的有关规定,有计划、有步骤地分别集中到各级海洋行政主管部门档案室,包括原始资料的收集、图纸的收集和往来资料的收集。

(二)海籍档案的整理

将已经集中到档案室的零散的海籍档案,按档案内容所反映的问题进行分类,再按类组成不同体系的保管单位(如图集、卷宗、册籍、卡片簿等)。每一个保管单位的整理工序(以卷宗为例)包括组卷、卷内文件整理、案卷封面填写、案卷装订、案卷排列、案卷目录编制等。

海籍档案的整理要充分利用先前整理的基础,注意保持档案之间的历史联系,要便于保管和提供服务。

三、海籍档案的分类和编目

(一)海籍档案的分类

根据海籍档案的来源、时间、内容和形式上的异同,分成若干类或案卷,在海籍档案分类中,常用的分类法有以下两种。

1. 按地区分类

按地区分类即按海籍档案所涉及的行政区域进行分类,一般情况下,将海籍图、表、卡以沿海县级行政区为单位进行组卷。

2. 按时间分类

按时间分类即按形成和处理文件资料日期的先后顺序以一定的时间(年、月)为依据对海籍档案进行分类。

在实际的海籍档案分类中,大多采用两者相结合的方式进行,如先按地区分类别,再按时间分属类。

(二)海籍档案的编目

海籍档案的编目指对各类不同保管单位海籍档案案卷(图集、卡片簿、册籍)目录的编制。案卷目录是查找和利用档案的基本检索依具,也是统计和检查档案的重要依据。

案卷目录包括封面、序言、目次、简称与全称对照表、案卷目录表和备考表。

1. 封面

案卷目录封面要写明全宗和目录名称、全宗号、目录号、年、月、日和编制单位。

2. 序言

案卷目录序言要简要说明案卷数量、全宗、分类和立卷整理情况以及存在的问题。

3. 目次

写明各类的名称及起止页码。

4. 简称与全称对照表

案卷标题、内容、作者、机关、地区等全称过长需要简化时,应按统一规定列出对照表,以便查用。

5. 案卷目录表

卷号、案卷标题、年度、份数、页码、保管期限和备注。

6. 备考表

注明该案卷的有关情况,如案卷数量、目录的页数、编制日期、案卷移出、销毁、损坏情况的说明等。

四、海籍档案的鉴定和统计

（一）海籍档案的鉴定

评定海籍档案的价值,对已失去价值的海籍档案,清理出来,加以销毁;对有价值的海籍档案,根据其保存价值大小,确定保管期限,并根据档案的保密程度和允许提供的范围,确定其保密等级。

（二）海籍档案的统计

所谓海籍档案的统计是指以表册、数字的形式反映海籍档案及其管理的有关情况,分为档案登记和统计 2 个部分。

海籍档案登记的内容包括海籍档案的改进、整理、鉴定、保管档案数量和状况以及档案利用情况等。

海籍档案统计的内容包括海籍档案的构成、档案利用、档案工作人员构成、档案机构建设等情况。海籍档案统计工作为分析和研究海籍档案管理中的经验和问题、不断改善档案管理工作提供了依据。

五、海籍档案的保管和利用

（一）海籍档案保管

海籍档案的保管就是要采用各种保管方法,消除一切可能损坏档案的自然因素(不适当的温度、湿度、虫蛀、空气中酸污染、纸张质量低劣等)和人为因素(档案保管制度不严等),尽可能地延长档案的使用期限,防止档案的泄露和丢失,维护档案的安全。

（二）海籍档案的利用

海籍档案的利用是海籍档案管理的目的。海籍档案提供利用的方式有,以海籍档案原件提供使用,可在档案室内设阅览室或将原件借出室外使用;以档案复制件提供利用,如制作档案复制品,提供微缩胶卷(片)、静电复印件,制作档案 VCD、DVD 或建立相应的档案网站等,出版或印发档案汇编;编写档案证明;函复、查询外调等。

■ 本章小结 ■

海籍管理从 20 世纪 90 年代开始,被许多国家列入领海权益战略目标。本章在界定了海籍内涵的基础上,概述了海籍管理的概念、内容、原则以及流程图。之后介绍了海域使用的分类原则、类型和用海方式。在给出海籍调查的基本概念后,详细分析了海籍调查的单元、原则、内容、类型、技术依据和工作程序。然后系统介绍了我国海域使用权登记的概念、目的、特点、原则、类型、内容、程序、历史沿革、法律依据和主要文件,并对海域使用统计的概念、原则、任务、内容、类型、报表制度以及统计分析方法进行了阐述。最后,重点介绍了海籍档案的收集和整理、分类和编目、鉴定和统计、保管和利用等内容。

■ 天键术语 ■

海籍　海籍管理　海域使用分类　海籍调查　海域使用权登记　海域使用统计　海籍档案管理

■ 复习思考题 ■

1. 海籍与海籍管理有什么联系与区别? 它们在海洋资源管理中有什么作用。
2. 简述海域使用分类体系,并列举说明用海方式。
3. 海籍调查的内容和工作程序是什么?
4. 简述海域使用权登记与海域使用统计关系。
5. 海籍调查、海域使用分类、海域使用权登记、海域使用统计、海籍档案管理之间有什么联系和区别?

■ 参考文献 ■

[1]　国家海洋局. 海籍调查规范(HY/T124-2009)[S]. 北京:中国标准出版社,2009.

[2]　国家海洋局 908 专项办公室. 海域使用现状调查技术规程[S]. 北京:海洋出版社,2005.

[3]　国家海洋局. 海域使用管理标准体系(HY/T 121-2008)[S]. 北京:中国标准出版社,2009.

[4]　海域管理培训教材编委会. 海域管理概论[M]. 北京:海洋出版社,2014.

[5]　海域管理培训教材编委会. 海域管理法律法规文件汇编[M]. 北京:海洋出版社,2014.

[6]　贺义雄等. 海洋资源资产价格评估研究[M]. 北京:海军出版社,2015.

[7]　国家海洋局.《海域使用权登记技术规程(试行)》(国海管字〔2013〕758 号).

第三章　海洋资源调查

第一节　海洋资源调查概述

一、海洋资源调查的概念

"资源调查"一词本来属于商业用语,意思是定期对库存商品的数量、质量和单价进行盘点,列出完备的资料清单。"资源调查"一词用在海洋上,主要是通过对海洋资源类型、数量、质量等的调查,了解海洋资源的各种特征和规律。

海洋资源调查是指对海域的水文、气象、化学要素、海洋声光要素、海洋生物、海洋地质、地球物理、海洋生态、海底地形地貌、海洋工程地质等自然属性和用海类型、位置、面积、分布和海域权属等社会属性及其变化情况进行的调查、监测、统计、分析的活动。

海洋资源调查是以海洋资源学、海洋物理、海洋化学等学科知识为基础,用遥感、测绘制图等手段,查清海洋资源的类型、数量、质量、空间分布及它们之间的相互关系和发展变化规律的系列过程。

二、海洋资源调查的目的

(一)为海洋科学研究提供基础信息

海洋资源调查是通过遥感和测绘的手段对海洋资源信息进行采集、整理和储存的过程。它通过对海洋水文、气象、化学、海洋声光、海洋生物、海洋地质、海洋生态、海底地形地貌、海洋工程地质等自然资源要素的调查,有利于提高人们对海洋资源地域分异规律的认识;通过对用海方式、位置、面积等的调查,有利于强化人们对海域利用合理性和开发利用潜力方面的认识;通过对海洋权属的调查,有利于人们深化对海域使用制度、社会制度和用海关系的认识;通过对海洋资源开发利用的动态监测,有利于发现海洋利用中存在的

对于用海方式、海洋权属等方面的调查在第二章中已做详细介绍,故本章所指海洋资源调查主要为海洋资源的自然资源要素调查。

主要矛盾和突出问题,有针对性地开展海洋资源的保护和管理。

(二)为编制海洋功能区划服务

为合理开发、利用海洋资源,调整用海结构,优化海洋资源的配置和布局,防止不合理围填海,我国明确确立了海洋功能区划制度。而海洋功能区划是根据海域的自然条件、社会经济发展水平和国民经济发展需要,在对海洋开发利用结构、用海类型的空间布局和演替结构以及海洋自然资源的限制性和承载力等进行充分分析的基础上,对各类用海方式比例的调整和配置。因此,海洋资源调查是海洋功能区划编制的基础。

(三)为海洋资源管理提供决策依据

海洋资源管理包括海洋权属管理、海域使用管理、海域市场管理等方面的内容。海洋权属管理需要了解每一宗海的位置、权属、界限、用途和质量等信息;海域使用管理需要全面掌握有关海洋资源数量、质量和分布等方面的资料,而海域市场管理需要了解海域市场上的海域需求状况、使用权价格水平等情况,而这些信息都需要通过海洋资源调查获取。因此,为保障海洋资源管理决策的科学性,必须进行海洋资源调查。

(四)为海洋资源可持续利用进行动态监测

随着人口的增长、开发利用水平的提升,海洋资源的内涵、海域使用规模和海洋资源质量都在发生变化。一般来说,随着社会经济的发展,纯自然的海域越来越少,受到人为因素影响的海域越来越多。围填海用地的需求越来越大,因围填海而引发的一系列生态环境问题日益突显,海洋资源的稀缺性越来越明显,海洋资源退化的威胁持续增加。为保证海洋资源的可持续利用,需要周期性地开展海洋资源调查,对海洋资源利用现状,海域质量、数量的变化进行动态监测,及时发现海域使用中存在的问题,有针对性地进行海洋资源的保护和改造。

三、我国海洋资源调查的进展

(一)历史上海洋资源调查

人类研究海洋的历史非常悠久。公元前8 000年左右,人类已经开始了捕鱼活动,借以补充游猎时俘获物的不足。到了15世纪,海洋活动已经非常频繁,除了喧嚣一时的北欧海盗船只游弋于云山雾海之间,从事图财害命之外,大部分是从事和平的贸易,船只来往于亚、欧、非三大洲的沿岸。15世纪起,欧洲资本主义的产生和发展,刺激了海洋航海探险活动的开展和高涨。17世纪,是人类历史上的海洋探险时代,史称"地理大发现"时期。在后期的海洋探险中,科学考察的成分逐渐增多,18世纪库克的海洋探险,已属于海洋调查的范畴。据文献记载,12世纪初中国人已把指南针应用于航海。15世纪初,我国航海家郑和率领庞大船队七下西洋,对西太平洋和印度洋进行了一些海洋考察,搜集和掌握了许多海洋科学数据。《郑和航海图》就是通过大量海洋调查绘制的。这种海洋考察活动比世界记载最早的1872～1876年英国的"挑战者"号进行海洋调查早了400多年。郑和下西洋的成功与船队进行的海洋调查活动是分不开的,可以说,没有船队深入、详尽的调查，就不可能有船队的"云帆高张"，"昼夜星驰，涉波狂澜，若历通衢"①。

（二）新中国成立以来我国的海洋资源调查情况

1. 20 世纪 80 年代以前海洋资源调查概况

（1）海洋资源综合调查。经过有关部门长期工作，我国先后组织实施了"全国海洋综合调查"、"渤海海洋地球物理调查"以及"渤海和黄海海洋断面调查"等调查活动，揭开了中国大规模海洋综合调查的序幕。全国海洋资源综合调查从 1958 年开始，经历了两年多的时间，有 60 多个单位 600 多名人员参加，动用船舶 50 多艘。这期间海洋资源调查研究创立了我国物理海洋学体系，解决了非均匀浅海中简正波声场的计算等一系列问题，奠定了现代中国海洋科学发展的基础，初步掌握了我国近海海洋要素的基本特征和变化规律，改变了我国缺乏基础海洋资料的局面。

（2）"海洋标准断面调查"。我国在近海水域布设了多条标准断面，定期开展水文、气象和海水化学等要素的观测，为研究主要海洋现象的季节和年度变化以及异常海况等提供了宝贵的基础资料。1964 年 7 月 22 日国家海洋局成立，组建海洋调查队及相应的海区管理机构，开展全国海岸带和滩涂调查。同时，为维护国家海洋权益，先后组织了"南海中部调查"和"东海大陆架调查"。"实验"号调查船多次穿越西沙群岛、中沙群岛、南沙群岛，为我国对该海域的管理积累了基本资料。"东海大陆架调查"的调查，基本摸清了东海大陆架的延伸状态。

1977 年 12 月，国家海洋局在全国科学技术规划会议上，明确提出了"查清中国海、进军三大洋、登上南极洲，为在本世纪内实现海洋科学技术现代化而奋斗"的战略目标，由此拉开了我国海洋科学技术工作向着新的高峰攀登的大幕。新建大型海洋综合调查船和专业调查船，联合国内海洋技术力量，组织实施科技专项，成为这一时期海洋科技工作的主要特点。

2. 20 世纪 80 年代以后海洋资源调查进展

20 世纪 80 年代以来，我国海洋资源调查取得了重大进展。随着中央与省级海洋机构的普遍建立，一个综合性的海洋资源行政管理体系开始出现，并着手组织了大量区域性和专题性的资源调查研究工作。

我国的海洋工作已基本形成了面向经济建设主战场、发展高新技术、加强基础研究三个层次的战略格局。形成了比较完整的海洋科学研究与技术开发体系。具备了从太空、高空、海面、海水层、海底到地壳的多学科综合科学海洋调查观测能力，基本实现了"查清中国海，进军三大洋，登上南极洲"的宏伟夙愿。

（1）全国海洋资源调查基本完成。从 1980 年开始组织实施了"全国海洋带和海涂资源综合调查"专项研究，随后又组织了"全国海岛资源综合调查"，基本摸清了我国海岸带、海涂和海岛的自然条件、资源数量以及社会经济状况，为开发利用海岸带和海岛资源提供了科学依据。从 1983 年起，我国先后组织了多次太平洋海域多金属结核资源的系统调查。1984 年 11 月 20 日，我国海洋科学调查船"向阳红 10 号"和海军"J121"号从上海

---

① 《天妃之神灵记》，郑鹤声、郑一钧编《郑和下西洋资料汇编》上册，齐鲁书社 1980 年版本，第 40 页。

起航,拉开了我国南极和南大洋科学考察的序幕。1996~2005年,我国基本完成了"第二次海洋污染基线调查"。2000年,我国组织实施了西北太平洋海洋环境调查与研究专项。2003年,国务院批准"我国近海海洋综合调查与评价"专项。2005~2006年,我国首次开展了环球综合海洋科学考察,在我国大洋科考史上具有里程碑意义。

(2)海洋资源调查、监测的技术标准、技术规程的编制研究。为配合海洋资源调查,国家海洋局组织编写了一批技术标准或技术规程、技术规定。主要有《海洋调查规范》《海洋渔业资源调查规范》《海洋生物生态调查技术规程》《海洋监测规范》《海洋经济运行与监测评估标准体系》《海洋观测浮标通用技术要求》《海洋观测仪器设备业务化应用管理规定》《海域分等定级》《海洋工程环境影响评价技术导则》《围填海工程填充物质成分限值》等,成为国家标准计量体系中的重要组成部分,切实保证了我国海洋资源调查工作的顺利进行。

(3)海洋资源调查数据库建设与理论研究。海洋资源调查数据是国家基础数据,也是国家空间基础设施的重要组成部分。一方面,海洋资源调查数据在国家可持续发展综合决策中的作用不断加强;另一方面,海洋资源调查的数据不断增大,数据内容、格式也更加复杂,数据的管理难度不断加大。21世纪以来,海洋管理部门组织了海洋资源基础数据库建设,取得了一些成绩,为实现海洋管理信息化打下了基础。海洋资源调查数据集成的理论研究取得了一些成果,但还不够深入,不能满足海洋管理的需要,这一方面的研究有待加强。

(4)"3S"技术为主体的现代先进技术在海洋资源调查中的广泛应用。"3S"技术是卫星遥感技术、地理信息系统技术、全球定位系统技术的总称。随着海洋信息工程的推进,"3S"技术在海洋管理部门得到很好的推广和应用。专家学者利用"3S"技术在海洋资源调查中开展了一系列实验或实证研究,为海洋资源调查提供了一套操作性强、可推广的技术流程和方法。越来越多的技术将会在海洋资源调查中应用。除了"3S"技术之外,能够支持海洋资源调查的技术有计算机技术、模拟计算机技术、空间定位技术、信息网络技术、空间信息系统技术和主题数据库系统技术等。这些技术在海洋资源调查中的应用研究,是海洋科学技术工作者不可忽略的内容。

第二节 海洋资源调查的内容与方法

一、海洋资源调查的内容

海洋资源调查主要包括对海洋类型、数量、质量、权属、分布及利用现状的调查。根据调查项目的组成要素和影响因素,可以把海洋资源调查分为海洋水文观测、海洋气象观测、海水化学要素调查、海洋声光要素调查、海洋生物调查、海洋地质与地球物理调查、海洋生态调查、海底地形地貌调查和海洋工程地质调查等内容。

(一)海洋水文观测

海洋水文观测的内容主要包括海水深度、海洋水温、海水盐度、海流、海浪、海水透明度、海水水色、海发光和海冰等要素,有时还需观测海水水位。受海洋水文观测任务要求和客观条件的限制,海洋水文观测一般采用大面观测、断面观测、连续观测、同步观测或走航观测的方式进行,有时会将多种观测方式结合起来进行观测。

（二）海洋气象观测

海洋气象观测的内容主要包括海面有效能见度、云、天气现象、海面风、海面空气温度和相对湿度、气压、降水量、高空气压温度湿度、高空风等。其中,海面有效能见度的观测项目为海面有效能见度和海面最小能见度;云的观测要素为总云量、低云量、云状和低云高;天气现象的观测要素为各类天气现象;海面风的观测要素主要为观测时点、观测海面上 10 分钟的平均风速及相应风向;海面空气温度和相对湿度的主要观测要素为观测时点、观测海面 1 分钟的空气温度和相对湿度;气压的观测要素为观测时点、观测海面上 1 分钟的海平面气压;降雨量的观测要素为观测时点、观测海面上 1 分钟和定时观测前 6 小时的降水量;高空气压温度湿度的探测主要探测要素为气压、温度和湿度;高空风的探测要素为高空的风向和风速。

（三）海水化学要素调查

海水化学要素调查的内容主要包括 33 个海水测项,分别为汞、铜、铅、镉、锌、铬、砷、硒、油类、666、DDT、多氯联苯、狄氏剂、活性硅酸盐、硫化物、挥发性酚、氰化物、阴离子洗涤剂、嗅和味、pH、悬浮物、氯化物、盐度、浑浊度、溶解氧、化学需氧量、生化需氧量、总有机碳、氨、亚硝酸盐、硝酸盐和无机磷。对海水化学要素的调查一般采用先采样然后送入实验室检测的方法,具体检测方法由其测项决定。

（四）海洋声、光要素调查

海洋声、光学要素调查的内容主要包括海水声速、海洋环境噪声、海底声特性、海洋中声能传播损失、海面照度、表观光学量和固有光学量等指标。其中,海水声速测量主要观测各个站位的海水声速-深度剖面和海水温度-深度剖面;海洋环境噪声主要测量噪声频带声压级和噪声声压谱级,有时还需同时测量海区的气象、水文、地质和环境参数作为辅助;海底声特性主要测量沉积物声速的垂直分布和沉积物声衰减系数,有时还需同时测量海底沉积物特性、水深和海况等参数作辅助;海洋中声能传播损失主要测量在不同距离和在 20 Hz~10 kHz 范围内不同中心频率下的幅度谱密度;表观光学量主要测量辐照度和辐亮度;固有光学量主要测量光束透射率和光束衰减系数。

（五）海洋生物调查

海洋生物调查的内容主要包括对叶绿素、初级生产力和新生产力的测定,海洋微生物调查,海洋微微型、微型和小型浮游生物调查,大、中型浮游生物调查,鱼类浮游生物调查,大型底栖生物调查,小型底栖生物调查,潮间带生物调查、污损生物调查和游泳动物调查等。必要时,还包括对渔业资源声学调查与评估。调查方式主要包括大面观测、断面观测和连续观测三种,调查现场采样时,要避开调查船的排污口。

（六）海洋地质地球物理调查

海洋地质地球物理调查的内容主要包括海底地形地貌调查、海洋底质调查、海洋浅层结构探测、海洋重力测量、海洋地磁测量和海洋地震调查。其中,海底地形地貌的调查项目为大陆架、大陆坡、海岭、海沟、孤岛、洋中脊和洋盆等。海洋底质的调查项目为沉积物和底质矿物等。海洋重力的测量项目为观测时间、经纬度、绝对观测值、经校正后的水深值、空间异常值和布格异常值,并根据测量结果绘制实际材料图、空间重力异常平面剖面图、空间重力异常等值线图、布格重力异常平面剖面图、布格重力异常等值线图等。海洋地磁的测量项目为测量站点的经纬度、总 T 值、正常场值、船磁方位校正值、地磁日变值和 ΔT 值等,并根据测量结果绘制实际材料图、地磁异常(ΔT)平面剖面图、地磁异常(ΔT)等值线图、地磁场总强度 T 等值线图等。海洋地震的调查项目为地震地层和海底构造。

(七)海洋生态调查

海洋生态调查的内容主要包括海洋生态要素调查和海洋生态评价两个方面,其中,海洋生态要素调查包括对海洋生物要素(海洋生物群落结构要素、海洋生态系统功能要素)、海洋环境要素(海洋水文要素、海洋气象要素、海洋光学要素、海洋化学要素、海洋底质要素等)和人类活动要素(海水养殖生产要素、海洋捕捞生产要素、人海污染要素、海上油田生产要素、其他人类活动要素)的调查。海洋生态评价主要是对海洋生物群落结构、海洋生态系统功能和海洋生态压力的评价。

(八)海底地形地貌调查

海底地形地貌调查的内容主要包括海底地形、海底地貌、海底地形地貌变化特征和规律。调查主要采用多波束测深系统、单波束回声测深仪和侧扫声呐进行,辅以浅地层剖面、单道地震和地质取样。

(九)海洋工程地质调查

海洋工程地质调查的内容主要包括水深与地形地貌特征、地层岩性、结构、层序、厚度、分布、岩土层的物理力学性质及其空间变化、灾害地质要素及分布特征、地震地质构造及地震安全性评价和海底工程地质区划与工程地质条件综合评价等。其主要任务在于查明调查区内区域工程地质条件和灾害地质要素分布,并进行海底工程地质区划和工程地质条件综合评价。

二、海洋资源调查的方法

海洋资源调查方法是指在海洋调查实施过程中仪器的使用、站位设置、资料整理与信息分析的方法和原则。调查方式有大面观测、断面观测、连续观测和辅助观测等。资料形式有数值、字符、图像和实物等多种类型。资料载体有表格、磁带、磁盘、光盘等。中国海洋资源调查应按照国家标准《海洋调查规范》进行。

海洋资源调查工作作为一个完整的体系,主要包含观测对象、传感器、观测平台、施测方法和数据处理等五个方面。

(一)观测对象

海洋调查中的被观测对象是指各种海洋学过程以及决定于它们的各种特征量的场。

所有的被测对象可以分为五类。

1. 稳定变化

这类被测对象随着时间推移变化极为缓慢，以至于在几年或十几年的时间里通常不发生显著的变化，如各种岸线、海底地形和地质分布。

2. 缓慢变化

这类被测对象一般对应海洋中的大尺度过程，它们在空间上可以跨越几千千米，在时间上可以有季节性的变化。典型的有著名的"湾流""黑潮"以及其他一些大洋水团等。

3. 显著变化

这类被测对象对应海洋中的中尺度过程，它们的空间跨度可以长达几百千米，周期约几个月。典型的如大洋的中尺度涡，浅、近海的区域性水团以及大尺度过程的中尺度振动。

4. 迅速变化

这类被测对象对应海洋中的小尺度过程，它们的空间尺度在十几到几十千米之间，生存周期在几天到十几天之间。典型的如海洋中的羽状扩散现象，水团边界（锋）的运动等。

5. 瞬间变化

这类被测对象对应于海洋中的微细过程，它们的空间尺度在米的量级以下，时间尺度在几天到几小时甚至分、秒范围内。典型的如海洋中的湍流运动和对流过程等。

（二）传感器

传感器是指能够获取各海洋数据信息的仪器设备和装置。大致可分为以下三种。

1. 点式

点式传感器感应空间某一点被测量的对象，如温度、盐度（电导率）、压力、流速、浮游生物量、化学要素的浓度等。通过点式传感器可获取离散的观测数据。

2. 线式

线式传感器可以连续地感应被测量的对象。当传感器沿某一方向运动时，可以获得某种海洋特征变量沿这一方向的分布，如投弃式温盐深仪、投弃掷式深温计以及温盐深自动记录仪。通过线式传感器可提供温度随深度变化的分布曲线，其他各种走航拖曳式仪器则可给出温度、盐度等海洋特征变量沿航行方向上的分布。

3. 面式

面式传感器感应二维空间上海洋特征的变量，如经过处理的红外照相可以显示等温线的平面分布。通过面式传感器可以直接提供某海洋特征变量的分布信息。

（三）观测平台

观测平台是观测仪器的载体和支撑。

1. 固定平台

固定平台是指空间位置固定的观测工作台。常用的固定平台有沿海海洋观测站、海上定点水文气象观测浮标、海上固定平台等。传感器通过固定平台可获取固定测站（或测点）上不同时刻的海洋过程有关的数据和信息。

2. 活动平台

活动平台是指空间位置可以不断改变的观测工作台或载体活动平台,如水面的海洋调查船、水下的潜水装置、自由漂浮观察浮标、按固定轨道运行的观测卫星等。

(四)施测方法

海洋调查中的施测方法是指对一定的被测对象,根据所掌握的传感器和平台来选定合理的施测方式。常用的施测方法一般有四类。

1. 随机调查

随机调查是早期的一种调查方法,随机调查的测点(站点)是不固定的。大量的随机观测数据可以统计地给出大尺度(甚至中尺度过程)的有用信息,但一次随机调查很难提供关于海洋中各种尺度过程的正确认识。随机调查大多是一次性完成,如著名的"挑战者"号 1872~1876 年的探险考察。

2. 定点调查

定点调查通常采取测点站阵列或固定断面的形式,或者每月一次,或者根据特殊需要的时间施测,或进行一日一次的,或者多日的甚至长年的连续观测。定点海洋资源调查使得观测数据在时空上分布比较合理,从而有利于提供各种尺度过程的认识,特别是多点同步观测和观测浮标阵列可以提供同一时刻的海况分布,但由于海况险恶,采用定点调查的成本是相当昂贵的。测站固定的定点观测是目前仍大量采用的海洋资源调查方法。

3. 走航方法

走航方法是指利用渔船、货船、客船、军舰和海上平台等工具,按统一时间进行的海洋学观测。这种施测方法根据预先合理计划的航线,使用单船或多船携带走航式传感器(如XBT、走航式温盐自计仪、ADCP 等)采集海洋学数据,然后用现代数据信息处理方法加工,获得被测海区的海洋信息。走航施测方法耗资少、时间短、数据量大,是一种值得发展的低成本的调查方法,但技术水平要求较高。随着传感器和数据信息处理技术的现代化,走航施测成为广泛采用的方法。

4. 轨道扫描方法

轨道扫描方法是指利用卫星多种遥感技术,观测海洋表层温度、风、表层海流、热能交换、水色、水深、海面起伏、海啸、海雾和海洋污染等大面积海洋参数的施测方式。这种方法主要利用海洋业务卫星或资源卫星上的海洋遥感设备(面式传感器)对全球海洋进行轨道扫描,大面积监测海洋中各种尺度过程的分布变化,能够全天候地提供局部海区的良好的天气式数据信息。随着航天和遥感技术的发展,轨道扫描已为海洋资源调查提供了一种崭新的施测方式。

(五)数据处理

海洋数据反映海洋水文、气象、生物生态、化学以及地形地貌等基本特征和动态变化,是海洋自然特征的数字化表现形式。随着现代传感器网络的发展,海洋信息的获取、传输、处理和融合越来越以一种综合的方式呈现。海洋数据处理是大数据管理的主要组成部分。数据信息处理技术大致可分为四种。

1. 初级数据处理

初级数据处理是对第一手资料的处理,也是最基础的工作。海洋资源调查的初级数据处理是将最初的观测读数订正为正确数值。另外,某些传感器提供的一些海洋特征连续模拟量,也应将它们按需要转化为数字资料。

2. 进一步数据处理

进一步数据处理是对初级处理完毕数据的深化、加工,主要包括空缺数据的填补、各种统计参数的计算、延伸的资料的求取,如从水温、盐度计算密度、比容、声速,从特征量的垂直分布来求取跃层的各项特征值等。通过进一步数据处理,将各种海洋调查数据整理到能直接提供用户使用的程度,并使之文件化,以便存放在海洋数据信息中心的数据库中,供用户随时查询索取。

3. 初级信息处理

初级信息处理是从观测值或计算出来的延伸资料中提取初步的海洋学信息。通常将有关海洋学特征变量样本以恰当的方式构成该特征变量直观的时空分布,即给出对海洋特征场的描述,如根据水温、盐度等的离散值使用空间插值方法绘制水温和盐度的大面、断面分布团或过程曲线等。在海洋遥感系统中,将遥感器发送回来的代码还原成图像而不作进一步处理,也属于初级信息处理范畴。

4. 进一步信息处理

进一步信息处理是指从处理后的数据中或经初级信息处理的信息中,提取进一步的海洋信息,如根据水温、盐度的实况分布可以用恰当的方式估计出水团界面的分布(锋)。另外,对海流数据和上述实况的恰当分析处理还可得出被测区的环流模型。在遥感系统中的电子光学解释技术(如彩色密度分割等)、计算机解译技术(如图像增加,自动识别等),也都属于进一步的信息处理。

随着海洋资源调查技术的发展,我国目前已形成以卫星、船只、各种浮标、台站、水下探测器构成的全方位立体调查和观测体系,获取了海量的海洋科学数据。对于获取的各类海洋数据,必须按照数据类型,依据有关标准和步骤,进行系统化处理,形成各级标准数据产品,最终才可被数字海洋使用。

第三节　海洋资源调查的程序

海洋资源调查是一项技术性较强的工作,一般会委托专业的海洋技术机构进行,其工作大致可分为项目委托与合同签订、调查准备、海上作业、样品分析、资料处理与调查报告编写、调查成果鉴定与验收等几个阶段(图3-1)。

图3-1　海洋资源调查的一般程序

一、项目委托与合同签订阶段

项目委托一般以合同委托或下达任务的方式进行,委托书或任务书应由项目委托单位(一般为海洋行政主管部门,有时也可以是企、事业单位)提出。项目拟承担单位应为独立法人或经由独立法人授权的海洋技术机构,并具有相应的资质。对于承担向社会提供公开数据的单位,还应通过计量认证。委托单位和拟承担单位达成初步意向后,由项目意向承担单位按《中华人民共和国合同法》及其要求起草合同,并组织评审,在与项目委托单位达成共识的基础上,签订合同。合同签订后因客观原因确需修改的,应重新进行评审,经双方协商达到一致,并保留记录。

二、调查准备阶段

这一阶段的主要任务在于组织起专业的调查队伍,制定明确的调查工作计划,收集整理所需要的调查海区相关资料,准备调查仪器设备和用品等,具体工作如下:

(一)组织专业调查队伍

海洋资源调查是一项综合性特别强的工作,涉及海洋管理、海洋科学、航海技术、海洋工程、水文、气象、测绘等多门学科的知识。为保证调查质量,必须首先建立起一支具备相关各学科知识的人员组成的专业队伍,并在队伍组建后,结合具体海区调查任务,对其进行相关技术的培训和专业的协调,以确保调查工作的顺利进行。

1. 确定调查项目负责人

调查项目负责人需对调查项目负总责,全面负责项目的组织领导工作和资源配置,以确保调查项目按时、保质完成。一般来说,调查项目负责人应具有与调查项目相符的业绩和良好的组织领导能力;能够掌握调查项目重点学科的基本理论、专业知识,正确解释调查结果中出现的现象;熟悉国家相关法律、法规,具有较强的质量意识;具备高级专业技术职称。

2. 确定首席科学家(或调查技术负责人)

首席科学家主要负责对调查项目提供技术指导,保障调查数据、样品的完整性和测量的准确度,以确保调查任务的顺利完成。一般来说,首席科学家应取得合法资质机构颁发的且与调查项目相符的上岗资质证书,具备高级专业技术职称;应掌握调查航次重点学科的基础理论、专业知识与主要专业操作技能,能正确处理调查作业中出现的问题;熟悉国家相关法律、法规,具有较强的质量意识。

3. 组织调查队伍,明确岗位责任

调查队伍的学科构成、技术水平和人员数量应与调查项目相匹配,各调查人员应首先取得由合法资质机构颁发的与调查项目相符合的上岗资质证书,能胜任海上调查工作,各调查人员的具体工作和责任应在组建队伍之初就予以明确。

(二)收集、分析调查海域与调查任务有关的文献、资料

收集、整理、分析与调查海区相关的各种专业图件、数字、文字资料、工作底图等。

（三）进行技术设计，编写调查计划，报项目委托单位审批

在签订项目合同书或收到项目任务书后，项目承担单位要根据合同书或任务书的规定，编制项目的调查计划。一般来说，调查计划主要包括：① 任务描述及任务来源；② 技术设计（一般由首席科学家负责）；③ 分包计划；④ 人员组织；⑤ 时间安排；⑥ 条件保证；⑦ 质量计划；⑧ 安全措施；⑨ 经费预算。调查计划编制完成后，需报请委托单位审批，审批通过后方可实施。

（四）做好资源配置，申报航行计划，做好出海准备

海洋资源调查常用的计量器具主要包括海洋调查仪器设备、标准物质和化学试剂，调查仪器设备的运输、安装、布放、操作和维护，应严格按其说明书的规定进行；标准物质和化学试剂在出海前应由专门人员进行检查，确保其具有出厂检验合格证且在有效使用期内。

调查所需的实验室（固定的或移动的）、调查船、飞机、浮标和潜标、导航定位设备等在出海前应由专人进行检查，确保其能够满足项目调查的需求。此外，调查船、飞机的航线、飞行计划需经主管部门批准后，方可实施。

三、海上作业阶段

根据调查目的，开展各海洋要素的观测和样品采集等海上作业，并按质量计划进行质量控制。对于直接观测的要素，要记录清楚要素名称、调查海区、调查时间、测线和站位（观测点）层次及具体指标值；对于需马上分析测试的样品，应标注清楚，并立即送船上实验室进行分析测试；对于需进行室内测试和鉴定的样品，应按规定将样品妥善包装、存储和运输，并标注清楚，标注以有利于实验室对样品的检查确认为准。

四、样品分析阶段

对送来的样品按《海洋调查规范》中所规定的方法和技术要求，在规定的时间内完成对各样品的预处理、分析、测试和鉴定工作。对于已完成分析的样品，还应通过内控样、平行双样、盲样及实验室间互校等方式对鉴定结果进行质量检查，如发现误差超出规定范围，应重新分析、测试和鉴定。分析（测试、鉴定）结果应以规范的格式和内容表述，应由分析（测试、鉴定）者签名，经核验人核验、实验室负责人批准后及时发往送样单位。

五、资料处理与调查报告编写阶段

（一）资料处理

资料处理主要包括资料汇总、数据处理、建立文档和图件绘制等工作。

1. 资料汇总

资料汇总是将调查海上作业和样品分析过程中所形成的资料按船、航次进行汇总。

2. 数据处理

数据处理是对各测量要素的观测结果进行检验,发现并剔除坏值,修正系统误差,整理、计算出各测量要素观测结果、导出量及内插值,推导测量要素的分布函数。

3. 建立文档

根据调查获取的资料,按照《海洋调查规范》中所规定的格式建立数据文档。数据文档规定的位置上应附有关人员的签名。

4. 图件绘制

根据调查结果,绘制各海洋要素的时空分布变化图,如:海区浅层地层剖面地质解释图、空间重力异常平面剖面图、空间重力异常等值线图、海流的时间序列矢量图和垂直分布图、海洋生物群落结构要素分布图、调查海区海底地形图和海底地貌图等。所绘制的图片需经由相应水平的科技人员进行检查,由不低于编制者水平的其他科技人员进行复核,并对不恰当的地方进行必要的修改并签字。

5. 资料汇编

资料汇编是将数据文档、报表、图件、声像资料等进行汇编并形成压缩文档。压缩文档内所有的资料上的数字、线条、符号应准确、清楚、端正、规格统一、注记完整、颜色鲜明,在规定的地方有相关人员的签字。此外,汇编中还应附数据转换(或反演)、发现并剔除坏值、系统误差修正、对影响量的订正、导出量及内插值计算、测量要素分布函数推导及相关量比较等方法的说明,并附以对各要素的数据进行准确度及离散性检查的结果。

(二)调查报告编写

根据海上作业和样品分析的结果,撰写调查报告。其主要内容包括以下几部分。

1. 前言

前言包括任务及其来源、调查海区的位置及地理坐标、调查船(飞机)及调查时间、调查方法、任务执行概况、项目组成员及其分工、调查队成员及其分工、质量人员及其分工等。

2. 调查海区

重点介绍调查海区及周围地区的自然环境及以前对该海区的调查研究程度。

3. 海上调查工作状况

海上调查工作状况主要包括测网、测线及测点的布设,导航定位系统及准确度评价,仪器设备的性能和运转情况,调查方法和现场资料描述等内容。

4. 样品分析和资料整理

样品分析和资料整理主要包括原始资料和样品的周转与审核,样品分析、测试、鉴定方法及概况,调查资料整理、处理、计算和图件编绘方法及概况,以及调查要素的时空分布特征等内容。

5. 质量计划实施情况报告

重点分析资源配置的合理性、符合性和量值溯源的实现程度,说明调查数据处理中所采用的统计方法,说明调查单位及分包单位的质量控制措施实施情况与结论,论证参考资料的溯源性和合理性,对样品、原始资料、资源汇编的图集的质量进行评价,对调查结果的质量和应用价值进行评估,并分析调查质量目标的实现情况。

6. 资料分析与结论

阐明调查资料的时空分布特征、重要发现,并评价其海洋学意义及其与海洋管理、工程设计及开发利用间的关系。

对观测到的数据进行统计分析,并与历史资料、临近水域(站位)资料,相关学科等资料进行比较和综合分析,并在分析的基础上对调查海域的水文、气象、地质、化学、生物等环境特性进行评估,并做出客观、科学、公正的评估结论。

7. 存在的问题和建议

结合调查中所发现的问题和调查的目的,提出未来相关工作的改进建议。

六、调查成果鉴定与验收阶段

根据调查项目的合同书(委托书、协议书)、相关行业标准及调查技术的要求对调查报告、成果图件(或图集)、资料报表(或资料汇编)等调查成果进行鉴定。若鉴定通过,则应按规定填写并出具科技成果鉴定证书;若不通过,则需限期补充修改,并在修改后重新进行成果鉴定。

调查成果通过鉴定后,由项目委托单位组织对调查进行情况和调查成果进行验收,验收通过后,所有调查成果的正本移交给项目委托单位,副本由承担单位归档。

■ 本章小结 ■

海洋资源调查是通过遥感和测绘的手段对海洋资源信息进行采集、整理和储存的过程。它不仅为编制海洋功能区划服务,更为海洋资源管理提供决策依据。本章在介绍我国海洋资源调查进展的基础上,阐述了海洋水文观测、海洋气象观测、海水化学要素调查、海洋声光要素调查、海洋生物调查、海洋地质与地球物理调查、海洋生态调查、海底地形地貌调查和海洋工程地质调查等内容,并对海洋资源调查的方法和程序进行了介绍。

■ 关键术语 ■

海洋资源调查　内容　方法　程序　遥感

■ 复习思考题 ■

1. 简述海洋资源调查的概念。
2. 海洋资源调查的主要内容包括哪些方面?
3. 海洋资源调查的基本方法是什么? 遥感技术在海洋资源调查中有哪些优势?
4. 简述海洋资源调查的一般程序。

参考文献

［1］　侍茂崇,高郭平,鲍献文．海洋调查方法导论［M］.青岛:中国海洋大学出版社,2008.

［2］　杨鲲,等．海洋调查技术及应用［M］.武汉:武汉大学出版社,2009.

［3］　国家海洋局 908 专项办公室．海域使用现状调查技术规程［S］.北京:海洋出版社,2005.

［4］　国家质量监督检验检疫总局,国家标准化管理委员会．海洋调查规范［S］.北京:中国标准出版社,1991-2007.

［5］　石绥祥,雷波．中国数字海洋——理论与实践［M］.北京:海洋出版社,2011.

［6］　曹英志．海域资源配置方法研究［M］.北京:海洋出版社,2015.

第四章 海洋功能区划管理

第一节 海洋功能区划概述

一、海洋功能区划的内涵

区划即地区的划分,对照一定标准和内在属性,对不同性质的地理单元进行划分,一般来讲是指一定的地域空间,具有一定的面积、形状、范围或界限。功能区划是指根据区域使用功能和服务范围而划分的区域。海洋功能区是海洋功能区划的最小功能单位,根据海域及海岛的自然属性与社会属性划定的具有最佳功能的区域。

从海洋功能区划具有多种定义。《中华人民共和国海域使用管理法释义》解释海洋功能区划是根据海域(在海岸带区域有时还应包括必要的陆域)的地理区位、地理条件、自然资源与环境等自然属性,并适当兼顾海洋开发利用现状和区域经济、社会发展需要,而划定、划分的具有特定主导(或优势)功能,有利于海域资源与环境的合理开发利用,并能充分发挥海域最佳效能的工作。2002年编制的《全国海洋功能区划》定义海洋功能区划是根据海域区位、自然资源、环境条件和开发利用的要求,按照海洋功能标准,将海域划分为不同类型的功能区。国家标准《海洋功能区划技术导则》(GB/T 17108-2006)定义海洋功能区划是按照海洋功能区的标准,将海域及海岛划分为不同类型的海洋功能区,是为海洋开发、保护与管理提供科学依据的基础性工作。《省级海洋功能区划编制技术要求》认为海洋功能区划是根据海域区位、自然资源、环境条件和开发利用的要求,按照海洋基本功能区的标准,将海域划分为不同类型的海洋基本功能区,为海洋开发、保护与管理提供科学依据的基础性工作。

由此看来,海洋功能区划是指根据海域区位、自然资源和环境条件等自然属性,并适当兼顾海洋开发保护现状和区域经济、社会发展需要,按照国家有关海洋功能标准,将海域、海岛划分为不同类型的海洋功能区,用以主导和控制海域、海岛的使用方向,充分发挥海域最佳效能,促进海域资源与环境可持续发展,为国民经济和社会发展提供用海保障。

二、海洋功能区划的原则

（一）基本原则

海洋功能区划的原则就是实施海洋功能区划的法则或标准,根据《全国海洋功能区划（2011 年—2020 年）》,全国海洋功能区划的基本原则包括以下几方面。

1. 自然属性为基础

自然属性为基础就是根据海域的区位、自然资源和自然环境等自然属性,综合评价海域开发利用的适宜性和海洋资源环境承载能力,科学确定海域的基本功能。

2. 科学发展为导向

科学发展为导向就是根据经济社会发展的需要,统筹安排各行业用海,合理控制各类建设用海规模,保证生产、生活和生态用海,引导海洋产业优化布局,节约集约用海。

3. 保护渔业为重点

渔业可持续发展的前提是传统渔业水域不被挤占、侵占,保护渔业资源和生态环境是渔业生产的基础,渔民增收的保障,更是保证渔区稳定的基础。

4. 保护环境为前提

保护环境为前提就是切实加强海洋环境保护和生态建设,统筹考虑海洋环境保护与陆源污染防治,控制污染物排海,改善海洋生态环境,防范海洋环境突发事件,维护河口、海湾、海岛、滨海湿地等海洋生态系统安全。

5. 陆海统筹为准则

陆海统筹为准则就是根据陆地空间与海洋空间的关联性,以及海洋系统的特殊性,统筹协调陆地与海洋的开发利用和环境保护。严格保护海岸线,切实保障河口海域防洪安全。

6. 国家安全为关键

国家安全为关键就是保障国防安全和军事用海需要,保障海上交通安全和海底管线安全,加强领海基点及周边海域保护,维护我国海洋权益。

（二）具体原则

为适应海洋经济发展、提高海洋开发利用能力,《海洋功能区划编制技术导则》从功能区划技术角度出发,确定海洋功能区划的具体原则有以下几方面。

1. 自然属性与社会属性兼顾原则

海洋功能区划应根据海域和海岛的自然资源条件、环境状况、地理区位、开发利用现状,并考虑国家或地区经济与社会持续发展的需要,合理划定海洋功能区,使海域和海岛的开发利用从总体上获得最佳的社会效益、经济效益和生态环境效益。

2. 统筹安排与重点保障并重原则

海洋功能区划应统筹考虑海域开发利用与保护、当前利益与长远利益、局部利益与全局利益的关系,合理配置开发类、保护类和保留类的海洋功能区,应统筹安排各涉海行业用海,保障海上交通安全和国防安全,保证军事用海需要。

3. 促进经济发展与资源环境保护并重原则

海洋功能区划应有利于海洋经济的持续发展,妥善处理开发与保护的关系。应严格遵循自然规律,根据海洋资源再生能力和海洋环境的承载能力,科学设置海域和海岛的功能,保障海洋生态环境的健康,实现海域和海岛的可持续利用。

4. 协调与协商原则

海洋功能区划应在充分协商基础上,合理反映各部门和地区关于海洋开发与保护的主张,协调与其他涉海规划的关系,解决各涉海行业的用海矛盾,避免相邻海域的功能冲突。

5. 备择性原则

在具有多种功能的区域,当出现某些功能相互不能兼容时,应优先设置海域直接开发利用中资源和环境等条件备择性窄的项目,同时也应注意考虑海域依托性开发利用功能以及非海洋性配套开发利用功能。

6. 前瞻性原则

海洋功能区划应建立在客观展望未来科学技术与社会经济发展水平的基础上,充分体现对海洋开发保护的前瞻性意识,应为提高海洋开发利用的技术层次和综合效益留有余地。

三、海洋功能区划的目标

海洋功能区划作为海洋综合管理的一项重要制度,是海洋管理部门实现规划用海、集约用海、生态用海、科技用海、依法用海,合理配置海域资源,统筹协调行业用海,优化海洋开发空间布局,提高海域资源利用效率的科学依据,也是实现海洋可持续发展和海洋环境保护的新动能。通过科学编制和严格实施海洋功能区划,到2020年,我国海洋功能区划将实现以下主要目标。

(一)增强海域管理在宏观调控中的作用

海域管理的法律、经济、行政和技术等手段不断完善,海洋功能区划的整体控制作用明显增强,海域使用权市场机制逐步健全,海域的国家所有权和海域使用权人的合法权益得到有效保障。

(二)改善海洋生态环境,扩大海洋保护区面积

主要污染物排海总量得到初步控制,重点污染海域环境质量得到改善,局部海域海洋生态恶化趋势得到遏制,部分受损海洋生态系统得到初步修复。至2020年,海洋保护区总面积达到我国管辖海域面积的5%以上,近岸海域海洋保护区面积占到11%以上。

(三)维持渔业用海基本稳定,加强水生生物资源养护

渔民生产生活和现代化渔业发展用海需求得到有力保障,重要渔业水域、水生野生动

植物和水产种质资源保护区得到有效保护。至 2020 年,水域生态环境逐步得到修复,渔业资源衰退和濒危物种数目增加的趋势得到基本遏制,捕捞能力和捕捞产量与渔业资源可承受能力大体相适应,海水养殖用海的功能区面积不少于 260 万公顷。

(四)合理控制围填海规模

严格遵守围填海年度计划制度,遏制围填海增长过快的趋势。围填海面积符合国民经济宏观调控总体要求和海洋生态环境承载能力。

(五)保留海域后备空间资源

划定专门的保留区,并实施严格的阶段性开发限制,为未来发展预留一定数量的近岸海域。全国近岸海域保留区面积比例不低于 10%。严格控制占用海岸线的开发利用活动,至 2020 年,大陆自然岸线保有率不低于 35%。

(六)开展海域海岸带整治修复

重点对由于开发利用造成的自然景观受损严重、生态功能退化、防灾能力减弱,以及利用效率低下的海域海岸带进行整治修复。至 2020 年,完成整治和修复海岸线长度不少于 2000 千米。

四、海洋功能区划的地位

当前和今后一个时期,是我国全面建成小康社会的关键时期,也是建设海洋强国的重要阶段。海洋功能区划是我国海洋空间开发、控制和综合管理的整体性、基础性、约束性文件,具有统领作用。海洋功能区划作为海洋领域唯一法定的空间规划,与土地利用规划等共同构成了我国的国土空间规划体系。准确定位、综合平衡、合理确定不同海域功能分区,有利于实现海洋资源可持续利用,构建陆海协调、人海和谐的海洋功能区划。编制各级海洋功能区划,作为开展海域管理、海洋环境保护等海洋管理工作的重要依据,对于推动区域海洋经济发展具有重要的意义。海洋功能区划的主要作用有以下几方面。

(1)统领海洋开发与保护规划。海洋功能区划是海域使用规划、海岸保护与利用规划、海岛开发与保护规划、其他涉海规划的编制基础,发挥着相当于海洋空间总体规划的作用。

(2)从源头上保证科学管海、科学用海。通过编制和实施海洋功能区划,对海洋资源的开发利用进行宏观调控,实现海域的合理开发,形成合理的生产力布局,促进海洋产业结构的优化和经济增长方式的转变。

(3)保护海洋生态环境。通过实施海洋功能区划,达到保护海洋环境和维护海洋生态平衡的目的,实现对海域的可持续利用。

(4)强化海洋综合管理。通过编制和审批海洋功能区划,并将相关协调工作前置,统筹海陆发展,协调沿海各地区和各海洋产业之间在海洋开发利用中的多种关系,建立良好的海洋开发利用秩序。

（5）服务行政管理工作。通过实施海洋功能区划,为实施海域使用申请审批制度、有偿使用制度,落实围填海计划管理制度,以及开展海域海岸带整治等提供法定依据。

五、我国海洋功能区划的沿革

（一）海洋功能区划的产生

20世纪80年代末期,我国海洋资源开发利用活动出现了复杂化、多元化等情况。为此,我国海洋管理部门提出了海洋功能区划这一新的海洋管理制度。随后,在国家海洋局主导下,于1989~1993年、1998~2001年会同国务院有关部门和沿海省、自治区、直辖市政府先后开展了两次大规模的海洋功能区划工作,基本完成了全国海洋功能区划工作,并形成《中国海洋功能区划报告》《中国海洋功能区划登记表》和《中国海洋功能区划图集》及沿海11个省、市、自治区海洋功能区划报告、登记表和图件等成果。

（二）海洋功能区划的形成

我国海洋功能区划编制自1989年开始,经历了小比例尺（比例尺为1：20万~1：300万）和大比例尺（比例尺为1：50 000~1：5 000）两个阶段。

1989年,国家海洋局组织了全国11个沿海省、自治区和直辖市人民政府,部分高校和科研机构,在全国范围内全面启动了小比例尺区划工作。该区划坚持海域自然属性为主,兼顾社会属性的区划原则,把海域的区位条件、自然资源和自然环境因素等自然属性作为划定、划分的具有特定主导功能的条件,确定了五类三级体系。经过6年的时间,到1994年完成了区划工作,在全国划分了3 663个海洋功能区。

1995年,在推进已有区划成果应用的同时,国家海洋局协同有关省、市、自治区积极优化海洋功能区划工作,启动了胶州湾、大连湾等4个海域的大比例尺海洋功能区划试点,1998年全面开始了全国的大比例尺海洋功能区划工作。在小比例尺工作基础上,依据大比例尺区划4年试点经验,经过4年努力,于2002年基本结束。全国海洋功能区划划分海洋功能区5 356个。海洋功能区划的完成,标志着海域管理走向科学化、规范化的重要阶段。

（三）海洋功能区划的认同

1999年修订的《中华人民共和国海洋环境保护法》和2002年正式实施的《中华人民共和国海域使用管理法》又进一步确立了海洋功能区划的法律地位,使得海洋功能区划工作有法可依。2002年和2003年国务院相继批准《全国海洋功能区划》和《省级海洋功能区划审批办法》。2004年以后,国务院陆续批准多个沿海省（区）海洋功能区划,启动海洋经济发展试点。同时,沿海部分市县也已完成了第一轮海洋功能区划编制工作,并陆续启动了正常的修订、调整和完善工作。

为进一步规范海洋功能区划管理,2006年国家质检总局和国家标准委员会发布新修订《海洋功能区划技术导则》,对海洋功能区划编制和修改提出相应技术要求。2007年国家海洋局又出台《海洋功能区划管理规定》,对海洋功能区划管理过程中出现的问题,对海洋功能区划编制、审批、修改和实施等具体环节做出了明确规定。两部法规的出台,不仅提高了海洋功能区划的编制技术水平和可操作性,也加强海洋功能区划实施的权威性和严肃性,对规范海洋功能区划管理具有划时代的意义。

(四)海洋功能区划的发展

2009 年国家海洋局开始筹划海洋功能区划的修编工作,2010 年正式启动新一轮海洋功能区划编制工作。2012 年 3 月,《全国海洋功能区划(2011 年—2020 年)》获得国务院批复,确定了我国未来 10 年海洋空间开发、控制和综合管理的基调和目标。2012 年 10 月,国务院批复广西、山东、福建、浙江、江苏、辽宁、河北、天津 8 个省市的海洋功能区划(2011~2020 年)。至 2012 年 11 月,沿海省、自治区、直辖市海洋功区划全部获得国务院批准。2013 年,市县级海洋功能区划编制工作全面开展,并于 2015 年启动了海洋功能区划的中期评估与调整修改工作。

2015 年 8 月,国务院颁布《全国海洋主体功能区规划》,标志着国家主体功能区战略实现了陆域空间和海域空间的全覆盖,对于推动形成陆海统筹、高效协调、可持续发展的国家空间开发格局具有重要促进作用,对于实施海洋强国战略、提高海洋开发能力、转变海洋经济发展方式、保护海洋生态环境、维护国家海洋权益等具有重要战略意义。

第二节　海洋功能区划体系

一、层级体系

海洋功能区划分为全国、省级、市(地区)级和县(市)级四级编制和实施管理,考虑到市县级在区划形式和编制技术上具有相似性,通常也将市县级海洋功能区划合并为一级。此外,海洋功能区划实行国务院和省级人民政府两级审批。国家海洋局负责指导、协调和监督省级海洋功能区划的实施,省级海洋行政主管部门负责指导、协调和监督市、县级海洋功能区划的实施。

(一)全国海洋功能区划

全国海洋功能区划是国务院海洋行政主管部门会同国务院有关部门和沿海省、自治区、直辖市人民政府开展,以我国管辖的内水、领海、海岛、大陆架、专属经济区为划分对象,以地理区域(包括必要的依托陆域)为划分单元的海域功能区划,全国海洋功能区划属于宏观型区划(图 4-1)。核心内容是科学划定一级类海洋功能区和重点的二级类海洋功能区,明确海洋功能区的开发保护重点和管理要求,合理确定全国重点海域及主要功能区,制定实施海洋功能区划的主要措施。

(二)省级海洋功能区划

省级海洋功能区划是省级人民政府海洋行政主管部门会同本级人民政府有关部门、依据全国海洋功能区划开展的,以本级人民政府所管辖海域及海岛为划分对象,以地理区

全国海洋功能区划分区示意图

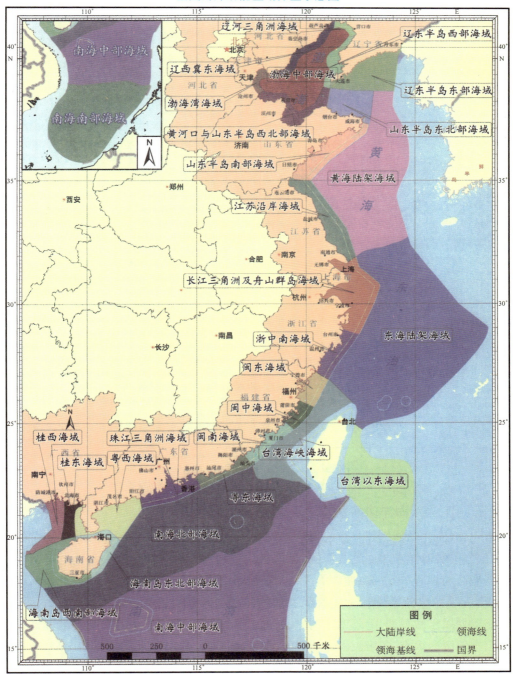

图 4-1 全国海洋功能区划图

域和海洋功能区划为划分单元的海域功能区划。省级海洋功能区划也属于宏观型区划。主要任务是根据全国海洋功能区划的要求,科学划定本地区一级类和二级类海洋功能区,明确海洋功能区的空间布局、开发保护重点和管理措施,对毗邻海域进行分区并确定其主要功能,根据本省特点制定实施区划的具体措施。图4-2 为浙江海洋功能区划。

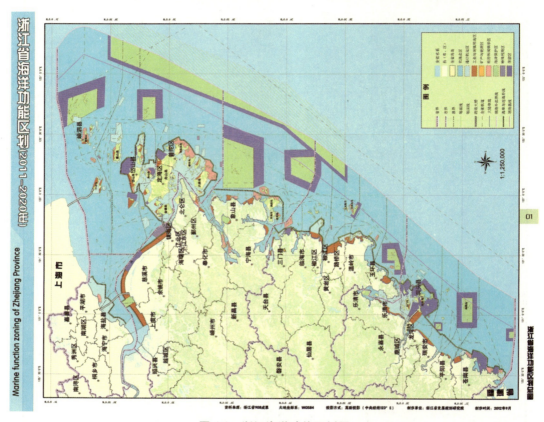

图 4-2　浙江海洋功能区划图

（三）市、县级海洋功区划

　　市、县级海洋功能区划是市、县级人民政府海洋行政主管部门会同本级人民政府有关部门,依据上级海洋功能区划开展的,以本级人民政府所管辖海域及海岛为划分对象,以海洋功能区为划分单元的海洋功能区划。设区市海洋功能区划的重点是市辖区毗邻海域和县(市、区)海域分界线附近的海域,县级海洋功能区划的重点是毗邻海域。市、县级海洋功能区划属于微观型、管理型区划。该级区划的主要任务是根据省级海洋功能区划,科学划定本地区一级类、二级类海洋功能区,并可根据社会经济发展的实际情况划分更详细类别海洋功能区。明确近期内各功能区开发保护的重点和发展时序,明确各海洋功能区的环境保护要求和措施,提出区划的实施步骤、措施和政策建议。图4-3 为舟山市海洋功能区划。

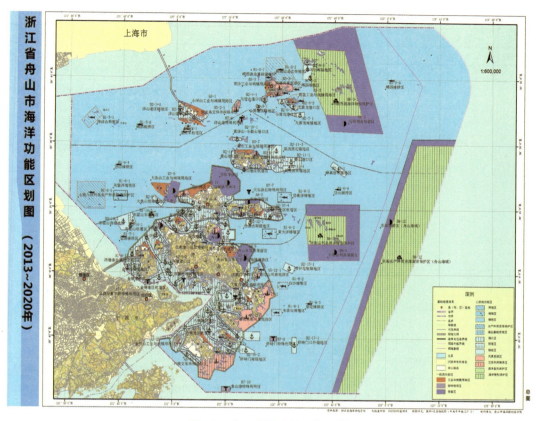

图 4-3　舟山市海洋功能区划图

二、分类体系

伴随着我国海洋功区划工作的不断发展,人们的海洋意识得到了进一步提升,海洋功能区划的理论和方法已日益成熟。与此同时,作为海洋功能区划基础依据的海洋自然条件、经济条件、社会条件、生态环境和海洋管理需求都在发生着显著变化,海洋功能区划的体系框架在进一步修改完善之中。海洋功能区划进行每一轮修改编制时,海洋功能区划分类体系也随之进行相应调整,但总体上已逐步趋于稳定。

（一）海洋基本功能区类型

我国现行的海洋功能区划,即《全国海洋功能区划（2011 年—2020 年）》中,将海洋功能概念定位为海洋基本功能,按照科学分类原理,结合海洋开发保护活动的现实特征,对《海洋功能区划技术导则》规定的海洋功能区划分类体系进行了优化调整,将海洋基本功能区一级类型由原来的十大类,调整为八大类,下设 22 个二级类,具体见表 4-1。

表 4-1 《全国海洋功能区划(2011—2020)》分类体系

一级类		二级类		
代码	名称	代码	名称	定义
1	农渔业区	1.1	农业围垦区	指供围垦后用于农、林、牧业生产的海域
		1.2	渔业基础设施区	指可供渔船停靠、进行装卸作业和避风的区域以及用来繁殖重要苗种的场所
		1.3	养殖区	指供研制或培育海洋经济动物和植物的海域
		1.4	增殖区	指需经过繁殖保护措施来增加和补充生物群体数量的海域
		1.5	捕捞区	指在海洋游泳生物(鱼类和大型无脊椎动物)产卵区、索饵场、越冬场及其洄游通道(即过路渔场)使用国家规定的渔具或人工垂钓的方法获取海产经济动物的海域
		1.6	水产种质资源保护区	指用来保护具有重要经济价值和遗传育种价值以及重要科研价值的渔业品种以及其产卵场、越冬场、索饵场和洄游路线等栖息繁衍生境的海域
2	港口航运区	2.1	港口区	指可供船舶停靠、进行装卸作业和避风的海域
		2.2	航道区	指供船只航行使用的海域
		2.3	锚地区	指供船舶候潮、待泊、联检、避风使用或者进行水上装卸作业的海域
3	工业与城镇用海区	3.1	工业用海区	指供临海企业和工业园区使用的海域
		3.2	城镇用海区	指供沿海市政设施、滨海新城和海上机场等使用的海域
4	矿产与能源区	4.1	油气区	指正在开发的油气田和已探明的油气田及含油气构造的海域
		4.2	固体矿产区	指供固体矿产勘探和开采作业的海域
		4.3	盐田区	指已开发的盐田区和具有建设盐田条件的海域
		4.4	可再生能源区	指可供开发利用的潮汐能、潮流能、波浪能、温差能等可再生能源的海域
5	旅游休闲娱乐区	5.1	风景旅游区	指具有一定质和量的自然景观和人文景观的海域
		5.2	文体休闲娱乐区	指可供度假、运动及娱乐价值的海域
6	海洋保护区	6.1	海洋自然保护区	指为保护珍稀、濒危海洋生物物种、经济生物物种及其栖息地以及有重大科学、文化、景观和生态服务价值的海洋自然景观、自然生态系统和历史遗迹需要划定的海域
		6.2	海洋特别保护区	指具有特殊地理条件、生态系统、生物与非生物资源及海洋开发利用特殊需要的海域
7	特殊利用区	7.1	军事区	指供军事用途排他使用的海域
		7.2	其他特殊利用区	用于海底管线铺设、路桥建设、污水达标排放、倾倒等特殊用途排他使用的海域
8	保留区	8.1	限制开发的海域	

(二)海洋基本功能区类型定义

1. 农渔业区

农渔业区是指适于拓展农业发展空间和开发海洋生物资源,可供农业围垦、渔港和育苗场等渔业基础设施建设、海水增养殖和捕捞生产，以及重要渔业品种养护的海域，包括农业围垦、渔业基础设施区、养殖区、增殖区、捕捞区和水产种质资源保护区。

2. 港口航运区

港口航运区是指适于开发利用港口航运资源，可供港口、航道和锚地建设的海域，包括港口区、航道区和锚地区。

3. 工业与城镇用海区

工业与城镇用海区是指适于发展临海工业与滨海城镇的海域，包括工业用海区和城镇用海区。

4. 矿产与能源区

矿产与能源区是指适于开发利用矿产资源与海上能源，可供油气和固体矿产等勘探、开采作业，以及盐田和可再生能源等开发利用的海域，包括油气区、固体矿产区、盐田区和可再生能源区。

5. 旅游休闲娱乐区

旅游休闲娱乐区是指适于开发利用滨海和海上旅游资源，可供旅游景区开发和海上文体娱乐活动场所建设的海域。包括风景旅游区和文体休闲娱乐区。

6. 海洋保护区

海洋保护区是指专供海洋资源、环境和生态保护的海域，包括海洋自然保护区、海洋特别保护区。

7. 特殊利用区

特殊利用区是指供其他特殊用途排他使用的海域。包括用于海底管线铺设、路桥建设、污水达标排放、倾倒等的特殊利用区。

8. 保留区

保留区是指为保留海域后备空间资源，专门划定的在区划期限内限制开发的海域。保留区主要包括由于经济社会因素暂时尚未开发利用或不宜明确基本功能的海域，限于科技手段等因素目前难以利用或不能利用的海域，以及从长远发展角度应当予以保留的海域。

（三）海洋基本功能区布局

1. 农渔业区

农业围垦区主要分布在江苏、上海、浙江及福建沿海。渔业基础设施区主要为国家中心渔港、一级渔港和远洋渔业基地。养殖区和增殖区主要分布在黄海北部、长山群岛周边、辽东湾北部、冀东、黄河口至莱州湾、烟（台）威（海）近海、海州湾、江苏辐射沙洲、舟山群岛、闽浙沿海、粤东、粤西、北部湾、海南岛周边等海域；捕捞区主要有渤海、舟山、石岛、吕泗、闽东、闽外、闽中、闽南—台湾浅滩、珠江口、北部湾及东沙、西沙、中沙、南沙等渔场；水产种质资源保护区主要分布在双台子河口、莱州湾、黄河口、海州湾、乐清湾、官井洋、海陵湾、北部湾、东海陆架区、西沙附近等海域。

2. 港口航运区

港口区主要包括大连港、营口港、秦皇岛港、唐山港、天津港、烟台港、青岛港、日照港、连云港、南通港、上海港、宁波—舟山港、温州港、福州港、厦门港、汕头港、深圳港、广州港、珠海港、湛江港、海口港、北部湾港等；重要航运水道主要有渤海海峡（包括老铁山水道、长山水道等)、成山头附近海域、长江口、舟山群岛海域、台湾海峡、珠江口、琼州海峡等;锚地区主要分布在重点港口和重要航运水道周边海域。

3. 工业与城镇用海区

工业与城镇用海区主要分布在沿海大、中城市和重要港口毗邻海域。

4. 矿产与能源区

油气区主要分布在渤海湾盆地(海上)、北黄海盆地、南黄海盆地、东海盆地、台西盆地、台西南盆地、珠江口盆地、琼东南盆地、莺歌海盆地、北部湾盆地、南海南部沉积盆地等油气资源富集的海域;盐田区主要为辽东湾、长芦、莱州湾、淮北等盐业产区;可再生能源区主要包括浙江、福建和广东等近海重点潮汐能区,福建、广东、海南和山东沿海的波浪能区,浙江舟山群岛(龟山水道)、辽宁大三山岛、福建嵛山岛和海坛岛海域的潮流能区,西沙群岛附近海域的温差能区,以及海岸和近海风能分布区。

5. 旅游休闲娱乐区

旅游休闲娱乐区主要为沿海国家级风景名胜区、国家级旅游度假区、国家"AAAAA"级旅游景区、国家级地质公园、国家级森林公园等的毗邻海域及其他旅游资源丰富的海域。

6. 海洋保护区

海洋保护区主要分布在鸭绿江口、辽东半岛西部、双台子河口、渤海湾、黄河口、山东半岛东部、苏北、长江口、杭州湾、舟山群岛、浙闽沿岸、珠江口、雷州半岛、北部湾、海南岛周边等邻近海域。

三、成果体系

海洋功能区划成果一般包括区划文本、登记表、图件(海洋功能区划图、基础地理信息图和海域使用现状图)、编制说明、研究报告及相应的成果数据库。省级和市县级海洋功能区划完成后会形成上述全套成果。而全国海洋功能区划因为不划定具体的海洋基本功能区,其成果中没有登记表和区划成果数据库,区划图件也仅是反应重点海域分布以及其中主要功能的示意图。

海洋功能区划成果文件应当以纸质和电子文件两种介质形式提交,并按要求进行备案和存档。各省(区、市)利用海域使用动态监视监测系统中的省级海洋功能区划数据库和管理模块,管理省级海洋功能区划成果,以保证成果数据的全面性、可靠性、权威性。

(一)区划文本

海洋功能区划文本主要内容是阐明海域资源环境和社会经济条件,海域的开发利用现状,海洋开发与保护中存在的问题,面临的形势,本轮海洋功能区划的原则和目标,管理海域内的功能定位,海洋基本功能区划分,海洋基本功能区分类管理要求以及海洋功能区划实施措施等。海洋功能区划文本不罗列针对每一个海洋基本功能区的管理要求。

(二)登记表

海洋功能区划登记表是区划文本的配套材料,它是审批中了解功能单元具体情况的不可缺少的材料,与区划文本具有同等效力。登记表主要以表格形式,对海洋功能区划文本中确定的海洋基本功能区进行逐一登记,明确海洋功能区代码、名称、功能类型、所在位置与行政隶属、边界问题、面积和占用岸线长度、功能区管理要求等。省级海域功能区划登记表分海岸基本功能区登记表和近海基本功能区登记表，并附对应的基本功能区索引表。

海岸基本功能区登记表：各地根据海岸地理位置，以大陆岸线的西端或北端为起点，顺着大陆岸线走向对海岸基本功能区进行逐一登记，如表4-2。

表4-2　海岸基本功能区登记表

序号	代码	功能区名称	地区	地理范围	功能区类型	面积（公顷）岸段长度（米）	管理要求	
							海域使用管理	海洋环境保护

近海基本功能区登记表：各地根据海域地理位置，按照自西向东或自北向南的总体趋势和自岸向海的细部顺序，对近海基本功能区进行逐一登记，如表4-3。

表4-3　近海基本功能区登记表

序号	代码	功能区名称	地区	地理范围	功能区类型	面积（公顷）岸段长度（米）	管理要求	
							海域使用管理	海洋环境保护

海岸（近海）基本功能区索引表：按照海洋基本功能类型和海洋基本功能区代码的顺序，制作基本功能区索引表，建立功能区类型、代码、功能区名称、所在地区和登记表中功能区序号之间的对应关系。海岸基本功能区登记表和近海基本功能区登记表应分别建立基本功能区索引表，如表4-4。

表4-4　海岸（近海）基本功能区索引表

功能区类型	代码	功能区名称	地区	登记表中序号

（三）图件

海洋功能区划图件是区划文本的配套材料,功能区划图是区划要素直观科学表述,是报件的基本组成材料。区划图件以专题图的形式,对海洋功能区划文本中确定的海洋基本功能区划进行逐一图示。它包括分幅的海洋功能区划图和接幅图。接幅图反映海洋功能区划图的分幅情况;分幅的海洋功能区划图反映一级类型的海岸基本功能区和近海基本功能区的分布情况。

（四）编制说明

海洋功能区划编制说明是海洋功能区划工作和成果的解释性材料,也是报批材料的辅助说明。它主要内容是说明上一轮海洋功能区划实施情况,本轮海洋功能区划编制的主要任务和指导思想,着重说明区划的工作思路和特点,本轮海洋功能区划的主要内容、编制过程及各部门、地方政府的协调情况,与上级海洋功能区划及其他相关规划的衔接情况,各级人民政府非区划的审核情况,其他需要说明的重要问题。编制说明中应附各级人民政府审查意见文件。

（五）区划报告

海洋功能区划报告是区划成果的重要组成部分,是报请审批海洋功能区划的主体材料。其内容主要是区划海域自然资源、经济与社会发展概况;功能区划的原则、方法、依据和功能区的指标体系;划分功能区的指标体系,主导功能与功能顺序如何确定;海洋功能区划的实施和管理等。海洋功能区划报告一般要求参照区划文本编写大纲进行编制,确保区划文本中每一条款的编制内容在区划报告中均能有据可查。

（六）研究材料

海洋功能区划研究材料作为报批材料的辅助说明,主要是指海洋功能区划过程中针对有关问题开展专题研究所形成的报告。有关专题研究结论会被海洋功能区划报告引用,并为海洋功能区划方案研究和决策提供参考依据。

（七）信息系统

信息系统基于地理信息系统技术的开发平台,对利用开发海域使用动态监视监测,通过建立海洋功能区划数据库,储备基础地理信息和海洋功能区划信息,集中管理区划成果,形成一整套具备数据管理、数据更新、信息查询、统计分析和功能区划图件打印、输出功能的综合性信息服务系统。

第三节　海洋功能区划编制

一、编制依据

《中华人民共和国海域使用管理法》第十条规定:"国务院海洋行政主管部门会同国务院有关部门和沿海省、自治区、直辖市人民政府,编制全国海洋功能区划;沿海县级以上地方人民政府海洋行政主管部门会同本级人民政府有关部门,依据上一级海洋功能区划,编制地方海洋功能区划"。

《中华人民共和国海洋环境保护法》第六条规定："国家海洋行政主管部门会同国务院有关部门和沿海省、自治区、直辖市人民政府拟定全国海洋功能区划,报国务院批准。沿海地方各级人民政府应当根据全国和地方海洋功能区划,科学合理地使用海域。"

海洋功能区划作为《中华人民共和国海域使用管理法》和《中华人民共和国海洋环境保护法》规定的一项基本制度,具有法律效力,是海域使用管理的基础依据。国务院在关于《全国海洋功能区划(2011—2020年)》(以下简称《区划》)批复中要求:《区划》由国家海洋局会同有关部门和沿海各省、自治区、直辖市人民政府组织实施;沿海各省、自治区、直辖市人民政府要将《区划》实施工作列入重要议事日程,并依据《区划》尽快完成地方各级海洋功能区划的编制工作,明确各类海洋功能区的具体范围和管理要求,严格逐级审批;海洋局会同有关部门要认真落实《区划》实施的各项保障措施,对《区划》执行情况进行跟踪评估和监督检查。各级财政部门要积极支持海洋功能区划工作,中央和地方海域使用金收入要支持海域海岸带开展综合整治修复。

此外,为了贯彻实施《中华人民共和国海域使用管理法》《中华人民共和国海洋环境保护法》,国家海洋局还制定了《海洋功能区划管理规定》,用于规范海洋功能区划的编制、审批、修改和实施工作。

二、编制程序

(一)准备工作

海洋行政主管部门选择技术单位,组织前期研究,并提出进行编制工作的申请。组织编制省级海洋功能区划的,省级海洋行政主管部门应当向国家海洋局提出申请;组织编制市、县级海洋功能区划的,市、县级海洋行政主管部门应当向省级海洋行政主管部门提出申请。

经过法定程序提出申请和同意后启动组织编制准备工作。县级以上地方各级人民政府组织成立由政府领导牵头、各部门领导参加的编制工作领导小组,海洋行政主管部门具体负责海洋功能区划编制工作组织协调,领导成立行业专家参加的技术指导组,指导技术单位编制工作方案、技术方案和功能区划各项成果。

(二)成果编制

工作方案、技术方案经技术指导组、领导小组审定后,报同级政府批准实施。在全面收集自然环境、自然资源、开发状况、开发能力、社会经济以及与此有关的规划和区划资料的基础上,对收集到的各种资料进行汇总、分类和综合分析,并按照《海洋功能区划指导技术导则》、国家海洋局关于海洋功能区划编制的技术要求等国家标准、规范和工作方案、技术方案的要求,结合当地实际情况,编制海洋功能区划成果征求意见稿。在海洋功能区划编制过程中,对于涉及港口航运、渔业资源利用、矿产资源开发、滨海旅游开发、海水资源利用、围填海建设、海洋污染控制、海洋生态环境保护、海洋灾害防治等重大专题,应当在海洋功能区划编制工作领导小组的组织下,由相关领域的专家进行研究。

海洋功能区划文本、登记表、图件等成果需征求政府有关部门、上一级海洋行政主管部门、下一级地方政府、军事机关等单位的意见。需采取公示、征询等方式,充分听取用海单位和社会公众的意见,对有关意见采纳结果应当公示。在充分吸取有关意见后,形成海洋功能区划成果评审稿。

（三）评审阶段

海洋功能区划评审工作由负责编制区划的海洋行政主管部门主持。国家和省级海洋功能区划评审专家应从国家海洋功能区划专家委员会委员中选择；市、县级海洋功能区划评审专家应从省级海洋功能区划专家委员会委员中选择。根据评审意见修改完善后，形成海洋功能区划成果送审稿，并按有关规定程序报批。

三、编制流程

（一）资料收集与补充调查

海洋功能区划资料收集应全面收集启动区域化编制工作时最近五年相关的规划和区划资料；应开展必要的补充调查，对缺乏的或时效性不能满足要求的资料进行补充和更新，保证基础资料全面、翔实。在收集和调查获得资料基础上，参照《海洋功能区划技术导则》、国家海洋局关于海洋功能区划编制的相关技术要求编制基础地理、自然环境、自然资源、海域使用现状、涉海区划规划等基础图件。

海洋功能区划应收集资料主要包括自然环境资料、资源及开发利用资料、自然灾害和防护资料、其他自然环境资料以及社会经济资料。各类应收集资料和调查的具体内容如下：

1. 自然环境资料

应收集（或调查）的自然环境资料包括下述内容：

（1）地质地貌：地形、地貌、底质、工程地质和水文地质等；

（2）气候和陆地水文：气温、风、湿度、日照、降水、蒸发量等气候要素、地下水及主要河流径流等水文要素；

（3）海洋水文：水温、盐度、潮汐、潮流、波浪、海流等；

（4）海水化学：pH 及溶解氧、CODMn、活性磷酸盐、无机氮（硝酸盐、亚硝酸盐和氨氮等）、油类和重金属含量等；

（5）海洋生物：海洋微生物、浮游生物、底栖生物、潮间带生物和游泳生物等；

（6）海域环境质量：主要污染源、污染物入海途径、污水和污染物入海量、主要污染物在海洋中的含量和分布、区域环境质量等；

（7）自然灾害：地震、热带气旋、风暴潮、风暴海浪、海冰、寒潮、霜冻、冰雹、海雾、赤潮、海水倒灌、海岸侵蚀、滑塌等。

2. 资源和开发利用资料

应收集（或调查）的自然环境资料包括下述内容：

（1）港口、航道和锚地：范围、面积、水深、水文、底质条件、避风条件、水下障碍、冲淤状况；泊位、占用岸线长度、堆场面积、陆海交通、吞吐能力、营运状况、限制因素、港口发展史、拟建和扩建计划及相关资料等；

（2）旅游：范围、面积、自然景观和人文景观（包括质和量）、体育运动和娱乐价值、旅游设施、知名度、旅游区等级、基础设施、客源、容纳人数、土特产、接待人数、产值和外汇收入；

（3）农、牧业：范围、面积、土壤类型、肥力、种植类别、牧畜种类、载畜量、农牧产量和产值及有关资料；

（4）林木和植被：范围、面积、现状和破坏情况、土壤条件、水土流失状况、气候条件、淡水供给、种类分布、林木蓄积量、林业产量和产值、繁衍、保护措施及效果等；

（5）滨海工业和城镇建设：范围、面积、人口、产业结构、产值、基础设施情况等；

（6）油气资源及开发：地理位置、范围、面积、资源量、油气构造、地层和岩性、水深、埋深、油气层厚度、原油性质、生产量、产值、开采年限、后方基地情况等；

（6）固体矿产及开发：地理位置、范围、面积、品位、矿层厚度、储量、地层和岩性、水深、埋深、生产量、产值、开采年限、开发限制条件、后方基地情况等；

（7）海水养殖：位置、范围、面积、水文、水质、底质、气候和环境条件、养殖品种和方式、饵料情况、产量和产值等；

（8）海洋捕捞：初级生产力、生物种类和生物量、资源种类和资源量、资源分布和渔场、鱼汛、产量和产值等；

（9）增养殖：位置、范围、面积、资源类型和资源量、资源演化趋势、资源破坏情况、增殖保护措施和效果等；

（10）禁渔：位置、范围、面积、禁渔期限、禁渔效果等；

（11）盐业：滩面坡度、底质类型和质量情况、降水量、蒸发量、海水盐度、日照、风况；盐田位置、范围和面积；产量、产值、成盐等级等；

（12）地下卤水资源和开发：地理位置、范围、面积、储量、卤水浓度、埋藏深度、产量、产值、开采限制条件等；

（13）风能资源和开发：地理位置、范围、面积、能源蕴藏量、能量、能源利用率、效益、开发限制条件等；

（14）海洋能源和开发：地理位置、范围、面积、海洋能的分布和储量、开发利用条件、开发利用现状等；

（15）地下水资源和现状：地理位置、范围、面积、储量、水质情况、开采现状、地下水位下降情况、地面沉降、海水倒灌情况、禁采或限采层位和限采量及效果等。

3. 自然灾害和防护资料

应收集（或调查）的自然环境资料包括下述内容：

（1）防护林带：位置、长度、宽度、树种、成林情况、砍伐和恢复措施等；

（2）海岸侵蚀：侵蚀海岸位置和长度、向陆域推进速度和距离、滩面侵蚀强度、侵蚀原因、受侵蚀地区经济状况、防护措施和防护效果等；

（3）风暴潮：沿海的工矿企业、农业、乡村、城镇情况、受侵袭的海岸长度和纵深、灾害频度、对策及措施等；

（4）泄洪：位置、宽度和面积、洪峰量级、泄洪能力、泄洪利用率、兼用情况和维护措施等。

4. 其他自然环境资源

应收集（或调查）的自然环境资料包括下述内容：

（1）自然保护区：位置、范围、面积、核心区和缓冲区、生态类型和要素、保护对象和目标、环境状况、周围工农业和居民状况、保护区等级、建设情况、管理措施和管理情况、建设史和保护价值等；

（2）海洋特别保护区：位置、范围、面积、生态类型和要素、保护对象和目标、环境状况、周围工农业和居民状况、保护区等级、建设情况、开发情况、管理措施和管理情况、建设史和保护价值等；

（3）排污区：位置、范围、面积、水质、底质现状、生物情况，污染物来源、种类、分布以及排海方式，海域水动力状况；

（4）倾倒区：位置、范围、面积、环境状况、倾倒物种类和数量、对资源开发利用的影响程度；

（5）保留区：位置、范围、面积、预留或保留的理由和目的、争议的焦点问题和论据、未来开发方向、保留措施和今后开发利用的设想等。

5. 社会经济资料

应收集（或调查）的自然环境资料包括下述内容：

（1）依托陆域（限于海洋功能区划的陆域）的区位条件；

（2）依托陆域（限于海洋功能区划的陆域）的基础设施；

（3）依托陆域（限于海洋功能区划的陆域）的国民生产总值和增加值；

（4）依托陆域（限于海洋功能区划的陆域）的海洋直接产业和产值；

（5）依托陆域（限于海洋功能区划的陆域）的海洋产业配套的产业的产值；

（6）各海洋直接产业的产量、产值和增加值；

（7）有关规划、区划、图件等。

（二）专题分析与评价

1. 上一轮海洋功能区划实施评价

（1）概括上一轮海洋功能区划编制与实施的基本情况，包括重点海域的划分、功能区类型及数量、各类功能区占用海域面积和岸线情况等。

（2）从海域管理和海洋环境保护等方面，分析上一轮海洋功能区划总体实施成效。

（3）从海域资源、环境等自然因素，以及产业、经济、规划和需求等社会因素等方面，总结上一轮海洋功能区划实施以来区域基础条件的变化情况，分析海洋功能区划的适应性。

（4）总结归纳上一轮海洋功能区划实施中存在的主要问题。

（5）分析提出本次区划编制需要解决的重点问题。

2. 海域自然条件评价

（1）参考《海洋功能区划技术导则》（GB/T 17108—2006）中的技术要求，分析评价海域自然资源、环境和生态等自然条件，给出能反映各类要素分布范围、主要特征或水平等的评价成果。

（2）根据海域自然系统和形态单元的分布特征，并结合开发利用现状和规划用海等情况，初步划分海岸和近海海域单元。其中海岸区域的海域单元向海应有一定宽度，应达到能使海岸资源价值得到有效和有序利用的空间要求。

（3）对海域单元内自然要素及其动态变化等的水平进行定性或定量评价，并说明评价依据。

（4）在（3）的基础上，筛选出具有重大科学、文化、景观和生态服务价值的海洋自然客体、自然生态系统和历史遗迹的分布区，以及珍稀、濒危海洋生物物种和经济生物物种的栖息地等；采用逻辑判别和指标加权等方法，评价港口、渔业、矿产、可再生能源、旅游等每一种资源条件在各个海域单元的优劣程度,划分出"优良"、"一般"、"较差"3 个层次,并说明主要资源条件。

(5)在(3)、(4)基础上,总结各海域单元的生态特征、保护价值、主要保护对象及相应的保护要求。

3. 海域开发利用现状评价

(1)系统整理海域开发利用现状基础资料,摸清各类型用海的分布位置、范围、主要设施、用海方式及对海洋资源和环境的主要影响,并形成具有确切坐标信息的海域使用现状图和海域使用现状清单。

(2)分析各类型用海的分布资料,概括本地区主要的用海类型与利用方式、岸线和近岸海域的利用率等;归纳本地区海域开发利用的总体密集区及各类型用海的聚集区,总结海域开发利用的空间布局特征。

(3)分析海域开发利用对海洋资源、环境及周边海洋功能的影响,整理出具有较大负面影响的用海清单及其对应的海域范围。

(4)对照海域开发利用现状与海洋资源"优良"单元,分析两者之间的对应关系,整理出开发利用现状与海洋资源"优良"单元出入较大的用海清单及其对应的海域范围。

4. 用海需求专题分析

(1)系统整理本地区国民经济与社会发展中长期规划、区域发展规划、行业和产业发展规划,以及土地利用规划、城市规划等相关规划资料,将各类规划的用海要求进行叠置分析,在此基础上梳理各个海域单元的规划用海要求,并分析各个海域单元中规划用海的重要性、规划用海要求之间的协调性、规划用海要求与资源条件的符合性。

(2)系统梳理已批准、待批和意向性海域开发利用项目的立项层次与规模,分析其与产业政策和相关规划的符合性、预期效益和项目建设意义等。

(3)在(1)、(2)的基础上,结合沿海地区宏观社会经济背景、资源环境适宜性和海域开发利用现状,确定用海需求的优先保证次序,划分出"重点保证"、"优先安排"和"一般考虑"3 个保证次序。

(4)在上述基础上,总结出临海工业园区和城镇建设区以及港口、船舶、可再生能源、火电、核电、钢铁等临海产业的重点用海需求清单,并说明需求的来源、重要性确定依据、规划用海范围和主要用途以及主要的自然条件保障要求等。

5. 环境保护专题分析

(1)调查分析本地区海洋自然保护区和海洋特别保护区的种类、分布和面积等现状以及上一轮海洋功能区划实施以来保护区用海的调整变化情况。

(2)根据海域自然条件评价和海域开发利用现状评价专题成果,分析本地区生物物种、海洋自然客体、自然生态系统和历史遗迹等的保护价值;在现有保护区用海基础上,分析保护区后备资源。

(3)考虑我国生态安全因素,根据本地区保护区用海现状和后备资源条件,研究确定本地区 2020 年保护区用海保有量总目标。

(4)从维护和改善生态系统健康,促进区域资源、环境和社会经济协调发展的角度,研究保护区用海的保障措施等。

6. 渔业用海专题分析

（1）调查分析本地区潮间带及浅海养殖用海的种类、分布和面积等现状以及上一轮海洋功能区划实施以来养殖用海的调整变化情况；调查分析本地区捕捞区的现状和变化情况。

（2）根据前述专题研究成果，结合养殖生产技术条件，分析本地区养殖用海拓展潜力，统计养殖用海后备资源。

（3）考虑我国海洋食物消费构成变化和海洋食物基本需求等因素，根据本地区渔业用海现状、养殖区后备资源条件和调整需求等，研究确定本地区2020年渔业用海（重点是养殖用海）的保有量总目标。

（4）从解决渔民基本生存，维持海洋渔业的可持续发展，改善海洋生态环境等角度，研究渔业用海的保障措施等。

7. 围填海专题分析

（1）调查分析本地区围填海类型、分布和面积等现状以及上一轮海洋功能区划实施以来原有围海造地功能区的开发利用情况，总结围填海的总体布局、规模、年度进展和利用方向，分析各地围填海平面布置方式的特点。

（2）根据前述专题研究成果，研究分析本地区围填海后备空间资源和优选区域，并研究选划适宜、适度和禁止围填的岸段和海域。

（3）考虑社会经济发展趋势，结合用海需求专题分析研究成果，分析预测本地区围填海需求，提出本地区2020年围填海总量控制目标。

（4）总结本地区围填海布局、规模、方式以及开发利用效率等方面存在的问题，提出围填海管理对策措施。

（三）海洋功能区划方法

海洋基本功能区划分方法有多种，但要根据海洋功能区划原则以及确定的海洋开发与保护战略布局，综合考虑海域单元的自然适应性、开发利用现状、经济发展需要、环境保护要求等因素，按照一定程序评估确定海域基本功能。

1. 指标法

海洋功能区的划定主要采用指标法。就是根据海洋功能区分类体系和指标体系，综合考虑海洋不同区域的自然属性、社会属性和环境保护要求，划出各类具体的海洋功能区。

2. 叠加法

叠加法就是应将所收集到的各类资料汇编成图件，并与已收集到的各种图件进行叠加（所有图件应缩放成相同的比例尺），依据功能区划的原则进行分析比较，保留合理的功能，舍去不合理的功能，比较、确定主导功能。

3. 综合分析法

按照区划原则，综合考虑海域自然属性、社会属性和环境保护要求，协调各种用海关系，确定海域功能区类型及功能的主次关系。

海洋功能区划的重点问题是如何确定开发海域的主导功能和如何协调好各种用海关系。为此，海洋功能区划分一般按自然属性确定每个区域所有功能类型，对于多功能区，需要进行功能的分析比较，确定主导功能。其次，将确定的主导功能（单一功能）与开发现状和规划作比较，如果一致，则确立此功能区；如果不一致，但无根本矛盾，可保留开发现状，引导开发活动向主导功能方向发展；如有根本矛盾，通过相关部门、行业、政府协调，调整开发现状和规划。

四、海洋功能区划成果编写

1. 海洋功能区划文本编写

海洋功能区划文本编写应严格按照文本编写大纲要求,采用条文形式表述,文字表达应规范、准确、简明扼要。

2. 海洋功能区划登记表编制

海洋功能区划登记表严格按照海洋功能区划技术导则要求,认真填写一级类海洋功能区名称,二级类海洋功能区名称、代码、所在地区、地理范围、面积、使用现状、管理要求等内容。

另外,还需制作海洋基本功能区索引表,按照海洋基本功能类型和海洋基本功能区代码的顺序,建立功能区类型、代码、功能区名称、所在地区和登记表中功能区序号之间的对应关系。

3. 海洋功能区划图件编绘

编绘海洋功能区划图应按照《海洋功能区划技术导则》要求,在注重扩大信息量的同时,要突出海洋功能平面分布和立体分布的特点,提高图件的可操作性。

(1)投影坐标与比例尺:区划图件投影采用高斯—克吕格投影,WGS—84 坐标系。

区划图件采用 A0 幅画,省级海域功能区划图件比例尺为 1∶25 万至 1∶10 万,市、县级海域功能区划图件比例尺为 1∶5 万,重点海域比例尺为 1∶2.5 万至 1∶5 000,自由分幅。

(2)图件要素:海域功能区划图件应包括以下要素:① 基础地理要素,包括岸线、等深线、铁路、主要公路、河流、水库、居民地、经纬网格、文字标注;② 海洋功能区划专题要素,包括功能区边界线、功能区编号、功能类型等;③ 图例,包括代码、图例名称、图例样式、图例说明等;④ 必要的装饰内容,包括图廓、图名、坐标高程系、接幅表、资料来源、制作时间、制作单位落款等。

4. 其他成果编制

编制海洋功能区划编制说明、报告、专题研究材料等,并利用地理信息平台,按照规定格式制作海洋功能区划空间数据库。

第四节 海洋功能区划的审批与实施

为了保证海洋功能区划的有效实施,必须对海洋功能区划的审批与实施过程进行有效的管理。

一、区划审批

(一)区划审核的内容

海洋功能区划上报审批前,应经同级人民政府审核同意。审核的内容包括:① 开发利用与保护状况分析是否从当地实际出发,实事求是;② 目标的确定是否与本地区国民经济和社会发展规划相协调,是否有利于促进当地经济的发展和生态环境的保护;③ 海洋功能区划是否做到统筹兼顾、综合部署,是否与有关区划、规划相协调;④ 海洋功能区的划分是否经过充分论证;⑤ 是否有保证区划实施的政策措施,措施是否可行;⑥ 与政府各部门及下一级政府的协调情况,主要问题是否协商解决。

(二)区划审查的依据

海洋功能区划上报后,由具有审批权的人民政府海洋行政主管部门负责审查工作。审查的主要依据:① 国家的有关海洋开发利用与保护的方针政策;② 国家有关法律、法规及海洋功能区划管理的规章制度;③ 国家有关部门发布的海洋功能区划技术标准和规范;④ 国民经济和社会发展规划及其他经批准的区划、规划;⑤ 上一级海洋功能区划及相邻地区的海洋功能区划。

(三)材料报批

各级区划的报批材料包括:① 海洋功能区划文本;② 海洋功能区划登记表;③ 海洋功能区划图件;④ 海洋功能区划编制说明;⑤ 海洋功能区划报告;⑥ 海洋功能区划研究材料;⑦ 海洋功能区划信息系统;⑧ 专家评审结论等。

(四)审批权限

《海域使用管理法》第十二条规定:"海洋功能区划实行分级审批。全国海洋功能区划,报国务院批准。沿海省、自治区、直辖市海洋功能区划,经该省、自治区、直辖市人民政府审核同意后,报国务院批准。沿海市、县海洋功能区划,经该市、县人民政府审核同意后,报所在的省、自治区、直辖市人民政府批准,报国务院海洋行政主管部门备案。"

《海洋功能区划管理规定》第四条、第五条分别规定:"全国和沿海省级海洋功能区划,报国务院批准。沿海市、县级海洋功能区划,报所在地的省级人民政府批准,并报国家海洋局备案"、"海洋功能区划的修改,由原编制机关会同同级有关部门提出修改方案,报原批准机关批准;未经批准,不得改变海洋功能区划确定的海域功能。"

海洋功能区划上报后,由具有审批权的人民政府海洋行政主管部门负责审查工作。审查工作主要围绕国家有关海洋开发利用与保护的方针政策;国家有关法律、法规及海洋功能区划管理的规章制度;国家有关部门发布的海洋功能区划技术标准和规范;国民经济和社会发展规划及其他经批准的区划、规划;上一级海洋功能区划及相邻地区的海洋功能区划等。

(五)审批程序

海洋功能区划是统筹协调海洋开发利用,优化海洋空间开发布局的重要依据,其编制成果最终将转化为海洋行政主管部门必须遵守的行为规范和法律依据。其次,海洋功能区划是跨行业、跨部门、跨地区的区划,对其编制、管理和开发利用的主体不属于同一主体,在实际运作上需要有效的法律支撑。因此,海洋功能区划审批必须严格遵循有关法律程序进行审查、批准,以保证海洋功能区划成果转化的科学性、权威性。

省级海洋功能区划按如下程序审批:

(1)省级海洋功能区划经省级人民政府审核同意后,由省(自治区、直辖市)人民政府上报国务院,同时抄送国家海洋局(抄送时附区划文本、登记表、图件、编制说明、区划报告、专家评审意见,一式20份)。

(2)国务院将省级人民政府报送的请示转交国家海洋局组织审查;国家海洋局接国务院交办文件后,即将报批的海洋功能区划连同有关附件分送国务院有关部门及相邻省、自治区、直辖市人民政府征求意见;有关部门和单位应在收到征求意见文件之日起30日内,将书面意见反馈国家海洋局,逾期按无意见处理。

（3）国家海洋局综合协调各方面意见后,在 15 日内提出审查意见。审查认为不予批准的或有关部门提出重大意见而又有必要对区划进行重新修改的,国家海洋局可将该区划退回报文的省级人民政府,请其修改完善后重新报国务院。

（4）省级海洋功能区划经审查同意后,由国家海洋局起草审查意见和批复代拟稿,按程序报国务院审批。

（5）市、县级海洋功能区划审批程序由省级海洋行政主管部门制定,报省、自治区、直辖市人民政府批准。

（六）备案与公布

经批准的省级海洋功能区划应报国家海洋行政主管部门备案,经批准的市、县级海洋功能区划应报国家和省级海洋行政主管部门备案。备案内容应包括文本、登记表、图件、编制说明、区划报告及信息系统。海洋功能区划经批准后,本级人民政府应在批准之日起 30 个工作日内向社会公布文本。但是,涉及国家秘密的部分除外。

二、海洋功能区分类管理要求

1. 农渔业区管理要求

农业围垦要控制规模和用途,严格按照围填海计划和自然淤涨情况科学安排用海。渔港及远洋基地建设应合理布局,节约集约利用岸线和海域空间。确保传统养殖用海稳定,支持集约化海水养殖和现代化海洋牧场发展。加强海洋水产种质资源保护,严格控制重要水产种质资源产卵场、索饵场、越冬场及洄游通道内各类用海活动,禁止建闸、筑坝以及妨碍鱼类洄游的有关活动。防治海水养殖污染,防范外来物种侵害,保持海洋生态系统结构与功能的稳定。农业围垦区、渔业基础设施区、养殖区、增殖区执行不劣于二类海水水质标准,渔港区执行不劣于现状的海水水质标准,捕捞区、水产种质资源保护区执行不劣于一类海水水质标准。

2. 港口航运区管理要求

深化港口岸线资源整合,优化港口布局,合理控制港口建设规模和节奏,重点安排全国沿海主要港口的用海。堆场、码头等港口基础设施及临港配套设施建设用围填海应集约高效利用岸线和海域空间。维护沿海主要港口、航运水道和锚地水域功能,保障航运安全。港口的岸线利用、集疏运体系等要与临港城市的城市总体规划做好衔接。港口建设应减少对海洋水动力环境、岸滩及海底地形地貌的影响,防止海岸侵蚀。港口区执行不劣于四类海水水质标准。航道、锚地和邻近水生野生动植物保护区、水产种质资源保护区等海洋生态敏感区的港口区执行不劣于现状海水水质标准。

3. 工业与城镇用海区管理要求

工业和城镇建设围填海应做好与土地利用总体规划、城乡规划、河口防洪与综合整治规划等的衔接,突出节约集约用海原则,合理控制规模,优化空间布局,提高海域空间资源的整体使用效能。优先安排国家区域发展战略确定的建设用海,重点支持国家级综合配套改革试验区、经济技术开发区、高新技术产业开发区、循环经济示范区、保税港区等的用海需求。重点安排国家产业政策鼓励类产业用海,鼓励海水综合利用,严格限制高耗能、高污染和资源消耗型工业项目用海。在适宜的海域，采取离岸、人工岛式围填海，减少对海洋水动力环境、岸滩及海底地形地貌的影响，防止海岸侵蚀。工业用海区应落实环境保护措施，严格实行污水达标排放，避免工业生产造成海洋环境污染，新建核电站、石化等危险化学品项目应远离人口密集的城镇。城镇用海区应保障社会公益项目用海，维护公众亲海需求，加强自然岸线和海岸景观的保护，营造宜居的海岸生态环境。工业与城镇用海区执行不劣于三类海水水质标准。

4. 矿产与能源区管理要求

重点保障油气资源勘探开发的用海需求，支持海洋可再生能源开发利用。遵循深水远岸布局原则，科学论证与规划海上风电，促进海上风电与其他产业协调发展。禁止在海洋保护区、侵蚀岸段、防护林带毗邻海域开采海砂等固体矿产资源，防止海砂开采破坏重要水产种质资源产卵场、索饵场和越冬场。严格执行海洋油气勘探、开采中的环境管理要求，防范海上溢油等海洋环境突发污染事件。油气区执行不劣于现状海水水质标准，固体矿产区执行不劣于四类海水水质标准，盐田区和可再生能源区执行不劣于二类海水水质标准。

5. 旅游休闲娱乐区管理要求

旅游休闲娱乐区开发建设要合理控制规模，优化空间布局，有序利用海岸线、海湾、海岛等重要旅游资源；严格落实生态环境保护措施，保护海岸自然景观和沙滩资源，避免旅游活动对海洋生态环境造成影响。保障现有城市生活用海和旅游休闲娱乐区用海，禁止非公益性设施占用公共旅游资源。开展城镇周边海域海岸带整治修复，形成新的旅游休闲娱乐区。旅游休闲娱乐区执行不劣于二类海水水质标准。

6. 海洋保护区管理要求

依据国家有关法律法规进一步加强现有海洋保护区管理，严格限制保护区内影响、干扰保护对象的用海活动，维持、恢复、改善海洋生态环境和生物多样性，保护自然景观。加强海洋特别保护区管理。在海洋生物濒危、海洋生态系统典型、海洋地理条件特殊、海洋资源丰富的近海、远海和群岛海域，新建一批海洋自然保护区和海洋特别保护区，进一步增加海洋保护区面积。近期拟选划为海洋保护区的海域应禁止开发建设。逐步建立类型多样、布局合理、功能完善的海洋保护区网络体系，促进海洋生态保护与周边海域开发利用的协调发展。海洋自然保护区执行不劣于一类海水水质标准，海洋特别保护区执行各使用功能相应的海水水质标准。

7. 特殊利用区管理要求

在海底管线、跨海路桥和隧道用海范围内严禁建设其他永久性建筑物，从事各类海上活动必须保护好海底管线、道路桥梁和海底隧道。合理选划一批海洋倾倒区，重点保证国家大中型港口、河口航道建设和维护的疏浚物倾倒需要。对于污水达标排放和倾倒用海，要加强监测、监视和检查，防止对周边功能区环境质量产生影响。

8. 保留区管理要求

保留区应加强管理，严禁随意开发。确需改变海域自然属性进行开发利用的，应首先修改省级海洋功能区划，调整保留区的功能，并按程序报批。保留区执行不劣于现状海水水质标准。

各类海洋基本功能区的海洋环境环境保护一般要求，如表4-5。

表4-5　各类海洋基本功能区海洋环境保护要求

一级类	二级类	海水水质质量（引用标准：GB 3097—1997）	海水沉淀物质量（引用标准：GB 18668—2002）	海洋生物质量（引用标准：GB18421—2001）	生态环境
1. 农渔业区	1.1 农业围垦区	不劣于二类			不应造成外来物种侵害，防止养殖自身污染和水体富营养化，维持海洋生物资源可持续利用，保持海洋生态系统结构和功能的稳定，不应造成滨海湿地和红树林等栖息地的破坏
	1.2 养殖区	不劣于二类	不劣于一类	不劣于一类	
	1.3 增殖区	不劣于二类	不劣于一类	不劣于一类	
	1.4 捕捞区	不劣于一类	不劣于一类	不劣于一类	
	1.5 水产种质资源保护区	不劣于一类	不劣于一类	不劣于一类	
	1.6 渔业基础设施区	不劣于二类（其中渔港区执行不劣于现状海水水质标准）	不劣于二类	不劣于二类	应减少对海洋水动力环境、岸滩及海底地形地貌的影响，防止海岸侵蚀，不应对毗邻海洋生态敏感区、亚敏感区产生影响
2. 港口航运区	2.1 港口区	不劣于四类	不劣于三类	不劣于三类	
	2.2 航道区	不劣于三类	不劣于二类	不劣于二类	
	2.3 锚地区	不劣于三类	不劣于二类	不劣于二类	
3. 工业与城镇用海区	3.1 工业用海区	不劣于三类	不劣于二类	不劣于二类	应减少对海洋水动力环境、岸滩及海底地形地貌的影响，防止海岸侵蚀，避免工业和城镇用海对毗邻海洋生态敏感区、亚敏感区产生影响
	3.2 城镇用海区	不劣于三类	不劣于二类	不劣于二类	
4. 矿产与能源区	4.1 油气区	不劣于现状水平	不劣于现状水平	不劣于现状水平	应减少对海洋水动力环境产生影响，防止海岛、岸滩及海底地形地貌发生改变，不应对毗邻海洋生态敏感区、亚敏感区产生影响
	4.2 固体矿产区	不劣于四类	不劣于三类	不劣于三类	
	4.3 盐田区	不劣于二类	不劣于二类	不劣于一类	
	4.4 可再生能源区	不劣于二类	不劣于一类	不劣于二类	
5. 旅游休闲娱乐区	5.1 风景旅游区	不劣于二类	不劣于二类	不劣于二类	不应破坏自然景观，严格控制占用海岸线、沙滩和沿海防护林的建设项目和人工设施，妥善处理生活垃圾，不应对毗邻海洋生态敏感区、亚敏感区产生影响
	5.2 文体休闲娱乐区	不劣于二类	不劣于二类	不劣于一类	
6. 海洋保护区	6.1 海洋自然保护区	不劣于一类	不劣于一类	不劣于一类	维持、恢复、改善海洋生态环境和生物多样性，保护自然景观
	6.2 海洋特别保护区	使用功能水质要求	使用功能沉积物质量要求	使用功能生物质量要求	
7. 特殊利用	7.1 军事区				防止对海洋水动力环境条件改变，避免对海岛、岸滩及海底地形地貌的影响，防止海岸侵蚀，避免对毗邻海洋生态敏感区、亚敏感区产生影响
	7.2 其他利用特殊区				
8. 保留区	8.1 保留区	不劣于现状水平	不劣于现状水平	不劣于现状水平	维持现状

三、区划实施

海洋功能区划是合理开发利用海洋资源、有效保护海洋生态环境的法定依据,必须严格执行。各有关部门和沿海县级以上地方人民政府要按照海洋功能区划的要求,完善海洋功能区划体系,调整完善现行海洋开发利用和海洋环境保护政策及相关规划,建立健全保障海洋功能区划实施的法律法规、管理制度、体制机制、技术支撑和跟踪评价制度,依法建立覆盖全部管辖海域的海洋综合管控体系,对海洋开发利用和海洋环境保护情况进行实时监视监测、分析评价和监督检查,确保海洋功能区划目标的实现。

(一)调整涉海规划与海洋功能区划之间关系

海洋功能区划是编制各级各类涉海规划的基本依据,是制定海洋开发利用与环境保护政策的基本平台。国务院有关部门和沿海县级以上地方人民政府制定涉海发展战略和产业政策、编制涉海规划时,应当征求海洋行政主管部门意见。渔业、盐业、交通、旅游、可再生能源、海底电缆管道等行业规划涉及海域使用的,应当符合海洋功能区划;沿海土地利用总体规划、城乡规划、港口规划涉及海域使用的,应当与海洋功能区划相衔接。

(二)在海域资源管理中严格执行海洋功能区划

海域使用项目应当符合海洋功能区划。海域使用论证报告书应当明确项目选址是否符合海洋功能区划。对于不符合海洋功能区划的用海项目的申请不予受理,受理机关依法告知申请人。对于经国家和省级人民政府批准立项的海域使用项目,与海洋功能区划不符合的,海洋行政主管部门可以提出重新选址的意见。对于符合海洋功能区划的填海项目,要根据国家有关标准严格限制填海规模,集约用海。

省级海洋功能区划是县级以上各级人民政府审批项目用海的主要依据,任何单位和个人不得违反。海洋行政主管部门依据海洋功能区划、海域使用论证报告、专家评审意见及项目用海的审核程序进行预审,并出具用海预审意见。用海预审意见是审批建设项目可行性研究报告或核准项目申请报告的必要文件,凡未通过用海预审的涉海建设项目,各级投资主管部门不予审批、核准。

严格按照《物权法》和《海域使用管理法》的规定,建立海域使用权登记岗位责任制,规范海域使用权登记管理。加强海域使用权的审批工作,完善海域使用金的征收使用和管理制度。推进海域使用权招标、拍卖和挂牌出让工作,发挥市场在海域资源配置中的基础性作用。规范海域使用权转让、出租、抵押行为,建立健全海域价值评估制度,积极培育海域使用权市场。

(三)开展海洋环境保护与监测

编制海洋环境保护规划和重点海域海洋环境保护规划的,海洋环境保护和管理的目标、标准和主要措施应当依据各类海洋功能区的环境保护要求确定。各类海洋保护区的选划建设应当符合海洋功能区划。严格限制对海洋水生生物资源影响较大用海工程的规划和审批。尽可能减少涉渔工程对渔业资源的影响,保护重要水产种质资源,维护海洋水生生物多样性,促进渔业经济全面可持续健康发展。

各类海洋功能区应按照国家相关标准,严格执行海洋功能区环境质量标准。选择入海排污口位置,设置陆源污染物深海离岸排放排污口,审核、核准海洋(海岸)工程建设项目,选划海洋倾倒区等应当依据海洋功能区划。对于不符合海洋功能区划的海洋(海岸)工程建设项目,海洋行政主管部门不予审核或核准环境影响报告书。海洋环境监测评价和监督管理工作应当按照各类海洋功能区的环境保护要求执行。

(四)对海洋功能区划进行实时监测检查

建立覆盖全部管辖海域的动态监管体系,利用卫星遥感、航空遥感、远程监控、现场监测等手段,对我国管辖海域实施全覆盖、立体化、高精度监视监测,实时掌握海岸线、海湾、海岛及近海、远海的资源环境变化和开发利用情况。

定期开展海洋功能区环境质量调查、监测和评价,各类用海活动必须严格执行海洋功能区划环境保护规定。加强海洋开发项目的全过程环境保护监管和海洋环境执法,完善海洋工程实时监控系统,建立健全用海工程项目施工与运营期的跟踪监测和后评估制度。加强海洋环境风险管理,完善海洋环境突发事件应急机制,加强赤潮、绿潮、海上溢油、核泄漏等海洋环境灾害和突发事件的监测监视、预测预警和鉴定溯源能力建设。对于擅自改变海域用途的,按照《海域使用管理法》第四十六条的规定处罚。对于不按海洋功能区划批准使用海域的,按照《海域使用管理法》第四十三条的规定处罚。

四、区划修订

海洋功能区划编制工作是基于当时的海洋自然条件、科学技术水平、社会经济发展需要等因素,在审批实施过程中,上述因素的变动性可能会直接或间接地给海洋功能区划主导功能发挥的准确性、科学性带来相应影响。为此,海洋功能区划在实施过程中,需适时依法依规进行修改,确保海洋主导功能实施的准确与科学。

(一)海洋功能区划的修订条件

海洋功能区划批准实施两年后,县级以上海洋行政主管部门对本级海洋功能区划可以开展一次区划实施情况评估,对海洋功能区划提出修改建议。海洋功能区划修改分为一般修改和重大修改两种。一般修改是指在局部海域不涉及一级类,只涉及二级类海洋功能区的调整。重大修改是指在局部海域涉及一级类海洋功能区的调整,或者将不改变海域自然属性的功能区、围海性质的功能区调整为填海性质的功能区。经国务院批准,因公共利益、国防安全或者大型能源、交通等基础设施建设,确需改变海洋功能区划的,应报请原批准单位批准。评估工作可以由海洋行政主管部门自行承担,也可以委托技术单位承担。

此外《海洋功能区划管理规定》第25条还规定有以下情形,应当按照海洋功能区划编制程序重新修编,不得采取修改程序调整海洋功能区。

(1)国家或沿海省、自治区、直辖市统一组织开展海洋功能区划修编工作的;

(2)根据经济社会发展需求,需要在多个海域涉及多个海洋功能区调整的;

（3）国务院或省、自治区、直辖市人民政府规定的其他情形。

（二）海洋功能区划的修订程序

由于海洋功能区划具有强制性，一经批准公布必须严格执行。因此，海洋功能区划的修改，无论大小，都应严格履行法律规定的审批程序

海洋功能区划的修改，由原编制机关会同同级有关部门提出修改方案，报原批准机关批准；未经批准，不得改变海洋功能区划确定的海域功能。通过评估工作，在局部海域确有必要修改海洋功能区划的，由海洋行政主管部门会同同级有关部门提出修改方案。属于重大修改的，应当向社会公示，广泛征求意见。

修改方案经同级人民政府审核同意后，报有批准权的人民政府批准。属于重大修改的，有批准权人民政府海洋行政主管部门应当对修改方案进行论证和评审，作为批准修改方案的重要依据。

修改方案经批准后，本级人民政府应将修改的条文内容向社会公布。涉及下一级海洋功能区划修改的，根据批准文件修改下一级海洋功能区划，并报省级海洋行政主管部门备案。

■ 本章小结 ■

海洋功能区划是海洋管理的基础。加强海洋功能区划管理就是要通过海洋功能区的科学划分，合理安排各类用海，协调用海资源供需矛盾，追求最佳效益，同时积极引导海洋资源利用的可持续发展。本章在阐述海洋功能区划的内涵、原则、目标、地位和沿革的基础上，重点介绍了海洋功能区划的体系框架，海洋功能区划的编制过程，以及我国海洋功能区划管理的体制与措施。

■ 关键术语 ■

海洋功能区划　区划体系　区划编制　管理要求　审批与实施

■ 复习思考题 ■

1. 海洋功能区划的概念是什么？
2. 简述我国海洋功能区划体系。
3. 海洋功能区划的方法有哪些？
4. 简述海洋功能区分类管理要求。

■ 参考文献 ■

［1］　关道明,阿东. 全国海洋功能区划研究［M］. 北京:海洋出版社,2013.

［2］　海域管理培训教材编委会. 海域管理法律法规文件汇编［M］. 北京:海洋出版社,2014.

［3］　海域管理培训教材编委会.海域管理概论［M］.北京:海洋出版社,2014.

［4］　卞耀武,等.中华人民共和国海域使用管理法释义［M］.北京:法律出版社,2002.

［5］　国家海洋局.海洋特别保护区功能分区和总体规划编制技术导则［S］.北京:中国标准出版社,2007.

［6］　苗丰明,等.海域使用论证技术研究与实践［M］.北京:海洋出版社,2007.

第五章　海域使用管理

第一节　海域使用管理概述

一、海域使用及其影响因素

（一）海域使用的概念

海域使用是指人类为从海洋中获取其生存和发展所需的各种利益,根据海域的区位、资源、环境条件进行开发利用活动时所必须占据利用某一海域的过程。它可以是生产性活动,如海水养殖、海洋油气开采等,也可以是非生产性活动,如设立海洋自然保护区、设立海洋军事活动安全区等。《中华人民共和国海域使用管理法》中所指的海域使用是指在我国内水、领海持续使用特定海域三个月以上的排他性用海活动。

图 5-1　有了合法的海域使用权

《海域使用管理法》中对于海域使用的定义,包括以下三个方面:

1. 特定海域

海域使用是指使用相对稳定和固定的海区空间进行的海域开发利用行为,只是偶尔进入或通过某些海域而不需固定占有海域空间的开发利用行为则不属于海域使用的范畴。

2. 海域使用时间

持续使用 3 个月以上的海域开发利用行为才能称之为海域使用,非连续的、3 个月以下的海域开发利用行为则不属于海域使用的范畴。

3. 排他性

海域使用项目与其他形式的项目不能兼容,即在此项目发生后,在该海域范围内不能有其他固定海域开发处用行为产生。

(二)海域使用的影响因素

海域使用不但会受到气候水文条件、海岸线长短、海洋生物资源丰度等海域自然性状的影响,还会受到社会制度、科学技术、交通条件、人口密度等社会经济因素的制约。归纳起来,影响海域使用的因素可分为以下几类:

1. 自然因素

影响海域使用的自然因素主要是指海岸线长度、潮间带面积及类型、填海造地适宜性、涂面高程、区域位置、水文气候条件、海洋生物资源丰度、资源类型及蕴藏量、海水质量、海洋沉积物质量、海域环境质量、大气质量状况、海洋自然灾害情况等,它们制约着人们对海域的利用。

2. 社会经济因素

影响海域使用的社会因素主要是指沿海地区社会发展水平的人口、生活、公共服务和行政因素等,一般包括地理位置、人口、居民生活、开发成本、行政区划、城镇性质、交通条件、公用设施及基础设施水平、人文环境条件、海域使用制度、海洋功能区划等。

影响海域使用的经济因素主要是指沿海地区的经济规模、经济结构、发展水平等因素,一般包括国民经济生产总值和增长率、人均国民经济生产总值、财政收入和增长率、固定资产投资额和增长率、第三产业比重、非农产业比重、就业结构、恩格尔系数、物价水平、居民收入水平等。

3. 人口文化素质因素

人们知识水平和科学技术水平的高低会影响其对海域使用的整体性和长远性认识,这无疑会对海域使用带来深远影响。

(三)海域使用的原则

1. 生态平衡原则

在确定海域的用途和利用结构时,要正确评估海域的自然和经济特征,充分发挥不同海域的资源优势,切实做到海尽其用,宜渔则渔、宜开发则开发、宜保护则保护,以保护海域生态环境为前提,使海域资源得到保护和永续利用。任何海域开发利用行为都必须首先经过科学的海域使用论证。

2. 经济效益最大化原则

合理的海域利用就是用尽可能少的劳动、资本和其他资源消耗,生产出尽可能多的符合社会需的产品。具体来说,就是在海域自然、社会、经济状况相似的条件下,有以下三种情况：

（1）当取得等量的产品时，劳动、资本和其他资源的消耗越少，则经济效果越大。即提高经济效益的关键在于采用合理的技术、经济措施，以降低劳动和资本消耗，争取成本极小化。

（2）当消耗等量劳动和资本时，所取得产品的数量越大，则经济效果越大。即提高经济效益的关键在于提高劳动、资本和其他资源消耗的转化率，争取收益极大化。

（3）在劳动、资本和其他资源的消耗与产品数量均为变量的条件下，若消耗的增量小于成果的增量时，经济效益上升；反之，经济效益下降。

3. 节约原则

海域资源是自然的产物，它的数量不能随意增加，海域有限是一种普遍现象。海域是一切海洋经济生产活动的物质基础，是人类获得海洋动植物资源的主要来源。但近年来，随着人地矛盾的凸显，大量围填海工程被推进，由此引发的近岸海域渔业资源衰竭、滨海湿地、红树林、珊瑚礁等近岸海域生态系统退化等问题日益严峻。因此，合理用海应体现节约原则，具体来说，就是要严控围填海数量，防止不合理填海。

二、海域使用管理的概念和目标

（一）海域使用管理的概念

海域使用管理是指国家按照预定的目标和海域开发利用的自然、经济规律，以实现海域资源合理开发利用和可持续发展为目标，对海域资源的开发、利用、整治和保护所进行的计划、组织和控制等工作的总和。海域使用管理是海洋管理的核心，其本质在于通过合理分配各类海域数量和合理设置利用水平以提高海域使用的生态、经济、社会综合效益。

海域使用管理包括以下四个方面：

1. 属性界定

海域使用管理是海洋管理范畴内的一个分支，具有明显的行政性属性。

2. 行政职能

海域使用管理中的计划、组织和控制是典型的行政职能行为。

3. 管理对象

海域使用管理的行为一般只能在国家主权所辖海域行使，即海域使用管理的对象只能是国家管辖的海域即内水和领海范围内的海域利用活动。

4. 管理目标

海域使用管理的最终目标在于实现国家海域资源的合理开发和可持续利用。

（二）海域使用管理的目标和内容

1. 海域使用管理目标

海域使用管理是一种政府行为，是政府为了保障全社会的整体利益和长远利益，消除海域使用中的相互干扰和不利影响，协调海域使用中的各种矛盾而对海域使用进行的干预。政府要实现这一目的，必须设立明确的海域使用管理目标，一般来说，海域使用管理目标包括经济效益、分配公平、社会发展、保障供给和环境质量等 5 个方面的内容。

　　2. 海域使用管理内容

　　海域使用管理的主要内容包括：① 海域使用权出让管理；② 海域使用权转让管理；③ 海域使用权出租管理；④ 海域使用权抵押管理。

三、海域使用管理的依据

（一）海域使用管理的法律依据

　　海域使用管理的法律依据主要包括宪法、法律、行政法规、国务院法规性文件、地方性法规、行政规章和其他规范性文件等 7 类。其中，《中华人民共和国宪法》第九条"矿藏、水流、森林、山岭、草原、荒地、滩涂等自然资源，都属于国家所有，即全民所有；由法规规定属于集体所有的森林和山岭、草原、荒地、滩涂除外"的规定确定了我国海域资源的国家所有制。

　　海域使用管理所依据的相关法律主要包括《中华人民共和国海域使用管理法》《中华人民共和国领海及毗邻区法》《全国人民代表大会常务委员会关于批准〈联合国海洋法公约〉的决定》《中华人民共和国政府关于中华人民共和国领海基线的声明》《中华人民共和国物权法》《中华人民共和国行政监察法》《中华人民共和国行政复议法》《中华人民共和国行政处罚法》等。

　　海域使用管理所依据的行政法规和国务院法规文件主要包括《国务院办公厅关于开展勘定省县两级海域行政区域界线工作有关问题的通知》（国办发〔2002〕12 号）、《国务院办公厅关于沿海省、自治区、直辖市审批项目用海有关问题的通知》（国办发〔2002〕36 号）、《国务院办公厅关于印发全国海洋经济发展规划纲要的通知》（国发〔2003〕13 号）、《国务院关于国土资源部〈报国务院批准的项目用海审批办法〉的批复》（国函〔2003〕44 号）和《国务院关于进一步加强海洋管理工作若干问题的通知》（国发〔2004〕24 号）等。

　　海域使用管理所依据的地方性法规主要包括《天津市海域使用管理条例》《河北省海域使用管理条例》《山东省海域使用管理条例》《江苏省海域使用管理条例》《浙江省海域使用管理条例》《福建省海域使用管理条例》《广东省海域使用管理条例》《海南省实施〈中华人民共和国海域使用管理法〉办法》等。

　　海域使用管理所依据的行政规章主要包括《海洋行政处罚实施办法》、《海域使用管理违法违纪行为处分规定》以及沿海各省、自治区、直辖市人民政府，根据法律、行政法规所制定海域使用管理相关规范性文件等。

　　其他规范性文件主要包括《海域使用金减免管理办法》（财综〔2006〕24 号）《关于加强海域使用金征收管理的通知》（财综〔2007〕10 号）《关于加强围填海规划计划管理的通知》《围填海计划管理办法》《海上风电开发建设管理暂行办法》《临时海域使用管理暂行办法》《关于加强区域建设用海管理工作的若干意见》《海域使用分类体系》《海籍调查规范》《海域使用权管理规定》《海洋功能区划管理规定》《海域使用权登记办法》《填海项目竣工海域使用验收管理办法》等。

（二）海域使用管理的理论依据

1. 可持续发展理论

1987 年,世界环境与发展委员会主席、挪威前首相布兰特兰夫人组织 21 个国家的环境与发展问题专家,向联合国提出了一份著名的报告《我们共同的未来》（*Our Common Future*）,在其中首次明确提出了可持续发展的思想,并对将其定义为:"既能满足当代人的需求,又不会对后代人满足其需求的能力产生影响的发展。"它强调在开发利用资源的同时保持自然资源的潜在能力,尽可能消除人类活动对环境的破坏,确保维持生命所必需的自然生态系统处于良好的状态。海域资源的可持续利用是海洋经济可持续发展的物质基础,具体表现为:

（1）保有一定数量且结构合理、质量不断提升的各类海域资源;

（2）海域资源的生产性能和生态功能不断提高;

（3）海域资源利用的经济效益不断提高;

（4）降低海域使用可能带来的风险;

（5）海域资源的利用能够被社会接受,体现公平和效率。

2. 地租地价理论

地租是土地所有权在经济上的实现形式,以土地所有权和使用权分离为条件。换言之,地租是土地所有者出租其土地每年所获得的定额收入。一切地租都是剩余价值的转化形式。海域作为特殊的土地,其所有权在经济上的实现形式亦符合地租理论。根据超额利润形成的原因和条件的不同,地租可分为级差地租、绝对地租和垄断地租。

第一,级差地租。级差地租是指那些利用生产条件较好的海域所得到的超额利润。以海水养殖为例,海域的自然资源条件有好有坏,投资在条件较好海域比投资在条件较差海域上能得到更高的收益。这样,除了在条件最差海域上从事海水养殖的用海单位以外,其他的用海单位都能获得超额利润,这种超额利润就形成了级差地租。级差地租产生的原因在于海域面积的有限性和海域的经营垄断。

第二,绝对地租。级差地租是相对于最劣等海域而言的,所以又称为相对地租。绝对地租是由于海域所有权的垄断,任何一宗海域,即使最劣等海域,也绝对必须支付的地租。绝对地租产生的原因在于海域所有权的垄断及海域所有权和使用权的相互分离。

既然使用各等级的海域都要缴纳绝对地租,那么,利用劣等海域的海域使用者,在平均利润以外所缴纳的绝对地租是从何而来的呢? 同样以养殖海域为例,海产品的市场价格并不等于劣等海域生产条件所决定的社会生产价格,而是高于它。这样,劣等海域除了能提供平均利润以外,还有一个余额,这个余额即为超额利润,即绝对地租。

第三,垄断地租。垄断地租是指因垄断了某些自然条件特别有利的海域,在该海域上能生产稀有的海产品,这些产品能提供一个垄断价格,从而带来的一个相当大的超额利润。而这些超额利润,因海域所有权的存在而转化为了垄断地租。

3. 区位理论

区位是指社会、经济等活动在空间上的分布位置。海域的位置是固定的,各海区都处在距离经济中心不同的位置上。人类从事海洋生产活动,需要将资本和劳动力带到海域上,并将海洋产品运至市场。为了方便生产和流通,降低产品成本,增加利润,就要按一定的标准选择适宜的空间位置,从而实现比较收益的最大化。

区位理论在海域使用管理中的应用主要表现在以下几个方面:

(1)确定海域资源在各用海方式、各部门之间的分配。各海区相对于沿线和经济中心位置的差异,会使运输成本和劳动力成本有较大差异。基于比较收益的原则,确定不同海区的适当用海方式,在各部门合理分配海域资源,可实现海域使用综合效益的最大化。

(2)优化海域使用结构。处于不同海区的海域,其地租、地价额有较大差异,因此,可利用地租、地价的经济杠杆,调整海域使用结构,优化海域使用。

(3)制定合理的用海政策和功能区划。依据区位原理,制定合理的用海政策和海洋功能区划,指导各类用海的区位选择,对海域使用进行宏观管理。

(4)确定海域质量等级。影响海域质量差异的因素主要是海域的区位和自然资源禀赋,区位因素在确定海域等级方面有着重要的作用。

(5)确定不同海区的差额税率。相同经营管理水平的同一行业,处在较优位置的会比较劣位置的获得更多的利润,从而形成级差收益,海域的使用也一样,因此,可据此制定差额的海域使用税率。

4. 海陆一体化理论

海域一体化是指在区域社会经济发展的过程中,要综合考虑海域和陆地的资源环境特点,系统考察海陆的经济功能、生态功能和社会功能,在海、陆资源环境生态系统的承载力、社会经济系统的活动和潜力的基础上,以海陆两方面协调为基础进行海陆统一的区域发展规划、计划的编制和执行工作,以便充分发挥海陆互动作用,从而促进区域社会经济和谐、健康、快速发展。海陆一体化,有利于把陆地区域优势和海上区域优势结合起来,从而有效地整合资源,达到区域整体效率的最大化。

第二节　海域使用论证

一、海域使用论证概述

(一)海域使用论证的内涵

海域使用论证是指通过科学的调查、分析、预测,对拟开发海域进行用海可行性分析并给出结论报告。申请使用海域首先要通过对申请使用海域的区位条件、资源状况、开发现状、功能定位、开发布局、整体效益、风险防范、国防安全等因素进行调查、计算、分析、比较,提出项目用海是否可行的结论并给出相应的书面资料,以达到科学用海、规范管理和可持续性用海的目的,为海域使用管理提供科学依据和技术支撑[①]。

《中华人民共和国海域使用管理法》规定:"在中华人民共和国内水、领海持续使用特

[①] 本节内容主要参考海域管理培训教材编委会编写的《海域管理概论》一书。

定海域三个月以上的排他性用海活动,在向海洋行政主管部门申请使用海域时必须提交海域使用论证材料。"《临时海域使用管理暂行办法》同时规定,对在中华人民共和国内水、领海使用特定海域不足 3 个月,但可能对国防安全、海上交通安全和其他用海活动造成重大影响的排他性用海活动,也应提交海域使用论证材料。

为规范海域使用论证,提高海域使用论证水平,国家海洋局先后发布了《海域使用论证管理规定》《海域使用论证资质管理规定》《海域使用论证资质分级标准》《海域使用论证收费标准(试行)》《海域使用论证评审专家库管理办法》等规范性文件。

(二)海域使用论证的主要内容

1. 项目用海必要性分析

阐述项目基本情况以及项目申请用海情况,说明项目建设的目的、意义,论证项目占用、使用海域的必要性。围填海项目应阐明围填海用海与当地土地资源的供需关系,分析项目实施围填海的理由和必要性。

2. 项目用海资源环境影响分析

依据用海项目前期专题成果,简要分析项目用海的环境影响、生态影响、资源影响和用海风险。当用海项目属于改扩建时,应对已建项目用海的主要影响进行简要分析。

3. 海域开发利用协调分析

协调分析包括项目用海对海域开发活动的影响、利益相关者界定、相关利益协调分析以及项目用海对国防安全和国家海洋权益的影响分析等。

4. 项目用海与海洋功能区划及相关规划符合性分析

明确与项目用海有关的各功能区情况及项目用海的位置关系,分析项目用海与功能区划的符合性,并给出明确结论;阐述国家产业规划和政策、海洋经济发展规划、海洋环境保护规划、城乡规划、土地利用总体规划、港口规划以及养殖、盐业、交通、旅游等规划中与项目用海有关的内容,分析论证项目用海与相关规划的协调性。

5. 项目用海合理性分析

其包括用海选址合理性分析、用海方式和平面布置合理性分析、用海面积合理性分析、用海期限合理性分析等。

6. 海域使用对策措施分析

根据项目海域使用论证结果,提出具体的海洋功能区划实施对策措施、开发协调对策措施、风险防范对策措施和监督管理对策措施。对策措施应切合实际、经济合理,具有可操作性。

(三)海域使用论证的程序

海域使用论证工作分为准备工作、实地调查、分析论证、报告编制和报告评审五个阶段。海域使用论证工作程序见图5-2。编制海域使用论证报告表可适当简化论证程序。

1. 准备工作阶段

研究有关技术文件和项目基础资料,收集历史和现状资料,开展项目用海初步分析,确定论证等级、论证范围和论证内容,筛选、判定论证重点等,制订海域使用论证工作方案。

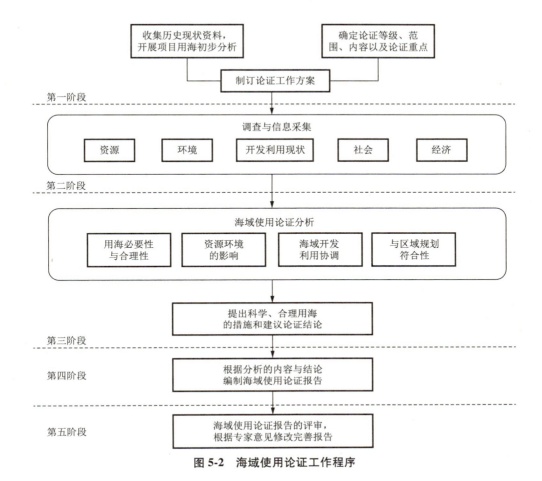

图 5-2　海域使用论证工作程序

2. 实地调查阶段

根据项目用海申请,勘查现场,了解项目所在海域的地形地貌特征、海岸线位置和开发利用现状;走访相关部门和用海单位、个人,了解海域确权发证与实际使用情况。根据收集的相关资料情况,开展必要的现状调查。

3. 分析论证阶段

依据所获数据、资料,分析研究项目类型、平面布置、工程结构、用海方式、施工工艺及用海要求等,分析论证项目用海必要性、项目用海资源环境影响,海域开发利用协调情况,项目用海与海洋功能区划及相关规划的符合性,项目用海选址和面积、期限的合理性等,提出海域使用对策措施和项目用海的可行性论证结论。

4. 报告编制阶段

根据分析论证的内容和结论,依据海洋使用论证技术规范和标准编制海域使用论证报告。报告应包括报告书及资料来源说明等附件。

5. 报告评审阶段

完成论证报告编制后,海洋行政主管部门按《海域使用论证报告评审工作规程》的要求和程序组织专家对论证报告进行评审,论证承担单位根据评审专家的意见补充、修改论证报告。

(四) 海域使用论证的作用

1. 海域管理参与宏观调控的"切入点"

海域是海洋经济发展的基本要素。海域使用论证作为海域使用审批的必经环节,是海域作为生产要素进入经济活动的第一关口,是对海洋产业进行有效调控的重要手段,在优化海洋产业布局、调控海洋产业规模方面可以发挥重要作用。

2. 合理配置海域资源的"过滤器"

海域使用论证就是要通过项目用海的选址、方式、面积的合理性分析以及围填海平面设计方案比选和优化,筛选掉那些选址不合理、用海规模过大、滥用岸线资源、严重破坏环境的用海项目,实现科学用海,充分发挥海域资源的整体效益。

3. 全面协调用海关系的"减震阀"

海域使用论证的一个重要内容就是通过对利益相关者的调查分析,提前发现项目用海可能涉及的利益冲突问题,提出切实可行的利益协调方案和建议,为审批项目用海、化解用海矛盾发挥"消波减震"的作用,以维护海域使用权人的合法权益和人民群众的切身利益,维护沿海地区社会稳定。

二、海域使用论证报告编制与评审

(一) 海域使用论证报告编制

1. 报告编制前期准备

编制报告的海域使用论证技术服务单位必须取得《海域使用论证资质证书》,在资质证书规定的范围内接受相应的技术服务委托,编制海域使用论证报告,并对论证结论负责。

按照海域使用论证的工作程序,通过前期准备阶段,实地调查收集资料,分析论证用海可行性,确保论证结论的真实、准确。编制论证报告应当进行现场勘查,填写海域使用论证现场勘查记录,记录事项包括勘查时间、内容、主要参与人员、使用设备和勘查情况等,并由论证项目负责人、论证单位技术负责人签字。

2. 论证报告内容编写

报告编制前期准备好后,海域使用论证资质单位组织具有取得海域使用论证岗位证书的人员开展报告编制工作。报告应当在详细了解和勘查项目所在区域海洋资源生态及其开发利用现状的基础上,科学客观地分析评价项目用海的必要性,项目用海选址、方式、面积、期限的合理性,项目用海与海洋功能区划、规划的符合性,项目用海及利益相关者的协调性以及项目用海的不利影响,提出项目用海的对策和建议,并做出用海论证结论。

海域使用论证报告应当标明论证单位及资质等级、参与论证工作的主要技术人员及负责的章节和内容,并由论证单位盖章,技术负责人、论证项目负责人和其他主要技术人员签字。

3．资质单位内部审查

为了进一步提高海域使用论证工作水平，国家海洋局于 2009 年下发了《关于进一步加强海域使用论证工作的若干意见》，要求资质单位建立健全论证报告内部审查制度，并由本单位的技术负责人负责技术把关。资质单位要成立由技术负责人牵头、由不少于 3 名本单位的专家组成论证项目内审专家组，对本单位承接的海域使用论证报告编写大纲和海域使用论证报告进行技术审查，以确保论证报告的质量。

（二）海域使用论证报告评审

1．评审组织及方式

海洋使用论证报告评审工作由海洋主管部门或其委托单位组织。参加评审人员一般包括评审专家组成员、海洋主管部门及其海洋执法机构的代表、用海申请单位代表、用海项目设计（规划）单位以及专题研究单位的技术人员、海域使用论证单位代表和技术人员等。

海域使用论证报告书一般采用会议评审的方式。海域使用论证报告表一般采用函审的方式，必要时采用会议评审方式。

2．评审专家确定

根据《海域使用论证管理规定》，评审专家的选择应当按照专业从评审专家库中抽取，不得由论证单位或海域使用论证申请人推荐或者提名。评审专家不得参加本单位、存在利益关系或者可能影响公正性的其他关系的单位编制的论证报告的评审工作。

国务院审批项目的海域使用论证评审应当从国家级专家库中选择 7 名以上（含 7 名）单数、沿海县以上地方人民政府审批项目的海域使用论证评审应当从国家级或地方级评审专家库中选择 5 名以上（含 5 名）单数，专业配备合理的专家组成评审组，对海域使用论证报告进行评审。

3．报告评审程序

论证报告评审的程序主要包括：海域使用论证报告应当在评审会议前 5 个工作日送交评审专家审阅，为评审做好充分准备。组织专家召开预备会，讨论论证报告中相关技术问题和重大问题，明确评审会议日程安排，明确论证报告评审要求，推荐评审组组长。评审组织单位组织评审专家和部门代表踏勘用海项目的工程现场，核对论证报告内容与工程现场的一致性。介绍项目和论证报告。在评审会上，用海申请单位汇报用海项目的设计和建设方案，论证单位汇报海域使用论证报告的编制情况、主要论证内容和结论。评审专家在审阅报告和现场踏勘的基础上，对存疑问题提问，用海申请单位和论证单位负责解答提问。评审专家和特邀专家对报告发表评审意见和建议，研究并形成评审组的评审意见，由评审组组长签字。组织评审的单位不得干预。

4．报告评审的主要内容

《海域使用论证管理规定》中明确要求，海域使用论证报告提交后，由有审批权人民政府的海洋行政主管部门或者其委托的单位组织专家对海域使用论证报告进行评审。评审内容主要包括论证报告编制是否符合海域使用论证技术规范和标准的要求，资料来源说明是否完整、清晰、准确;论证工作等级、论证重点的确定是否准确,论证工作计划及方案是否科学合理;资料数据收集与调查及现场勘查是否充分;报告各章节是否客观、可信,对策和建议是否合理、有效、可行。

《关于加强海域使用论证报告评审工作的意见》进一步明确要求,评审专家进行海域使用论证报告评审时,要着眼于审查报告编制的规范性、数据资料的可靠性、论证内容的全面性、论证过程的严密性、论证结论的客观性。要根据项目所在海域的资源环境条件和项目用海特点,重点把握以下内容:对项目用海基本情况的认识和论述是否清楚完整,论证重点判定是否合理,海域开发利用现状与利益相关者调查与分析是否清晰全面,资源环境影响分析是否能支撑项目用海可行性结论,用海合理性分析是否全面深入,用海风险分析是否准确,宗海界定和图件编绘是否准确规范,海域使用对策措施是否具有针对性和可操作性。围填海工程之上的建设项目,不作为论证评审重点。

5. 评审结果和修改

评审工作结束后,受委托组织海域使用论证报告评审的单位需向有审批权的人民政府的海洋行政主管部门提交评审技术审查意见、评审组评审意见、专家评审意见、海域使用论证报告修订稿、修改说明及相关证明材料,为海域使用权的申请审批提供依据。海域使用论证报告评审实行一次评审制度。评审会结束后,需修改的海域使用论证报告应当按照专家评审意见进行认真修改,在评审会结束后的 10 个工作日内由用海申请人直接报送海域管理部门,并附修改情况说明。修改后的海域使用论证报告和修改情况说明,均须由论证单位技术负责人签字,并加盖公章,作为项目用海审核的重要依据。

三、海域使用论证管理

(一)海域使用论证资质管理

1. 资质证书管理

《海域使用论证资质管理规定》确定了资质单位证书管理制度。要求"凡从事海域使用论证工作的单位,必须取得海域使用论证资质证书,方可在资质等级许可的范围内从事海域使用论证活动,并对论证结果承担相应的责任"。单位一旦获得资质证书,除因违规情况受到降级或注销资质证书外,将一直取得论证资质。海域使用论证资质证书分为正本和副本,由国家海洋局统一制作、印刷和发放,并对证书的使用进行监督和管理。海域使用论证资质单位不得采取欺骗、隐瞒等手段取得资质证书;不得涂改、伪造、出借、转让资质证书。

2. 资质分级管理

根据资质单位的主体资格、人员状况、仪器状况、单位资历、技术力量、仪器设备、管理水平等情况,将海域使用论证资质单位分为甲、乙、丙三个等级。甲级单位承担国务院和省、市、县级人民政府审批项目用海的海域使用论证技术服务;承担海域使用论证技术服务纠纷的技术仲裁服务。乙级单位承担省、市、县级人民政府审批项目用海的海域使用论证技术服务。丙级单位承担县级人民政府审批项目用海的海域使用论证技术服务。资质单位不得超越从业范围提供海域使用论证技术服务。

3. 资质申请和晋级

《海域使用论证资质管理规定》明确了资质申请和升级审批制度。首次申请海域使用论证资质的单位，其资质等级最高不超过乙级；连续两年资质年检合格，方可申请晋升等级。申请和升级海域使用论证资质的单位，应通过申请的方式向国家海洋局或国家海洋局委托的机关提出申请，国家海洋局经过受理、征求意见、现场核查之后，召开资质审定会议。国家海洋局组织的海域使用论证资质审定委员会对海域使用论证资质申请进行评审，评审通过并经过公示后，由国家海洋局颁发海域使用论证资质证书。

4. 技术负责人

海域使用论证资质单位技术负责人应认真贯彻执行国家有关法律、法规及相关规范标准，积极引导海域使用论证技术人员进行技术创新，有责任带动和提高本单位整体专业技术水平。资质单位技术负责人负责检查和监督本单位在开展海洋使用论证工作中执行有关规章制度和技术标准的情况，落实内部审查质量管理要求和内审制度，对本单位编制海域使用论证报告质量、效率进行审核把关，对报告结果负责。资质单位技术负责人应具有高级技术职称，从事海域使用管理技术支撑工作甲级资质不少于8年、乙级资质不少于5年、丙级资质不少于2年；甲级技术负责人主持编制海域使用论证项目不少于5项。

5. 专业技术人员

从事海域使用论证工作的技术人员应当熟悉海域法律、法规和部门规章，能正确运用海域使用管理的有关规范和标准。各类专业技术人员，均需取得海域使用论证岗位证书，技术人员不得同时受聘于两家或两家以上的海域使用论证资质单位。各级资质单位持证上岗人员的数量、职称及专业有明确的规定，甲级资质单位不少于20人，应具备8名以上高级职称技术人员，涵盖海洋工程、测绘、海洋地质、物理海洋、海洋生物、环境科学、海洋化学、经济管理规划8类专业；乙级资质单位不少于15人，应具备7名以上高级职称技术人员，涵盖上述5类以上专业；丙级资质单位不少于5人，应具备2名以上高级职称技术人员，3名以上中级职称技术人员，并涵盖上述4类以上专业。

6. 从业人员培训

从事海域使用论证工作的技术人员必须取得海域使用论证岗位证书。资质单位主管论证质量的技术负责人和技术人员应当参加海域使用论证业务培训班，领取海域使用论证岗位培训证书。培训证书是从业人员参加培训的有效记录，是技术人员持证上岗的主要证明，是资质单位年检的重要依据。培训证书有效期为3年，期满需重新参加培训。海域使用论证业务培训由国家海洋局或者国家海洋局委托的业务单位举办，并负责海域使用论证岗位培训证书的印刷、发放和管理。

（二）海域使用论证报告评审管理

1. 报告评审管理

国家海洋局印发的《关于进一步规范地方海域使用论证报告评审工作的若干意见》《关于加强海域使用论证报告评审工作的意见》等文件，要求评审组织部门和评审专家严格执行海域使用管理政策法规和相关技术规范,确保论证报告评审工作的严肃性,提高评审工作的质量,并对评审专家提出了具体要求,确定了重点把握内容。要求评审组织部门合理选聘专家,排除外界干扰,充分发挥专家的专业特长。要求提高评审工作的效率,将海域使用论证报告评审改为一次评审制度,不再进行任何形式的复审或复合。要求各级海洋主管部门加强评审专家队伍建设,认真落实专家库和专家委员会的职责,充分发挥评审专家的作用,加强评审工作的绩效考核。

2. 评审专家库

为了规范海域使用论证报告评审工作,保证海域使用论证的科学性和评审活动的公平、公正,提高评审质量,为海域使用论证评审提供科学依据,国家海洋局先后印发了《海域使用论证评审专家库管理办法》和《关于进一步规范地方海域使用论证报告评审工作的若干意见》,明确要求国家和省级海洋行政主管部门要分别组建并管理国务院和沿海县级以上地方人民政府审批项目用海的评审专家库。评审专家实行聘任制,聘任期为3年。

3. 专家评审委员会

省级海洋行政主管部门根据本省实际情况,分别成立不同类型的海域使用论证报告专家评审委员会,负责审阅海域使用论证报告,把关报告编制质量,提出明确的可行或不可行的评审意见。专家评审委员会涵盖围填海、港口码头、渔业用海和其他用海项目类型。市、县级可以只组建一个专家评审委员会,每个委员会正式委员不少于7人,实行任期制,每届任期1年,委员实行轮换制,任期届满后自动解散,由海洋行政管理部门重新组建。专家评审委员会的主任委员从国家海域使用论证评审专家库中聘选,委员从国家和本省评审专家库中提名。专家评审委员会的意见,由主任委员在归纳总结专家评审意见的基础上做出,应当明确可行或不可行的评审意见,并对海域使用论证报告提出具有针对性、具体和切实可行的修改意见。

(三)海域使用论证监督检查

1. 资质单位年度检查制度

海域使用论证资质单位实施年度检查制度,每年国家海洋局或国家海洋局委托的机关负责定期审查资质单位是否符合资质等级标准,是否存在论证质量问题,是否有违法违规行为等,并根据需要对提交检查材料的资质单位进行抽查。资质单位要向年检机关提交海域使用论证资质年检表一式两份,海域使用论证资质证书副本,当年完成的海域使用论证项目合同复印件及专家评审意见复印件,仪器设备检验合格证书复印件,其他涉及资质等级标准的变动情况及有关证明材料。国家海洋局对年检结论不合格或连续两年基本合格的,给予暂停执业、降低资质等级或吊销资质证书的处理。

2. 论证报告质量评估

海域使用论证报告质量评估采用定量打分方式,分优秀、合格、不合格三个等级,评估结果为不合格的,论证项目必须重新进行海域使用论证和评审。各级海洋主管部门或其委托的单位对辖区内上一季度的海域使用论证报告质量评估结果进行汇总,逐级上报至国家海洋局。国家海洋局负责汇总全国海域使用论证报告质量评估统计数据,通过国家海洋局官方网站以及《中国海洋报》等媒体公布海域使用论证报告质量评估情况。海域使用论证报告质量评估结果将作为海域使用论证资质单位资质年检、申请晋升资质等级、申报论证工作先进单位和个人、评选优秀海域使用论证报告的重要依据。对于一年内有3个以上海域使用论证报告质量评估结果为不合格的,国家海洋局将予以通报批评。

3. 论证工作举报制度

建立健全海域使用论证工作举报制度,是规范海域使用论证管理,及时发现、查处和纠正海域使用论证过程中的违法违规行为的必要手段。任何单位和个人发现下述行为,有权向国家海洋局举报:① 海域使用论证资质单位和个人采取欺骗、隐藏等手段取得资质证书;② 涂改、伪造、出借、转让资质证书,或允许其他单位以本单位的名义承担论证项目;③ 越级承担论证项目;④ 在编制论证报告时使用虚构或失实数据;⑤ 论证报告格式不规范、质量低劣的。国家海洋局在核查处理完成后,将核查处理情况及时反馈举报人,并执行严格的保密制度。

4. 责任追究制度

国家实行海域使用论证责任追究制度,对无视海域使用论证相关法律法规和标准规范,出具不合规定的海域使用论证报告,给国家和用户造成损失的部门,将依照有关法律法规给予处罚,对于相关的报告编写人员和参加报告评审工作的专家,也将进行相应的处罚。

第三节　海域使用权管理

一、海域使用权概述

(一)海域使用权的概念

海域使用权是指海域使用的单位和个人在法律所允许的范围内对依法交由其使用的国有海域的占有、使用、收益及依法部分处分的权利。海域使用权是我国海域使用制度在法律上的具体表现。《中华人民共和国海域使用管理法》(以下简称《海域法》)第三条规定,"海域属于国家所有,国务院代表国家行使海域所有权。任何单位或者个人不得侵占、买卖或者以其他形式非法转让海域","单位和个人使用海域,必须依法取得海域使用权"。

(二)我国海域使用权的主体、客体和内容

我国海域使用权的主体,根据《海域法》的规定,可以是任何依法取得国有海域使用权的单位和个人。我国国有海域使用权的客体是国家依法提供给单位和个人使用的海域。

海域使用权的内容是指海域使用权主体在依法行使海域使用权过程中形成的权利和义务。如《海域法》第二十三条规定,"海域使用权人依法使用海域并获得收益的权利受法律保护,任何单位和个人不得侵犯","海域使用权人有依法保护和合理使用海域的义务;海域使用权人对不妨害其依法使用海域的非排他性用海活动,不得阻挠"。第二十四

条规定，"海域使用权人在使用海域期间，未经依法批准，不得从事海洋基础测绘"，"海域使用权人发现所使用海域的自然资源和自然条件发生重大变化时，应当及时报告海洋行政主管部门"。

二、海域使用权的确认

（一）海域使用权取得

海域使用权的取得有以下几种方式。

1. 有偿取得方式

有偿取得方式即海域使用者向国家支付海域使用金以取得海域使用权的方式。根据我国《海域法》的规定，海域使用权有偿取得的方式包括申请审批、招标、拍卖、转让和出租。

（1）申请审批。海域使用者通过向国务院或地方人民政府提出用海申请，经批准后向国家缴纳海域使用金以获得海域使用权。据《海域法》第十八条的规定，用海应由国务院审批的项目包括：① 填海 50 公顷以上的项目用海；② 围海 100 公顷以上的项目用海；③ 不改变海域自然属性的用海 700 公顷以上的项目用海；④ 国家重大建设项目用海；⑤ 国务院规定的其他项目用海；⑥ 除国务院规定应由其审批的项目用海外，其他项目用海的审批权限由国务院授权省、自治区、直辖市人民政府自行规定。

（2）招标。海域使用权出让方发布招标公告，由 3 个以上的投标人在规定的时间提交投标方案，出让方综合考虑其海域开发利用方案及报价后，以综合效益最大化为前提确定优胜者，并将海域使用权让渡给优胜者。

（3）拍卖。海域使用权出让方发布拍卖公告，由 3 个以上的竞买者在指定的时间、地点进行公开竞价，并将海域使用权让渡给最高应价者。

（4）转让。海域使用者将海域使用权再转移的行为，包括出售、交换、作价入股与赠予。发生海域使用权转让的，其固定附属用海设施同时发生转移。

（5）出租、抵押。海域使用权出租是指海域使用者将海域使用权连同其固定附属用海设施租赁给他人使用，由承租人向使用权人支付租金，并获得承租海域及其附属用海设施的使用和收益权利。

海域使用权抵押是指海域使用权人以海域及其附属用海设施的使用权为履行债务的担保，当海域使用权人不能按期履行债务时，债权人享有从变卖海域及其附属用海设施使用权的价款中优先受偿权的债务担保形式。

若宗海存在海域使用权权属不清或者权属有争议、海域使用权人未按规定缴纳海域使用金或存在改变海域用途等违法用海情况、用于油气及其他海洋矿产资源勘查开采的海域、海洋行政主管部门认为不能出租、抵押的海域等情况，则该宗海不得出租或抵押。

2. 无偿取得方式

无偿取得方式即海域使用者在通过申请审批、招标、拍卖方式获取海域使用权的过程中，由国家或地方人民政府批准免于缴纳海域使用金，直接获取海域使权的方式。据《海域法》第三十五条的规定,下列用海,可免缴海域使用金:① 军事用海;② 公务船舶专用码头用海;③ 非经营性的航道、锚地等交通基础设施用海;④ 教学、科研、防灾减灾、海难搜救打捞等非经营性公益事业用海。第三十六条规定,下列用海,经有批准权的人民政府财政部门和海洋行政主管部门审查批准,可以减缴或者免缴海域使用金:① 公用设施用海;② 国家重大建设项目用海;③ 养殖用海。

3. 依照法律、政策规定取得

《海域法》第二十二条规定,在《海域法》施行前,已由农村集体经济组织或者村民委员会经营、管理的养殖用海,符合海洋功能区划的,经当地县级人民政府核准,可以将海域使用权确定给该农村集体经济组织或者村民委员会,由本集体经济组织的成员承包,用于养殖生产。

(二)海域使用权确认

《海域法》第十九条规定:"海域使用申请经依法批准后,国务院批准用海的,由国务院海洋行政主管部门登记造册,向海域使用申请人颁发海域使用权证书;地方人民政府批准用海的,由地方人民政府登记造册,向海域使用申请人颁发海域使用权证书。海域使用申请人自领取海域使用权证书之日起,取得海域使用权。"第二十条规定:通过招标、拍卖方式取得的海域使用权,在"招标或者拍卖工作完成后,依法向中标人或者买受人颁发海域使用权证书。中标人或者买受人自领取海域使用权证书之日起,取得海域使用权"。

(三)海域使用权收回

所谓海域使用权收回,是指人民政府依据法律规定,收回用海单位和个人的海域使用权的行为。据《中华人民共和国海域使用管理法》的规定,下列情况下可依法收回海域使用权:① 海域使用权期限届满,未申请续期或者申请续期未获批准的;② 擅自改变海域用途,且在责令改正期限内拒不改正的;③ 按年度逐年缴纳海域使用金的,未按期缴纳海域使用金,且在限期内仍拒不缴纳的。

三、海域使用权出让管理

(一)海域使用权出让的概念和特征

海域使用权出让是指国家以海域所有者的身份将海域使用权在一定年限内让与海域使用者,并由海域使用者向国家支付海域使用权出让金的行为。采用出让方式取得的海域使用权具有以下特征:

1. 受让主体广泛性

任何单位或个人,无论其在我国境内还是境外,都可通过《中华人民共和国海域使用管理法》和《海域使用权管理规定》的相关规定取得海域使用权。

2. 有偿性

采用出让方式取得海域使用权,必须签订海域使用权出让合同,在支付完全部海域使用权出让金或办理逐年缴纳后,依照相关规定办理海域使用权登记,领取海域使用权证书,方可取得海域使用权。

3. 计划性

海域使用权的出让,必须符合海洋功能区划的要求。县级以上人民政府海洋行政主管部门在审核海域使用权申请或制订海域使用权招标、拍卖方案时,必须以海洋功能区划为依据。有审批权的人民政府在审批县级以上人民政府海洋行政主管部门所制订的海域使用权招标、拍卖方案时,也应以海洋功能区划为准则。

(二) 海域使用权出让的基本原则

1. 海域所有权与使用权分离原则

海域使用权出让,就是海域使用权从所有权中合法分离的过程。海域使用租金是海域所有权在经济上的实现形式,土地使用者在支付海域使用租金后获取海域使用权,其实质上就是海域使用权从所有权中的剥离。

2. 平等、自愿、有偿、诚信原则

所谓平等是指签订海域使用权出让合同的出让方和受让方地位平等,不会因受让方的国籍、地位和财富的不同而有所差异,不允许任何一方将自己的意志强加给另一方。

所谓自愿是指海域使用权出让合同的内容必须体现双方的真实意愿,任何一方都不得强迫另一方违背自己的意愿签订合同。

所谓有偿是指海域使用权的出让必须在经济上有所体现,受让方在按照海域使用权出让合同的约定向国家支付海域使用权出让金后才可取得海域使用权。

所谓诚信是指海域使用权出让的双方在行使权利和履行义务的过程中必须诚实守信。

3. 国家主权神圣不可侵犯原则

海域使用权出让,不是割让领地,无论受让人是谁,受让的海域面积有多大,海域使用权都不得在其受让的海域范围内代行国家主权,亦不得拒绝国家行使主权。

海域使用权的出让主体只能是国家,其他任何单位和个人未经法律授权均不得行使出让海域使用权的权力,违者不仅其行为无效,还应承担由此产生的法律后果。

4. 海域利用综合效益最大化原则

海域使用权出让的最终目标是实现海域资源的最佳配置,从而达到海域资源利用的经济、社会和生态综合效益的最大化。因此,在进行海域使用权出让时,不能单纯以经济效益和地租收入最大化为前提,而应以经济、社会和生态三大效益的综合效益最大化为原则。

(三) 海域使用权出让年限

据《中华人民共和国海域使用管理法》第二十五条的规定,海域使用权的最高出让年限应按其用途的不同分别确定,具体如下:

(1) 养殖用海 15 年;

(2) 拆船用海 20 年;

(3) 旅游、娱乐用海 25 年;

(4) 盐业、矿业用海 30 年;

(5) 公益事业用海 40 年;

（6）港口、修造船厂等建设工程用海 50 年。

《海域法》中仅对各用途用海的海域使用权最高出让年限进行了规定，在具体宗海的出让中，应根据具体情况和国家相关政策确定其出让时的使用年限，不必都以最高年限出让，但不能超过《海域法》中所规定的最高年限。

（四）海域使用权出让方式及程序

海域使用权出让主要有申请审批、招标和拍卖 3 种方式，具体的操作程序、步骤由省、自治区、直辖市人民政府规定。

1. 审批出让

海域使用权申请审批是指海域行政主管部门根据海域用途、海洋功能区划及相关规划、国家产业政策、海域使用论证结果等情况，对用海者所提出的用海申请进行审查、批复，对海域面积、位置、用途、期限、使用要求、海域使用金等进行规定，申请人按项目用海批复的要求办理海域使用权登记获取海域使用权。

海域使用权申请审批的一般程序：① 海域使用权申请人持自身相关资信证明、相关管理部门的许可文件、用海所涉及利益相关者的解决方案或协议等相关文件向海域使用申请受理机关提出用海申请；② 受理机关对申请人提出的用海申请进行初核；③ 海域使用权申请初审通过后，由审核机关通知申请人开展海域使用论证，并在收到论证材料后组织专家对其进行评审，并征求相关部门的意见；④ 待审核通过后，由审核机关做出项目用海批复；⑤ 申请人按项目用海批复要求办理海域使用权登记，领取海域使用权证书，取得海域使用权。

2. 招标出让

海域使用权招标是指有审批权的人民政府海洋行政主管部门或其委托单位，根据同级人民政府所批准的招标方案编制招标文件，发布招标公告，通过合法招标，从投标者中择优确定中标者出让海域使用权。

海域使用权招标的一般程序：① 海洋行政主管部门编制招标文件，印制《海域使用权投标须知》、《海域使用权投标书》、《海域使用权出让合同样式》等文件，并制作好标箱等必要工具；② 海洋行政主管部门向社会公开发布《海域使用权招标公告》；③ 有意参加的投标者在《招标公告》规定的时间内到指定地点领取招标文件；④ 投标者在投标截止日期前到指定地点将密封的投标书投入标箱，并支付履约保证金；⑤ 海洋行政主管部门组织开标会议，按招标公告所规定的日期、地点，在公证员监督下，当众开标、验标；⑥ 海洋行政主管部门组织的招标机构（或成立招标小组）评标、定标；⑦ 中标人在接到中标通知书后，与海洋行政主管部门签署成交确定书、缴纳海域使用权出让金，并按规定签订海域使用权出让合同；⑧ 中标人持价款缴纳凭证和海域使用权出让合同，办理海域使用权登记手续，领取县级人民政府颁发的《海域使用权证》，取得海域使用权。

3. 拍卖出让

海域使用权拍卖出让是指有审批权的人民政府海洋行政主管部门或其委托的合法拍卖机构，根据同级人民政府所批准的招标方案编制拍卖文件，发布拍卖公告，在指定的时间、地点,由符合规定条件的用海需求者公开叫价竞投,并从竞标者中选择价高者确定中标人出让海域使用权。

海域使用权拍卖出让的一般程序:① 海洋行政主管部门编制拍卖文件,印制《海域使用权拍卖须知》《海域使用权出让合同样式》等文件,并将拍卖事宜向社会公布;② 有意参加拍卖的竞投者按公告指示领取有关文件;③ 拍卖主持人按公告规定的时间、地点主持拍卖活动;④ 竞得人在中标后与海洋行政主管部门签署成交确定书、缴纳海域使用权出让金,并按规定签订海域使用权出让合同;⑤ 中标人持价款缴纳凭证和海域使用权出让合同,办理海域使用权登记手续,领取《海域使用权证》,取得海域使用权。

四、海域使用权转让管理

(一)海域使用权转让的概念和特征

1. 海域使用权转让的概念

海域使用权转让是指以出让方式取得的海域使用权在民事主体之间的再转移行为,是平等民事主体间的民事法律关系。

海域使用权转让的基本形式包括出售、交换、赠予和作价入股。

(1)出售。即买卖,当事人约定一方将海域使用权转移给他方,他方支付价款的行为。海域使用权的出售必须是符合法定条件的海域使用权人的行为,并且按平等、自愿、等价有偿的原则,由双方当事人通过协商、招标或拍卖成交。

(2)交换。也称"互易",即以物换物。海域使用权的交换是指当事人双方交换各自所具有使用权的海域,不同于以价款支付方式的海域使用权,但双方当事人的法律地位与买卖双方当事人相当。

(3)赠予。即赠予人一方自愿将自己的财物无偿地交给受赠人的行为。海域使用权赠予是指海域使用权受让人或再受让人作为赠予人将海域使用权无偿转移给受赠人的行为,受赠人成为海域使用权的新受让人。

(4)作价入股。即以物作钱入股企业。海域使用权作价入股是指海域使用权人将一定年期的海域使用权作价,作为出资投入成立(或改组)的新设企业,该海域使用权由新设企业持有并可依照海域使用管理相关法律、法规的规定进行转让、出租和抵押。

2. 海域使用权转让的特征

(1)海域使用权转让是发生在平等民事主体之间的民事法律行为。当事人之间进行的民事活动,应遵循平等、自愿、等价有偿、诚实、信用和不损害社会公共利益等民事活动基本准则。

(2)海域使用权转让所转让的只是出让一定年限的海域使用权,海域所有权仍属于国家。

(3)海域使用权转让时,原受让人签署的海域使用权出让合同中所规定的权利和义务同时转移,新的受让人成为原海域使用权出让合同中权利和义务的新的承受者。

(4)海域使用权与其固定附属的用海设施在转让时不可分离,因此,海域使用权转让时,其所固定附属的用海设施也随时同时转让。

(二)海域使用权转让条件及内容

1. 海域使用权转让条件

《海域使用权管理规定》(国海发〔2006〕27 号)对海域使用权转让的条件进行了明确规定:

(1)开发利用海域满一年;

(2)不改变海域用途;

(3)已缴清海域使用金;

(4)除海域使用金以外,实际投资已达计划投资总额百分之二十以上;

(5)原海域使用权人无违法用海行为,或违法用海行为已依法处理等条件。

2. 海域使用权转让内容

海域使用权转让的内容主要包括:

(1)权利、义务的转移。海域使用权转让时,原海域使用权出让合同和海域使用权登记文件中所载明的相关权利和义务也随之转移给新的受让人。

(2)固定附属用海设施转让。海域使用权转让时,其固定的附属用海设施也随之转让。

(3)使用年限。受让海域使用权的使用年限为海域使用权出让合同规定的使用年限减去原海域使用者已使用年限的剩余年限。

(4)转让价格。海域使用权转让价格若明显低于市场价格,则市、县人民政府应享有优先购买权。海域使用权与其固定的附属用海设施一同转让的,其价格应分别评估,一同支付。

(三)海域使用权转让程序

海域使用相关法律并未对海域使用权转让的程序做出具体规定,但明确规定,海域使用权的转让必须向原批准用海的人民政府海洋行政主管部门提起申请,待其批复后,需于15 日内办理海域使用权变更登记,领取海域使用权证书。

五、海域使用权出租管理

(一)海域使用权出租的概念及其特征

1. 海域使用权出租的概念

海域使用权出租是指合法取得海域使用权的民事主体(即出租人)将海域使用权及其固定附属用海设施全部或部分提供给他人(即承租人)使用,承租人为此而支付租金,并获得承租海域及其附属用海设施的使用和收益权利的行为。

2. 海域使用权出租特征

(1)海域使用权出租是一种民事法律行为,应与海域使用权转让一样,遵循平等、自愿、等价有偿、诚实、信用等民法原则。

(2)海域使用权出租是出租人在保留海域使用权的前提下,把部分海域使用权能租赁给他人使用,并收取租金,并不发生作为物权的整个转移。

（3）出租的海域必须是已合法取得并允许出租的海域。

（4）海域使用权出租后，出租人仍需履行出让合同所规定的义务。

（5）海域使用权出租主体（出租人）一般是以出让或转让方式取得海域使用权的海域使用权受让人。

（6）海域使用权出租时，其所固定附属的用海设施也随之一并出租。

（二）海域使用权出租条件

据《海域使用权管理规定》的规定，存在以下情形的海域使用权不得出租。

（1）海域使用权权属不清或者权属有争议；

（2）海域使用权人未按规定缴纳海域使用金或存在改变海域用途等违法用海情况；

（3）用于油气及其他海洋矿产资源勘查开采的海域；

（4）海洋行政主管部门认为不能出租的。

六、海域使用权抵押管理

（一）海域使用权抵押概念

海域使用权抵押是指海域使用权人以海域及其附属用海设施的使用权为履行债务的担保，当海域使用权人不能按期履行债务时，债权人享有从变卖海域及其附属用海设施使用权的价款中优先受偿权的债务担保形式。

（二）海域使用权抵押的作用

海域使用权抵押对于抵押双方（即债权人和债务人）都具有积极的作用。对于债权人来说，海域的占有不发生转移，既可以免除其对抵押海域的责任，又能在债务人到期未履行债务时，通过处分海域使用权发挥抵押权的担保作用而获得优于其他债权人受偿的权利，从而保障债权人的利益。对于债务人（即海域使用权人）来说，一方面可通过设立抵押权获取所需资金用于海域开发建设，从而实现海域资源的利用和增值；另一方面，设立抵押权并不需要转移供担保的海域，债务人还可以继续对该海域进行占有、使用和收益。

（三）海域使用权抵押的条件

据《海域使用权管理规定》的规定，存在以下情形的海域使用权不得抵押：

（1）海域使用权权属不清或者权属有争议；

（2）海域使用权人未按规定缴纳海域使用金或存在改变海域用途等违法用海情况；

（3）用于油气及其他海洋矿产资源勘查开采的海域；

（4）海洋行政主管部门认为不能抵押的。

第四节　海域评估管理

一、海域评估概念

所谓海域价格评估即指海域价格评估专业人员依据海域价格评估的原则、程序和方法,在充分掌握海域使用权市场交易资料的基础上,根据海域的自然、经济属性,按海域及其附属用海设施和海上构筑物的质量、等级及其在现实经济活动中的一般收益状况,充分考虑社会经济发展、海域利用方式、利用政策以及利用效益等因素的影响,综合评定其价值的活动。

一般来说,根据评估目的的不同,海域价格评估可分为海域使用权交易评估、海域使用权抵押评估、海域使用保险评估、海域使用税收评估、海域使用权征收补偿评估等。

对海域价格评估概念的理解可以从以下几个方面进行:

1. 海域价格评估人员必须具备相应的基本素质

海域价格评估人员应具备海域价格评估的专门知识、熟练的海域价格评估经验和较为广泛的背景知识;具备较强的调查研究能力和严密的判断推理能力。此外,从事海域价格评估的人员还必须做到责任心强、诚实守信、廉洁自律、公平公正。

2. 海域价格评估的目的必须明确

海域价格评估目的的不同,所涉及的海域评估对象资料的收集、参数的选择、方法的选用等都应有所不同,因海域使用权交易、海域使用权抵押、海域使用保险、海域使用税收、海域使用权征收补偿等目的,需对宗海价格进行评估的,需要根据其使用目的的不同和估价对象的具体特征选择适当的估价方法,并制订相应的估价方案。

3. 海域价格评估必须遵循价值评估的基本原理与方法

海域使用权与一般的商品不同,它不是劳动产品,其价格决定机理较之一般商品更为复杂,不能像一般商品的价格一样由社会必要劳动时间决定,且更易受到自然、经济和社会因素的影响。海域使用权的价格主要取决于其位置及供求关系;附属用海设施及海上构筑物的价格则主要取决于其劳动价值量。

4. 海域价格评估必须依照一定的程序选用合适的方法

海域使用权价格评估的方法很多,如,收益还原法、成本逼近法、假设开发法、市场比较法、基准价系数修正法等。每种估价方法都有其理论依据、适用对象、应用范围和应用条件,在进行宗海价格评估时,应根据待估对象的实际情况,选择最合适的估价方法。一般来说,对海域使用权价格进行评估应同时选用 2 种以上的估价方法进行评估,以提高估价的精度。

5. 海域价格评估必须拥有充足的资料

拥有大量的一手资料对于海域价格评估十分必要,在评估一宗海之前要首先了解待估对象的权利状况,因为权利状况的不同会对价格带来很大的差异。价格形成于市场,大量充分的海域使用权市场资料的获取是评估海域价格的关键环节,海域使用权市场的历史和未来发展趋势对于海域价格也有不可忽视的影响。此外,海域使用的相关政策、法规资料以及宗海所在地的自然、经济和社会发展资料也必须收集。

6. 海域价格评估应明确估价期日与估价结果有效期

海域价格是一定年期的海域使用权及其附属用海设施和海上构筑物在某一时点(估价期日)的价格,时点不同,则其价格也不同。所谓估价期日是指决定宗海估价额的基准日期,通常以年、月、日表示,如某宗海估价期日为 2015 年 9 月 30 日,则其对应估价报告中的评估价格为 2015 年 9 月 30 日这一时点该宗海的价格。随着社会、经济的发展和海域使用权市场的完善,海域价格必将经常处于变动之中,因此,海域价格的评估结果具有一定的时效性,在估价报告中应明确注明该估价结果的有效期。

二、海域评估原则

海域评估应遵循的基本原则有最佳使用原则、预期收益原则、贡献分配原则、市场供需原则和替代原则。

1. 最佳使用原则

海域评估以评估对象的最有效使用为前提,应符合其自身利用条件、海洋功能区划及相关规划,实现海域、资本、劳动力、技术、经营管理等生产要素的最优配置。

2. 预期收益原则

海域评估应以评估对象在正常利用条件下未来客观有效的预期收益为依据。

3. 贡献分配原则

海域价格应根据海域对海域总收益的贡献大小确定。

4. 市场供需原则

海域评估应以市场供需决定海域价格为依据,并充分考虑海域供需的特殊性和海域市场的区域性。

5. 替代原则

海域评估应以相同等别均质海域在同等利用条件下的海域市场交易价格为参照,评估结果不应明显偏离具有替代性质的海域客观价格。

三、海域评估方法

海域评估的基本方法有收益还原法、成本逼近法、假设开发法、市场比较法、基准价系数修正法。

1. 收益还原法

收益还原法指将海域未来预期纯收益,按一定还原利率折算成评估基准日收益总和的一种方法。该方法只适用于有收益或有潜在收益并能按照贡献原则较准确地计算海域未来每年纯收益的情形。

2. 成本逼近法

成本逼近法指以开发海域所耗费的各项费用之和为主要依据,再加上一定的利息、利润、应缴纳的税金和海域增值收益来确定海域价格的评估方法。该方法适用于初次开发的海域,或海域市场欠发育、交易实例少的地区的海域价格评估。

3. 假设开发法

假设开发法指以预计或已开发完成后海域及其附属用海设施、人工构筑物市场总价扣除正常的开发成本、利润后的余额作为待估海域价格的一种方法。该方法适用于能准确把握待开发海域在投资开发后的价格,并且具有投资开发或再开发潜力的海域的估价。

4. 市场比较法

市场比较法指在求取待评估海域价格时,以条件类似海域买卖实例与待估海域加以对照比较,从而求取待估海域价格的一种方法。该方法仅适用于市场稳定,有丰富交易案例的地区。并且这些交易案例的资料可靠合法,与待估对象具有可替代性。运用市场比较法估算海域的价格需要掌握海域交易市场行情,搜集大量的交易实例,选择与待估海域有相关性和可替代性的案例进行修正。

5. 基准价系数修正法

基准价系数修正法指以海域基准价为基础,采用替代原理建立基准价、宗海价格以及影响因素之间的关系,利用宗海价格修正系数将同等别相同用途的海域基准价修正为待估海域价格的方法。该方法适用于海域市场不成熟、市场交易资料不健全,无法通过其他方法评估的情形。

四、海域评估程序

海域评估程序包含从接受委托方的估价委托书开始到最后完成海域评估报告,然后将报告书提交给委托方工作而获取评估报酬的全过程。

1. 确定评估基本事项

评估方和委托方签署评估委托协议,确定评估类型、评估对象、评估目的、评估基准日与评估日期等基本事项。

2. 拟订评估作业计划

根据委托协议,确定评估项目、内容、资料类型及来源、调查方法、人员安排、时间与成果组成等。

3. 资料收集

根据评估方法的不同,有针对性的收集宗海所处地区的海洋经济因素、区域经济因素、社会发展因素和资源环境因素资料,宗海自身条件、权利状况和利用状况及与待估宗海相关的海域交易实例资料等。需要收集的图件资料应包括海籍图、海域基准价图、宗海图等。

评估人员应实地踏勘待估宗海,了解掌握待估宗海所在位置、形状、海域利用状况、基础设施条件、道路交通状况以及周围环境等情况。

4. 选择评估方法

应针对评估目的、评估对象所属的用海类型、评估对象开发利用状态和海域市场现状等,根据各评估方法的适用条件选择适用的评估方法。评估宜选用两种以上方法。

5. 确定评估参数和修正系数

针对选择的评估方法,确定必要的评估参数和修正系数。

6. 测算海域价格

利用所选各评估方法的计算公式分别测算海域价格。

7. 确定宗海价格

仅采用一种方法评估的,测算价格为最终宗海价格。采用多种方法评估的,宜选用简单算术平均法、加权算术平均法、中位数法、综合分析法等方法,确定评估结果。

海域出让评估应明确海域开发费、专业费、补偿费、业务费、其他费用等内容;海域转让评估应明确海域转让前的取得价格、附属用海设施和海上构筑物重置费以及转让增值收益等内容。

最终结果以人民币注明宗海价格和单价,宗海价格应附大写金额。

8. 撰写评估报告书

宗海价格评估完成后要提交评估报告书。评估报告书包括《海域价格评估报告》和《海域价格评估技术报告》,报告书格式分为文字式和表格式。

五、海域评估监督管理

海域评估作为一个新兴的评估专业,对其加强监督管理,对于规范海域评估行为,促进海域评估行业发展具有重要意义。海域评估的监管实行分级管理,国家海洋局作为海域评估的海域评估主管部门,对全国海域评估工作实施监督管理,负责制定海域评估技术标准、发布海域评估机构推荐名录和开展海域评估人员的培训。沿海各省、自治区、直辖市海域行政主管部门对本辖区内海域评估活动实施监督管理。对于海域评估机构,国家海洋局依据评估机构资格条件发布《海域评估机构推荐名录》,并根据机构评估业绩和资格条件进行动态管理。对于评估人员实行持证上岗制度,从事海域评估工作人员须持有国家海洋局发放的"海域评估岗位证书"。国家海洋局定期组织海域评估培训及考试,对考试合格者颁发此证书。

第五节　海域使用监督检查

一、海域使用监督检查概述

(一)海域使用监督检查的概念

海域使用监督检查是指县级以上人民政府海洋行政主管部门和财政部门依法对单位和个人执行及遵守国家海域使用管理法律、法规和规章的情况进行监督检查,以及对违法行为实施法律制裁的行政执法活动。一般意义的海域使用监督检查仅是指对海域使用行为的执法检查,而广义的监督检查除包括对海域使用行为的执法检查以外,还包括对海域使用行政管理行为的行政监察。海域使用监督检查的目的在于加强海域使用管理,维护国家海域所有权和海域使用权人的合法权益,促进海域使用的合理开发和可持续利用。

《海域使用管理法》及其配套的规范性文件是实施海域使用监督检查的主要依据。《海域使用管理法》第七条规定,国务院海洋行政主管部门负责全国海域使用的监督管理;沿海县级以上地方人民政府海洋行政主管部门根据授权,负责本行政区毗邻海域使用的监督管理。第三十七条规定,县级以上人民政府海洋行政主管部门应当加强对海域使用的监督检查;县级以上人民政府财政部门应当加强对海域使用金缴纳情况的监督检查。

(二) 海域使用监督检查主体及其分工

1. 海洋行政主管部门及海监机构

《海域使用管理法》第三十七条规定,县级以上人民政府海洋行政主管部门应当加强对海域使用的监督检查。县级以上人民政府财政部门应当加强对海域使用金缴纳情况的监督检查。这一规定明确了海域使用监督检查的主体是国家依法设立的代表国家行使海域使用监督检查行政职权的国家和地方海洋行政主管部门及其海洋执法机构和财政部门。其中,海洋行政主管部门及其海洋执法机构在海域使用监督检查工作中占主导地位,应当承担主要责任。由于海域使用监督检查由两个部门分工负责,因此部门之间的协作十分重要,只有及时沟通、互相配合,才能共同做好海域使用的监督检查工作。

《海域使用管理法》第三十八条明确对海洋行政主管部门提出了要求,海洋行政主管部门应当加强队伍建设,提高海域使用管理监督检查人员的政治、业务素质。海域使用管理监督检查人员必须秉公执法,忠于职守,清正廉洁,文明服务,并依法接受监督。海洋行政主管部门及其工作人员不得参与和从事与海域使用有关的生产经营活动。

中国海监机构是同级海洋行政主管部门的重要组成部分,是海洋行政主管部门内部的专业执法机构,具有行政机关内设机构的性质。中国海监机构依照海洋行政主管部门的内部分工承担行政处罚工作,不能视同于一般意义上的委托,而是依据"制定政策审查审批职能与监督检查、实施行政处罚职能的相对分离"原则,承担行政处罚职能。随着沿海地方各级海洋行政主管部门所属的中国海监机构的设置到位,海域使用行政处罚工作将全部由海监机构具体承担。

2. 财政部门

《海域使用管理法》第三十七条规定,县级以上人民政府财政部门应当加强对海域使用金缴纳情况的监督检查,确定了财政部门在海域使用金监督管理工作中的地位。2007年财政部和国家海洋局联合下发的《关于加强海域使用金征收管理的通知》明确规定,沿海各省、自治区、直辖市及计划单列市财政、海洋行政主管部门要加强对海域使用金征收管理的监督检查,确保海域使用金及时足额缴入中央和地方国库。财政部驻相关地方财政监察专员办事处负责中央海域使用金收入监缴入库工作,确保应缴中央海域使用金收入及时足额缴纳入库。

(三) 海域使用监督检查实施的法定要件

实施合法的海域使用监督检查行为必须具备下列法定要件:

1. 监督检查的主体要合法

海域使用监督检查作为法定的行政执法行为,只有具备法定资格的行政执法主体依法所做的行政执法行为才是合法的行政执法行为。依据我国相关法规规定,县级以上各级人民政府海洋行政主管部门所属的海洋执法机构具体承担海洋行政处罚工作,以同级海洋行政主管部门的名义实施海洋行政处罚。另外,实施海域使用监督检查行为的执法人员也应当具备合法的身份,并应当出示相关证件。

2. 监督检查的权限要合法

海域使用监督检查主体只有在法定权限内所做出的监督检查行为才是合法行为,超越法定权限而做出的行政行为是越权行为。

3. 监督检查的内容要合法

监督检查行为必须具有事实根据;适用法律、法规正确无误;监督检查的目的符合立法本意,不能曲解法律含义或者背离法律的宗旨和原则。

4. 监督检查的程序要合法

监督检查的实施部门的执法行为必须符合行政程序基本原则和基本制度的要求。比如,在监督检查过程中,要先查明事实,后做出行政处理决定;要向相对人说明事实、理由,充分听取相对人的陈述、申辩意见,对特定的案件举行听证会等。

5. 监督检查的形式要合法

只有形式合法的行政执法行为才是合法有效的行政行为,因此海域使用监督检查行为的形式必须符合相关法规要求,而且这些具体行为应在法定、合理期限内做出。

(四) 海域使用监督检查对象方式与内容

1. 监督检查的对象

海域使用监督检查的对象是使用海域的单位和个人及其用海活动。其中对用海单位和个人的监督检查,既包括检查用海项目的业主,也包括检查施工单位。

2. 监督检查的方式与措施

针对海域使用活动用海区域相对固定、用海时间相对较长、用海类型多种多样等特点,海监机构在对用海项目实施监督检查时,应当有针对性地酌情采用多种检查方式,主要包括:综合检查与专项检查,定期检查与不定期检查,事前检查、事中检查与事后检查,现场检查与书面检查,联合检查与单独检查。

《海域使用管理法》第三十九条规定,县级以上人民政府海洋行政主管部门履行监督检查职责时,各级海洋执法机构有权采取下列措施:第一,要求被检查单位或者个人提供海域使用的有关文件和资料;第二,要求被检查单位和个人就海域使用的有关问题做出说明;第三,进入被检查单位或者个人占用的海域现场进行勘查;第四,责令当事人停止正在进行的违法行为。用海单位和个人有义务予以配合,不得拒绝、妨碍海域使用监督检查人员依法执行公务。

3. 监督检查的内容

海域使用监督检查的内容主要有两项:① 对用海单位和个人的用海活动实施监督检查,重点监督检查用海单位和个人在使用海域过程中依法行使权利和履行义务的情况。主要检查内容包括:检查用海项目是否经有管辖权的政府部门审查批准,海域使用活动是否符合海洋功能区划的管理要求,用海者是否持有海域使用证,证件是否有效;用海者是否严格按照批准的用途、范围、期限使用海域,用海者在海域使用权终止后是否按规定拆除用海设施和构筑物;用海者是否如期缴纳海域使用金等。② 对海域使用违法行为,依据《海域使用管理法》和有关法律、法规予以行政处罚。

二、海域使用执法检查

（一）海域使用违法行为的内涵

海域使用违法行为是指海域使用管理活动中的行政法律关系主体——行政相对人（用海者）违反海域使用管理法律、法规以及规章所设定的义务，侵害了海域使用管理法律所保护的行政关系，对国家、社会的公共利益和管理秩序造成一定危害，尚未构成犯罪，应当予以行政处罚的行为。

海域使用违法行为具有以下特征：① 海域使用违法行为的主体是海域使用管理相对人，即用海者；② 海域使用违法行为是违反海域使用管理法律、法规和规章，侵害海域使用管理法律、法规和规章所保护的海域使用管理行政关系的行为；③ 海域使用违法行为是一种尚未构成犯罪的行为；④ 海域使用违法行为的法律后果是承担行政责任。不履行海域使用管理法律、法规和规章规定的义务，构成行政违法的，必须接受国家的法律制裁。

（二）海域使用违法行为的种类

根据方式和状态的不同，可以将海域使用行政违法行为分为"作为的海域使用行政违法"和"不作为的海域使用行政违法"。作为的行政违法是指管理相对人不履行海域使用管理法律规范或国家有关行政行为法所规定的不作为义务；不作为的行政违法是指管理相对人不履行海域使用管理法律规范或国家有关行政行为法所规定的必须作为的义务。

从海域使用法律、法规的具体应用实践来看，行政管理相对人的违法行为存在着多种表现形式，主要有非法占用海域、不按规定办理海域使用权续期手续继续用海、非法改变海域用途、海域使用权终止后不按规定拆除用海设施和构筑物、不按期缴纳海域使用金、妨碍监督检查等共六类违法行为。

（三）海域使用行政处罚

海域使用行政处罚是指海洋行政主管部门及其所属的中国海洋执法机构依照法定权限和程序，对单位和个人违反海域使用管理法律、法规的行为给予行政制裁的具体行政行为。海域行政处罚的主体是海洋行政主管部门，中国海洋执法机构作为海洋行政主管部门所属的专门的海洋行政执法机构，承担其具体的海洋行政处罚工作，亦即以同级海洋行政主管部门的名义实施海洋行政处罚。海域使用行政处罚是海洋行政处罚的一个重要组成部分。海域使用行政处罚的对象是作为管理相对人的单位或个人，亦即用海者。海域使用行政处罚实施的前提必须是相对人违反了海域使用管理法律和法规，相应的海域使用行政处罚已经在相关法律、法规中有明确规定。海域使用行政处罚是一种制裁行为，是对违法相对方权利、利益的限制和剥夺。

三、海域使用行政监察

海域使用行政监察是指行政监察机关对海洋行政主管部门及其公务人员的海域使用管理、执法行为进行专门监督，是政府针对自身（海洋行政主管部门）海域使用管理行为实施的一种自我监督形式。行政监察的目的包括两个方面:一是预防违法行政和追究行政主体行政违法行为的法律责任,保障《海域使用管理法》的实施;二是保证政令畅通,维护行政纪律,促进廉政建设,改善行政管理,从而提高行政效能。

(一)海域使用行政监察形式

对海域使用管理和执法行为的监督按其监督形式可分为自我监督、层级监督和专门监督三种。

1. 自我监督

自我监督是一级海洋行政主管部门对本级进行的监督,包括本单位党组织对行政部门的监督、负责人对下级部门及工作人员的监督、内设机构之间的相互监督。

2. 层级监督

层级监督是上级海洋行政主管部门对下级海洋行政主管部门的监督。层级监督主要通过层级间的业务指导、监督实现。

3. 专门监督特指纪检监察部门的监督

专门监督特指纪检监察部门的监督,即海洋行政主管部门所设纪检监察部门(或者是行政监察机关派驻的监察机构和人员)根据行政监察机关的指令,本海洋行政主管部门领导的指示,社会人员举报,或者是海域管理机构、中国海洋执法机构的业务监督信息,实施的专门监督。

(二)海域使用行政监察主要内容

海域使用行政监察的主要依据包括《海域使用管理法》及其配套法规(包括行政法规和地方性法规)、规章(包括部门规章和地方规章)、人民政府的决定和命令、《行政许可法》《行政处罚法》《海洋行政处罚实施办法》等。同时,海域使用行政监察还应参照《行政监察法》《监察机关调查处理政纪案件办法》《中华人民共和国公务员法》(以下简称《公务员法》)《中国共产党纪律处分条例》等执行。上述法律、法规以及其他相关制度,明确了行政监察工作的监察主体、监察对象、监察职责和事项以及实施监察的基本原则、方式和程序等。

海域使用行政监察的主要内容,第一是对海洋行政主管部门及其公务人员违法审批用海项目、违法查处用海案件的具体行政行为予以调查和处理,并追究有关责任人的行政责任;第二是对下级海洋行政主管部门制定与海域使用管理法律、法规相抵触的政策和规定的抽象行政行为予以纠正,以维护国家法制、政令的统一与威严。

(三)海域使用行政监察程序

1. 监督程序

监督程序按照案件违纪、违法性质的严重程度,一般分为检查程序和调查程序。

检查程序一般是对违法、重大违纪案件的检查、处理。第一步,立项或者是立案;第二步,制定检查方案并组织实施检查;第三步,向同级政府或上级监察机关提出检查报告;第四步,根据检查结果做出监察决定或提出监察建议。同时,立项和立案要向同级人民政府和上级监察机关备案。

调查程序一般是对违反行政纪律案件的调查处理：第一步，初审是否违纪和是否需要追究责任，然后立项；第二步，组织实施调查，搜集证据；第三步，有证据证明违反行政纪律，需要给予行政处分的，予以审理；第四步，做出监察决定或提出监察建议。这里应注意，重要和复杂的案件也应向同级人民政府和上级监察机关备案。

以上两种程序终结以后，监察决定或监察建议应书面送达有关部门，有关部门应当及时将监察决定或建议的执行情况通报监察机关。

2. 海域使用行政监察办案的基本流程

（1）一般由海域管理机构或海监机构提供原始情况，以上两个部门业务系统内的指导和监督是开展海域使用行政监察工作的重要基础和主要途径。

（2）在管理和执法工作中发现问题后，有违法、违纪情形的应予以慎重考虑和研究，进行立项或立案。

（3）海域管理机构或海监机构，独立组织或相互抽调人员，案件性质严重的还可以与纪检监察部门联合组成专案组，制订个案查办方案。

（4）严肃调查监察对象（部门或者个人）的违法情况，认真收取证据。

（5）查办过程中向同级海洋行政主管部门负责人和纪检监察部门报告情况或向上级部门通报情况。

（6）调查结束时提出对该案的初步意见。

（7）配合纪检监察部门拟定监察决定或建议。对违法违纪情节较轻的予以纠正；对违法违纪情节严重的由纪检监察部门做出行政处分；对有犯罪嫌疑的移交司法部门，追究刑事责任。

—— ◼ **本章小结** ◼ ——

海域使用管理是海洋管理的核心，本章介绍了海域使用和海域使用管理的概念，并从法律和理论两个方面阐述了海域使用管理的依据。而海域使用论证是海域管理参与宏观调控的"切入点"，本章概述了海域使用论证的内涵、内容、程序和作用以及论证资质、论证报告编制和评审管理。在给出海域使用权的基本概念之后，分析了海域使用权的确认和出让、转让、出租、抵押的管理，并对海域评估涉及的基本概念和评估原则、方法、程序进行了介绍。最后，在概述海域使用监督检查概念、实施主体及其分工、实施法定要件、监督检查对象与内容的基础上，重点介绍了海域使用执法检查和海域使用行政监察。

—— ◼ **关键术语** ◼ ——

海域使用　海域使用管理　海域使用论证　海域使用权　出让　转让　出租　抵押
海域评估　海域使用监督检查

—— ◼ **复习思考题** ◼ ——

1. 简述海域使用管理的法律依据和理论依据。

2. 海域使用论证的主要内容包括哪些方面？

3. 简述我国海域使用权出让、转让、出租、抵押的区别和管理。

4. 简述海域价格评估的方法。

参考文献

[1]　海域管理培训教材编委会. 海域管理概论[M]. 北京:海洋出版社,2014.

[2]　王铁民. 海域使用管理探究[M]. 北京:海洋出版社,2002.

[3]　韩立民. 海域使用管理的理论与实践[M]. 青岛:中国海洋大学出版社,2006.

[4]　苗丰民. 海域使用管理技术概论[M]. 北京:海洋出版社,2004.

[5]　黄晓琛. 浙江省海域使用调查与研究[M]. 北京:海洋出版社,2012.

[6]　海域管理培训教材编委会. 海域使用论证技术方法[M]. 北京:海洋出版社,2006.

[7]　海域管理培训教材编委会. 海域使用论证案例评析[M]. 北京:海洋出版社,2014.

[8]　张惠荣. 海域使用权属管理与执法对策[M]. 北京:海洋出版社,2009.

[9]　曹英志. 海域资源配置方法研究[M]. 北京:海洋出版社,2015.

[10]　于青松,齐连明等. 海域评估理论研究[M]. 北京:海洋出版社,2006.

[11]　苗丰民,赵全民. 海域分等定级及价值评估的理论与方法[M]. 北京:海洋出版社,2007.

第六章　海洋资源经济管理

第一节　海洋资源经济管理概述

一、海洋经济

"海洋经济"一词在我国已提出 30 多年,但一直没有一个较统一的定义,学者们从自己的专业领域出发,对海洋经济的概念提出了众多的界定,甚至同一学者在不同的研究中也会给出不同的诠释。对比分析后可以发现,海洋经济的界定方法或者范畴多种多样,有以海洋空间为特定活动场所的经济活动,有利用海洋资源作为生产资料的经济活动,有以产品为海洋开发服务的经济活动,还有利用海洋区位优势的经济活动,专家学者们对海洋经济的定义也是仁者见仁,智者见智。但无论从哪个角度定义海洋经济,其核心点主要集中在海洋地理空间和海洋资源两个方面,而海洋地理空间实质上也是一种海洋资源。因此可以说,海洋经济的本质是对海洋资源进行配置和利用的一种社会实践活动,这里所说的海洋资源包括海洋自然资源和社会资源。根据国家标准《海洋及相关产业分类》(GB/T 20794-2006)中对海洋经济的定义,海洋经济是开发、利用和保护海洋的各类产业活动以及与之相关联活动的总和。

海洋资源是自然资源的重要组成部分,是国民经济和社会发展的重要物质财富之一。从理论上讲,海洋资源可以用货币计量其价值,能为某一利益主体所拥有,并能为其带来经济效益。海洋经济是海洋资源经济化的实体,是海洋资源的价值得到体现的最真实反映,海洋资源对改善经济结构的贡献,主要也是通过海洋经济的发展来实现的。

二、海洋资源经济管理

海洋资源经济管理是海洋资源管理的重要内容。所谓海洋资源经济管理,就是运用经济的手段和方法来管理和保护海洋资源,以取得海洋资源利用的最大经济效益。为了科学地管理海洋资源,保证海洋资源占用的合理性和海洋资源利用的经济效益,除了运用行政和法律手段外,还要运用经济管理的手段和方法,使之与海洋资源利用单位和个人的物质利益挂钩,保证海洋资源所有权在经济上加以体现。

一个国家的海洋史,从某种意义上说就是海洋资源利用的历史。在海洋资源利用上,不仅要弄清楚海洋资源利用、配置等环节中的资源经济关系,还要寻求实现海洋资源利用效益的最优途径。为此,一方面要对现有海洋资源采取最严厉的经济保护措施,对可耗竭海洋资源的可持续利用(用经济学的观点描述就是最优耗竭)要合理调控,以保证海洋资源在不同时期的合理配置;另一方面要在进行海洋资源开发的同时,努力提高海洋资源利用的经济效益,实现社会经济可持续发展的资源配置方式。

海租和海价是海洋资源经济管理的理论依据。首先要从理论上弄清楚产生海租的原因和条件,区分绝对海租和级差海租,而且要研究我国是否具备产生海租的基础和条件;其次要研究运用海洋经济手段(价格、税收等),合理利用和保护海洋资源。

综上所述,海洋资源经济管理大致包括下列主要内容:海租、海洋资源货币价格、海洋资源利用经济分析和海洋资源经济保护。

三、海洋资源经济管理理论

(一)海租与海价

土地的私有制历史悠久,早期的地租总是与土地的私有制相联系,因此,地租制度在土地上有着十分悠久的历史。而海域的情况与土地相反,长期被视为共有公用资源。长期以来在国外和我国一直是无偿使用,没有价值也没有任何租金,用海者不需要向国家、集体或者任何人缴纳费用,在市场化和资产化的发展上更是缓慢。我国直到 20 世纪 90 年代,随着土地资源的匮乏和自然资源价值的回归,国家加强对海域的管理,海域所有权才受到重视,海域的价值才逐渐被认识,并提出有偿使用海域和征收海域使用金。

实际上,正如马克思所说的:"土地(在经济上也包括水)最初以实物、现成的生活资源供给人类,它未经协助就作为人类劳动的一般对象而存在","土地是自然界产物,一些人拥有对土地的所有权后收取地租","只要水流等有一个所有者,是土地的附属物,我们也把它作为土地来理解"。海域作为广域土地的一部分,也承担着与土地一样的功能并经过劳动后产生价值,而我国宪法和《中华人民共和国海域使用管理法》明确规定,海域完全属于国家所有。因此,用海者也应该以海域使用金的形式向海域所有者——国家缴纳一定的租金。从海域使用金的形式和内容看,实际上它与土地经营者向土地所有者缴纳的地租是完全一样的,也是一种地租形式,我们可以将其称为海租,因此,海租可以定义为:"海域所有者——国家,凭借海域所有权按照法定方式将海域出让给单位和个人使用而获得的收入。它是海域所有权在经济上的实现形式。"同时,由于海域性特有的功能环境和资源价值以及海租的国有化特征,海租的内涵除了海域使用的收益和剩余价值外,还包括海域使用者在使用海域时对海域属性进行不同程度改变导致其海域属性价值损失的补偿,而后者在土地利用过程中表现相对微弱。

我国目前的海租与地租相比具有以下特点:① 海域完全是国有性质,而土地具有国有和农村集体所有性质,因此海域使用金,也即海租,其性质也是上缴国家,以此区别于地租,用于海洋基础工程建设和基础设施的完善、海洋环境保护与治理、海域管理能力建设和提高自然资源利用水平等方面,完全不具有个人获利和私人所有性质;② 限于历史原因,地租的提出和取得只考虑到土地利用的收益和利用过程中所产生的剩余价值,没有考虑土地利用过程中的生态环境价值,且土地的生态环境价值表现也不明显,同时,地租理论提出和建立过程中,资源匮乏和环境问题远没有现在表现得这么强烈。而海租收取过程中,我们一方面应该考虑到海域使用产生的收益即剩余价值,另一方面要考虑到海域使用者在使用海域时不同程度改变海域属性时导致海域属性功能价值的损失。海域属性所具有的功能价值本应为全社会共享,而海域使用者在海域开发和使用时,由于排他性往往成为用海者所独享,并在开发海域时由于不同程度改变了海域属性导致该部分价值受损,最后往往由政府买单,因此,在海租收取过程中,应该考虑海域属性改变的价值损失。

与地租的资本化形成地价类似,海租的资本化也将形成海价。鉴于我国海域的国家所有特征,海域的市场化经营只能是海域使用权的市场化。在可实行市场化经营的海域,海域使用出让金可视为海域使用权价格。根据预期海域使用期逐年海域使用金折现值的总和,来测算海域使用权价格。对非收益性海域和改变海域性质的用海,则可参照它所代替的有收益的海域价格水平进行评估。随着海域有偿使用制度的实施和不断深化以及海洋经济的飞速发展,海域市场化经营在 21 世纪必将加速发展,而随着海域资源稀缺程度的增高,海域使用单位和个人申请审批取得海域使用权的方式将越来越少,而通过招标、拍卖等海域市场交易活动取得海域使用权的方式将逐步成为主流。我国的海域使用权市场正处于萌芽和初步建立阶段。

在土地市场中,土地使用权作为一种特殊商品流动转移,已经存在或正在形成一系列表示不同的特性和满足不同作用的地价。各级政府国土资源管理部门既要作为国有土地的产权代表,代表国家出让和收回土地使用权,行使国家土地所有权的权力,又要作为政府管理部门,代表国家对地产市场中的交易行为进行宏观调控和微观管理。目前我国已经形成了较为完整的地价体系,基本上与现有的土地管理制度、土地使用权出让、转让制度等相配套,同时也满足了政府、地产投资者、开发者、使用者等对低价的宏观和微观管理与作用等多方面、多层次的需求。现有的地价体系包括 4 种价格,即:基准地价;标定地价;交易底价或交易评估价;成交地价。海域与土地一样,在不同的阶段满足不同的目的,也具有不同的价格形式,同样包含 4 种价格,即:基准海价、标定海价;交易底价或交易评估价;成交海价。其中基准海价是市场发育时海域使用权出让的海域使用价格,现阶段全国统一指定的海域使用金标准是其典型代表,而标定海价、交易底价和成交海价是海域市场比较完善时,不同阶段、不同目的的主要用于招、拍、挂的海域使用价格。

(二) 竞租原理

沿海地区每一区位均有无数潜在的海洋资源使用者参与竞标海租,最后该区位为归属竞标海租最高者取得海洋资源使用权。在自由竞争的市场经济体制下,哪一种经济活动能负担较高海价或支付较高租金,就能优先占有或利用该海洋资源。利润愈高的行业,付租能力愈高,往往集中于沿海地区海价较高处。如果海洋资源市场是完全竞争的,竞租就等于海洋资源使用者实际支付的租金。1964年美国土地经济学家威廉·阿朗索提出了竞租函数的概念。他认为,各种活动在使用土地方面是彼此竞争的,决定各种经济活动区位的因素是其所能支付的地租,通过土地供给中的竞价决定各自的最适区位。在沿海地区,商业用海具有最高的竞争能力,可以支付最高的海租,所以商业用海一般靠近经济发达地区,其次是海洋工业用海,然后是住宅用海,最后是竞争力较低的渔业用海。

(三)资源产权理论

海洋资源的共有财产资源性质,决定了其在使用上具有非竞争性和非排他性。当前,我们进行海洋资源配置的时候,首先要明确海洋资源的产权,即海洋使用所有权和海洋使用权的关系问题。科斯第二定理作为产权理论的核心部分,其认为当存在交易费用时(即交易成本大于零),不同的产权配置和调整会产生不同的资源配置状况及相应的效率结果。在存在交易费用的情况下,人们从自身利益考虑,往往会考虑交易的成本和收益比例问题,当产权明晰后,人们为了提高收益,往往努力去减少成本消耗,充分利用拥有的资源,在这种背景下,促使人们自觉地去合理配置拥有的资源,资源配置达到优化。海洋使用权是海洋所有权的一个具体权能,海洋所有权是国家的,海洋使用权可以通过海洋资源交易市场获取到。可见,没有产权的社会是一个效率绝对低下、资源配置无效的社会。海洋资源产权应该具有以下特征:清晰性、排他性、可转让性。产权清晰是资源配置的前置条件,有排他性才能真正保护自己的切身利益,可转让性才能使海洋资源市场交易机制能真正运转起来,才能使海洋资源发挥起实际价值,而且,可转让性使得海洋资源产权具备了市场经济的某种特质。提高海洋资源配置效率,关键因素之一是海洋资源交易市场是否充分、有效,而前提是海洋资源产权制度的界定是否清晰。

(四)海洋资源资产价值理论

长期以来,海洋自然资源没有价值的观念,导致了海洋资源在社会实践中的"资源无价,原料低价"的价格政策,这种失灵的价格政策刺激了人类对海洋资源的过度需求,导致海洋生态破坏和环境污染日益加剧,甚至导致某些海洋资源日趋枯竭。但是,随着资源日益稀缺,"资源有价"的思想被越来越多的决策人员和经济学家接受。世界各国特别是一些发达国家开始重视自然资源的核算,试图通过建立自然资源的货币账户,使资源环境变化在宏观经济分析中得到准确的体现,为政府在资源环境与经济社会发展关系中的决策提供更准确的依据[①]。

(1)海洋资源有用性构成海洋资源价格的内在依据。海洋资源具有能向人类提供生产和生活资料及其活动场所的属性与功能,能满足人类生存和发展的需要,对人类具有使用价值。生活在热带和珊瑚礁上的生物,含有许多可吸收紫外线的物质,用其作为化妆品原料,可防止紫外线伤害皮肤;把这种物质的遗传基因重新植入植物内,便可培育出可用于沙漠绿化的植物。土地、滩涂及浅海等海洋空间资源适宜开发养殖业、旅游业、盐业等。海水直接利用是替代淡水、解决沿海地区淡水资源紧缺的重要措施。

---

① 朱坚真.海洋资源经济学.北京:经济科学出版社,2010.

（2）海洋资源的有限性、稀缺性构成了海洋资源价格的外在依据。自然资源的有限性和稀缺性是人类开发和利用自然资源过程中表现出来的。海洋资源的有限性或稀缺性至少应包括：一是人类活动使某些资源数量减少、枯竭和耗尽；二是自然资源和自然条件的贫化、退化和质变；三是自然资源的生态结构、生态平衡被摧毁或破坏。海洋资源的有限性或稀缺性决定了人类必须全面认识其价值，并以科学的价格机制反映其稀缺程度。

（五）生产要素分配理论

海域的客观收益是制定海域使用金标准和确定海域使用出让金的依据。然而，海域生产活动的产品和海域经营的收益是多种生产要素有机结合运作的综合成果，其中包括资产、劳动、技术进步、管理、沿海土地、海域、海水和海底矿床等多种因素的贡献。从海域产品的价值形成原理看，海洋产品的价值取决于产品中所包含的人类劳动，包括物化劳动和活劳动。从市场经济体制下社会产品的分配体制看，社会总产品的分配是按照资产所有者获得利润、劳动者获得工资、土地（或海洋资源）所有者获得租金的体制分配。土地（或海洋资源）的所有者，凭借土地（或海洋资源）的所有权可以从土地（或海洋资源）经营的总产品中取得其中的一部分收益，即土地（或海洋资源）的纯收益，而要确定土地（或海洋资源）的纯收益，就必须采用一定的数学模型模拟各生产要素对土地（或海洋资源）总产品的共同作用，并依据模型推算出各要素在总产品中的贡献，再从土地（或海洋资源）总收益中扣除对非土地（或海洋资源）要素的费用补偿后，才能确定土地（或海洋资源）的纯收益。

著名的柯布－道格拉斯（Cobb-Douglas）函数就是根据经验假说对各生产要素作用进行模拟，建立起来的。它假定社会总产品是资产、劳动和其他生产要素共同作用的结果，计算公式为：

$$Q = A \times L^{\alpha} K^{\beta}$$

该公式表示总产品 Q 与资产投入量 K、劳动投入量 L 的关系。在式中，A 是常数，α 和 β 表示劳动量 L 和 K 这两种影响总产品的要素投入量份额，$\alpha + \beta = 1$。

在海洋资源评估中，利用生产要素分配理论，采用从海洋资源经营总收益中剥离非海洋资源要素的贡献，从而测算海洋资源纯收益的方法。通常采用级差收益模型测算和经营情况调整资料分析两种方法。

计算公式为：海洋资源纯收益＝企业利润－企业资产×资产平均利润率

根据获得的海洋资源纯收益，采用指数回归、线性回归或者多元回归方法，得出海洋资源的级差收益。

回归模型有：

$$Y = A (1 + r)^x$$
$$Y = a + b_1 x_1 + b_2 x_2$$
$$Y = A (1 + r)^{x_1} X_2$$
$$Y = A x_1^{\alpha} x_2^{\beta}$$

式中，Y 为各级海洋资源收益；r 为参数，r 是反映向量海洋资源收益极差系数；x_1 为海洋资源级别指数;x_2表示单位海洋资源资产。

除了运用模型模拟各生产要素贡献对收益的贡献额外,还可根据调查资料直接测算生产或经营活动中各要素在总产品中的贡献,测算劳动者、管理者、贷款、保险、设备折旧、原材料耗费、维修、税收、海域、矿场、海水、土地等各要素消耗定额,并从海域总产出剥离非海域要素贡献,从中测算出海域的纯收益。在市场经济发展的情况下,通过积累关于各种要素社会平均消耗定额,也可满足测算海域纯收益的要求。

第二节　海洋资源的经济相关性

一、海洋资源与环境

从经济学的视角看,环境通常被看作一项能够提供多种服务的复杂资产。除了其本身具备的生命系统支撑功能外,环境还能够提供原料和能源,而这些原料和能源最终以废物或其他服务方式反馈于环境。在该封闭系统内的各种相互关系中,海洋生物资源还能为沿岸居民的生活提供举足轻重的经济支撑,提供影响沿海社会与经济关系的能源及食物资源。但是直到最近,人类才具备如何从水环境中系统获取资源的科学知识和技术能力,针对深海更是如此。目前,海洋已成为许多行业利益、国家利益和国际利益的复杂交汇点。自然资源的经济学研究表明,海洋生态系统支持三种主要的经济功能:① 资源供给者;② 废弃物的吸收与同化;③ 效用的直接来源。

在常规模型中,环境和经济过程被看成是一种投入与产出关系。经济活动可能减少或者增加可再生资源的存量、减少耗竭性资源存量和环境所能吸收同化的废弃物。追求利润最大化的经济开发活动可能会降低环境质量、抑制环境的其他生产用途以及降低环境的直接效用。向环境过度排放废弃物会使环境资产贬值,当废弃物排放量超过环境的吸收同化能力后,环境的服务性功能就会降低。虽然模型的本质是用来简化现实的,但上述提及的环境系统的基本循环模式并没有将组成环境的多种亚系统中无数相互关联的因素以及这些亚系统之间相互的依存与协同关系考虑在内,而这种种关系正是理解复杂的海洋动力的基础所在。该模型仅仅提供了经济开发与环境健康之间大致的权衡取舍。2005 年的千年生态系统评估大会试图构建一个地球生态系统的全球总库存量,该大会提到生态系统的经济福利服务功能可以分为四类,每一项服务功能都涉及某些海洋相关产品:

（1）调节功能,例如,保护海岸避免风暴和浪潮袭击、保持水质和防侵蚀。

（2）提供物品服务功能,例如,提供渔业、矿产、碳氢化合物、能源、生物制品、建筑材料等物品和服务（如航行）。

（3）文化服务功能,例如,旅游和身心休养服务。

（4）支持功能,营养物质循环利用、鱼类养殖与鱼类栖息地的支持功能。

二、海洋资源与价值

从经济学的观点观察海洋,研究者想做的第一件事就是尝试用货币的形式估计其价值。但是,估算海洋的货币价值几乎是不可能的。因为传统的经济学理论无法提供足够的工具去计算海洋真正的经济价值,并且不能提供一种方法定量计算由于生态系统条件变化引起的价值变动。例如,难以定量计算环境影响的经济成本。因此,尝试计算海洋的货币价值毫无意义。其原因是,不仅如此巨大资产的计量会非常不精确,而且按照市场机制的定价并不适用于全球生态系统。

在经济学意义上,物品的价值是通过比较得出的。由于货币是独立于价格决定系统之外的因素,因此货币本身对系统的价格评价毫无意义。也因为如此,在仅仅讨论保护海洋世界时,没必要讨论个人的货币支付问题。海洋是人类的必需物品。因此,"彻底的肃清"对海洋完全开发并无限定的补偿。在评价海洋经济价值时,区分海洋生态系统存量的价值评估与给定存量中的商品流和服务过程的价值评估的异同是十分重要的。

传统经济分析框架对评估基本生态系统功能和生物多样性保护等整体概念是不充分和不恰当的。但是,传统经济分析框架可以用来测量生态系统的使用价值。评价海洋的价值意味着要将整个海洋作为存量来评估其价值,评估海洋的资源价值要将资源作为流量进行评价,这分属不同的概念。资源的价值可以通过捕捞产量提高的货币附加值进行经济评价。按这种方式,经济价值的评估可与生态系统功能和相关商品与服务产出相结合而进行。自然的服务流可被视作一项功能性的经济价值。

换句话说,从经济学的视角来看,大自然可以被看作能提供商品和服务流的资产。这项资产可以根据其提供的商品与服务流的价格进行货币量评估。每一单位的服务流可能是实物资产(如水产品、矿产、碳氢化合物和基因资源),也可能是生物地球化学进程(如营养物质的生产和水的排放量),甚至可能是文化和社会活动(如沙滩、潜水或航海的休闲服务)。该服务流的边际单位可根据对物品的支付意愿和对损失接受意愿的补偿额进行估价。在商品市场上,将海洋相关产品和服务货币化,实际上只是一种非常简单的估价方式(因为消费者可以直接观察到相关产品和服务的市场价格)。另一方面,为了确定生态服务的经济价值,就必须使用复杂的价格评价方法或技术。

然而,像替代市场价值和以调查方法等为主的生态价值评价技术都显得太过抽象和理论化。为简单起见,我们可以认为海洋提供的所有物品与服务的总和应等于海洋生态系统的总经济价值。环境资源的总经济价值通常可分为以下三个部分:使用价值、期权价值和非使用价值。使用价值指的是直接使用价值,比如渔获物的价格或开采的矿物;期权价值是指相同资源未来使用中可能获得的价值;非使用价值是指未开发自然资源本身内在的价值,非使用价值反映出了人类保护环境的意愿。

虽然用货币量估计海洋价值并无重要意义,但是依然需要关注自然系统对经济发展的重要意义。如果经济与环境整合的合意性有助于解释全球性评估系统,当生态学家和自然科学家已经找到了评估生态系统服务的经济价值后,经济学家将会试图创建一种新方法来估价非市场化公共用品(如环境质量)的价值。事实上,学术界已经有许多评价自然资源价值的方法与技术。用直接观察法,可以直接观测和计算价格变动。当不能直接观测价格时,可以用调查支付意愿法评估价格(所谓附加价值法)。经济学家们通常选择旅游成本价值法、享乐财产价值法、享乐工资价值法、规避开支价值法等方法进行价值评估。

就海洋环境评估问题,曾经有人试图用遗产理论框架,使用定量指标和使用价值的概念来对海洋价值进行估价。该理论框架囊括了所有有价值的资源和资产,包括各种物质和非物质、可货币化和不可货币化资源和资产。从传统的经济学观点来看,该理论框架所使用的估价方法太过抽象,因为其定量过于粗放。2002 年,美国生态经济学家罗伯特·科斯坦萨及其同仁提出 2000 年整个生物圈的净产值达到 380 万亿美元,其中海洋相关服务的价值为 24 万亿美元,土地服务价值为 14 万亿美元(图 6-1)。

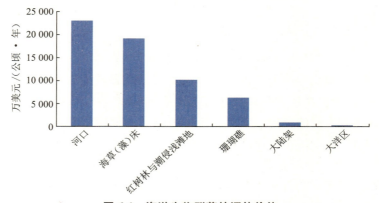

图 6-1   海洋生物群落的评估价值

近年来,学者们特别关注并尝试两个著名的海洋生态系统有形资产之自然服务价值的评估。这两个海洋生态系统是珊瑚礁和红树林。联合国报告强调了生态系统在旅游、海岸侵蚀和渔业养殖方面的重要作用。据估计,珊瑚礁价值可以达到每年每平方千米在 10 万~60 万美元之间,对于不同的旅游者来说,不同位置的珊瑚礁服务价值是不同的。例如,在印度尼西亚和加勒比地区,2000 年潜水旅游的净收益就超过 20 亿美元,估计此处的珊瑚礁服务价值可达到每年每平方千米 100 万美元。珊瑚礁的另一个特殊功能是其可以吸纳 90% 以上的海浪冲力,以减缓海浪对海岸的冲击,因此它能保护海岸和沿海基础设施免遭侵蚀与损害。每年每平方千米的珊瑚礁能够防止 2 000 立方米的沿海地区遭受侵蚀。例如,马尔代夫珊瑚礁的退化,使当地政府必须建设人为防波混凝土堤坝,其成本高达每平方千米 1 000 万美元。印度尼西亚恢复重建被侵蚀的长 250 米的海滩之成本达 12.5 万美元/年,该项目大约用了 7 年之久。联合国同一个报告还估计了每年每平方千米珊瑚礁的渔业服务价值(1.5 万~15 万美元),包括水族鱼类贸易、一个高价值而低容量的市场(该市场的观赏鱼类的价格约为 500 美元/千克)。对欧洲与北美洲的观赏鱼市场评估报告指出,在这两个地区有 150 万~200 万人拥有水族箱。红树林的生态服务价值甚至高于珊瑚礁,每年每平方千米的平均价格可达 90 万美元。

三、海洋资源与服务

海洋不仅可被视为物品服务和能源供给者,还可用作航海、电缆和管道铺设的空间资源。作为物品的供给者,海洋为人类提供了大量的食物、矿物及遗传资源。2004年,联合国粮农组织的一组海洋生物开发利用的数据显示,从第二次世界大战结束至今,全球渔业产量一直持续、大幅度地增长。2003年,全球海洋捕捞业和水产养殖业生产的水产食品达到130多万吨。在发展中国家,26亿人的主要动物蛋白质来源于水产品。在欧洲和北美洲,鱼类蛋白约占人类动物蛋白质摄取量的8%。在亚洲和非洲分别占26%和7%。关于矿物质,海洋目前能为全球经济产出提供的主要贡献是通过脱盐提供淡水。全球范围内,有60多个国家有海水淡化厂,共计3 500多家。海洋支撑的矿物产业还有制盐、沙子、砾石、原油、煤气、锡、黄金和钻石产业等。另外,随着海洋科学发现和海洋设备技术的不断进步,海洋在将来为人类提供更多矿物质的潜力是巨大的。海洋服务经济发展的相关经济潜力是生物技术在海洋生物中的运用。生物技术主要针对生物有机体及其遗传信息进行实际操作,为人类提供有价值的消费物品和工业产品。目前,海洋生物已被广泛应用于制药和美容产品的生产。医药和美容产品的市场还处于幼稚产业阶段,但预期在未来10年里将会快速成长。

海洋的服务功能包括提供贸易通道、旅游以及海洋运输。毫无疑问,海洋是全世界最主要、最天然的交通基础资源。海洋的运输服务功能一直是海洋最基本的功能,近年来商人对于海洋运输的依赖程度仍在不断提高。大宗物品从一个地方运输到另一个地方的运输方式中,海洋运输成本最低。海洋航运的运输量占据全球贸易总吨位的90%,航运业的年市场价值超过4亿美元。旅游业是全世界最大的产业,2003年全球旅游业务量高达5 250亿美元,同年国际旅游的游客数量达到6.94亿人,旅游业雇佣员工2.6亿人,其中约11%的工作是全球性的。预计旅游产业将会进一步迅速发展。根据世界旅游组织的统计,太平洋地区的旅游收入约占总出口收入的25%,而加勒比海群岛的旅游收入则超过35%。海洋旅游业,特别是海洋旅游休闲业是一个逐步发展的产业,21世纪初期的年收入超过2 000亿美元,每年仅游船产业部门的收入就超过800亿美元,而游轮旅游产业部门的收入为150亿美元。

海洋蕴藏的能源具有资源服务功能,全世界大约有8 000座海上石油和天然气设施,海上石油与天然气对全球能源的贡献率分别为30%和20%。另外,海洋能源还有潮汐发电、波浪动能和海洋热能转换等,这些能源都有巨大的经济潜力。据估计,热带海洋每天吸收的太阳辐射能产生的热量相当于1 700亿桶石油产生的热能。海洋是巨大的可再生能源能量库。最近,人类已经开始探索如何可持续利用可再生能源。即使在可再生能源的利用初期,该产业部门也拥有巨大的发展潜力。目前,人类正大量投资该产业用以发展的技术。当技术发展到足以进行可再生能源的商业性利用和开发的水平时,海洋经济价值将成倍地快速增长。

四、海洋资源与产业

根据综合、全面而可靠的估计,全球海洋关联产业的收入超过 1.5 万亿美元。海洋产业包括海上石油和天然气(占总价值的 30%)、航运收入和海军开支(占海洋总产值的40%以上)以及水下通信收入和游船收入等。这三项产值居海洋产业的前三甲。图 6-2 和图 6-3 给出了同一作者发布的主要海洋产业的产值。

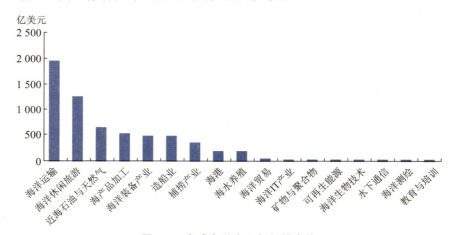

图 6-2　全球海洋产业部门的产值

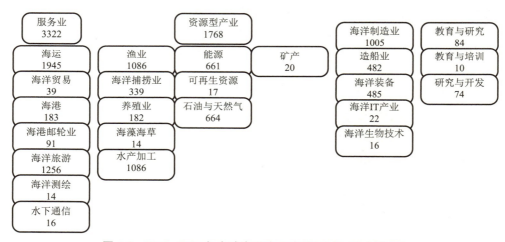

图 6-3　2005~2009 年全球海洋产业产值(单位:10 亿美元)

浩瀚的海洋为人类提供了基本的生态系统服务功能、物品以及其他服务功能,海洋的服务功能又催生了许多与海洋相关的新兴产业,但是到目前为止,对海洋经济分析的焦点仍旧聚焦在海洋提供自然资源这一方面。海洋自然资源可以分成以下几类:

(1)生物资源。基本上都是可再生资源。

(2)非生物的可耗竭性资源。通常指会因开采开发而逐渐消耗的资源。

(3)可再生的生物电能资源。

可再生资源有可自我补充和恢复的特性。但是,可再生资源的养护和有效的可持续利用量取决于采捕行为和人类的管理活动。耗竭性资源可以按照3个不同的概念加以分类,即现存量、潜在储备量以及资源禀赋。现存量是已知的资源,开采活动可以按当年价格获取利润。潜在储备量取决于人们的支付意愿和技术上的进步,人们愿意支付的价格越高,资源量就越大,开采开发就更加有效,因而拟开发的潜在资源量就越大。资源禀赋是对资源自然发生的一个地质概念。有些耗竭性资源可再循环使用,但是不同资源的回收循环使用率是不同的。例如,矿产资源可再循环利用。有些耗竭性资源不可循环使用,如碳氢化合物。有些海洋资源到目前还没有商业开发价值,这是因为在恶劣海洋环境中开发这些海洋资源的技术装备成本太高。因此,与海洋相关的一些产业部门目前还不能与成本较低的陆上的类似产业部门相竞争,但在将来,一些海洋关联产业将可能与陆上类似产业部门相竞争。

从全球经济发展的角度看,海洋是未来世界最重要的自然资本。但是,人类绝不能像过去那样,认为海洋是一个取之不尽、用之不竭的具有弹性恢复能力的资源库。人类应以持续合理的海洋环境等条件监测为基础,对海洋资源实施管理目标清晰的管理和保护,这一点应引起每个地球人的关心和关注。因为,人类放任自由地、随意地开发开采海洋资源,有可能会破坏有价值的资源与采捕这些资源的技术和能力这两种状态之间的微妙平衡。

第三节 海洋资源利用经济效益评价

一、一般经济效果概念

在社会实践中,人类从事每种活动都有一定的目的,都是为了取得一定的效果,由于从事活动的性质不同,取得的效果也各异。效果大致可分为两类:第一类是生产活动领域所产生的效果,创造一定的使用价值和财富,可以用经济指标(如产量、产值、利润等)来表示;第二类属于非生产活动所产生的效果,如政治、军事、医疗、文艺、体育等效果,这类效果一般难以直接用经济指标来表示。但是人类从事各项活动及其产生的效果均与劳动的浪费和节约有关。因此,对于取得任何效果的一切实践活动都有一个劳动消耗量节约和浪费的评价问题,称作经济效果问题,即经济效果是效果与劳动消耗的比较。经济效果问题可以用两者"之比"或"之差"来表示:经济效果(E)=效果(X)/劳动消耗量(L),经济效果(E)=效果(X)-劳动消耗量(L),或者经济效果=所得/所费,经济效果=所得-所费、经济效果评价标准公式有3种形式:① 实物型 $E=X$(实物)/L(实物);② 价值型 $E=X$(价值)/L(价值)或价值型 $E=X$(价值)-L(价值);③ 实物价值型 $E=X$(实物)/L(价值),或者实物价值型 $E=X$(价值)/L(实物);绝对经济效益 $E=X/L$,$E=X-L$,相对经济效果 $E=\Delta X/\Delta L$,$E=\Delta(X-L)/\Delta L$,式中,ΔX 为效果增量,ΔL 为劳动消耗增量。

关于经济效果和经济效益两者之间的关系问题,存在两种意见:一是两个名词完全相同;二是两个名词各异。效果一般都是指事物的结果而言,人们从事任何活动都会产生结果即效果。结果有好有坏之分、优劣之别。好的、优的效果即效益。经济效果是指经济上的结果。经济效益是指经济上所取得的有益结果。经济效益有总经济效益（毛经济效益）和纯经济效益（净经济效益）。纯经济效益是总经济效益同所花费用之差。反映总经济效益的指标有总产值、总产量、总收入；反映纯经济效益的指标有净产值、国民收入、纯收入（利润和税收）等。过去常把英文 Economic Efficiency 译为经济效果或经济效益，这是不够确切的，应翻译为经济效率较为确切。

二、海洋资源利用效益的概念

海洋资源利用效益即指开发利用海洋资源所得到的各种经济效益以及所产生的生态环境效益和社会效益的总称。由于海洋资源利用所带来结果的多样性，全面了解海洋资源利用效益很有必要。海洋资源利用的核心是以较少的劳动消耗（包括劳动、资本的消耗以及环境的破坏）取得较多的劳动效果。其所得的劳动成果不仅与海洋资源利用的水平有关，而且与海洋资源本身的质量差异有关，因此，按照"经济效益"这个本源的含义，海洋资源的经济效益应当反映不同类型海洋资源利用水平的高低和经营的好坏。这就要求在海洋资源经济评价的基础上开展海洋资源利用经济效益的评价。

当今世界海洋资源利用的劳动成果已远远超出对物质产品的需求，海洋资源利用效益从经济范围扩展到社会范围和生态环境范围，即产生海洋资源利用的社会效益和生态环境效益。海洋资源利用的社会效益就是单位面积劳动消耗所提供的满足社会需求的效果。社会效益应服从于不同社会目标。因此，考察海洋资源利用的社会效益时，既要注重提供物质产品的经济效益，还要考虑非物质产品的效益，以及一时无法用经济价值衡量的其他社会效益。

海洋在生态系统中具有十分重要的作用。一般生态系统均由生物部分（绿色植物、动物、微生物）和非生物部分（环境）组成。人类对海洋资源的利用无疑作用于生态系统的组成部分。因此，研究海洋资源利用经济效益时，必须重视生态环境的反作用。如研究海洋资源利用中劳动消耗与所引起特定的理化、生物参数变化的评价；海洋渔业资源捕捞中引起海洋物种增减变化；海砂资源的开采与利用引起部分海域海洋环境破坏严重，海水养殖损失重大，船舶航行安全和海底电缆、管道安全运营环境破坏严重。尽管海洋资源利用社会效益、生态效益评价难以准确定量化，但从长远着想，为了海洋资源可持续利用，应当进行海洋资源利用社会经济效益和生态效益评价。近年来学术界对海洋资源利用变化的海洋环境保护机制研究的关注，适应世界海洋环境保护发展趋势，更加体现了海洋资源利用的生态效益的重要意义。

三、海洋资源利用经济效益评价

（一）评价原理

1. 海洋资源报酬的含义

海洋资源是以海洋为依托，在海洋自然力下生成的广泛分布于整个海域内，能够适应或满足人类物质、文化及精神需求的一种被人类开发或利用的自然或社会资源,海洋资源是海洋自然资源和社会资源的总称。海洋自然资源大体上包括海洋水体资源、海洋国土资源、海洋生物资源、海洋动力能源、海洋矿藏资源、海洋空间资源、海洋旅游资源等七大类。海洋社会资源由涉海人口数、劳动力数量及智力构成和科学文化水平、畜力、机械、技术设备、资金、交通条件、信息、管理等构成。[1]

在海洋开发中,投入资源后,一般有一定的产品量。单位生产资源投入所取得的产品数量称为资源报酬率。其表达方法有:

平均资源报酬率:资源投入量与总产量之比,用 Y/X 表示。

边际资源报酬率:资源投入的增量与取得的产品增量之比,或在某一投入水平下,由于增用 1 单位投入物,而较上一水平所增加的产品数量,用 $\Delta Y/\Delta X$ 表示。[2]

2. 海洋资源边际报酬的变动原理

在海洋开发实践中,在技术条件不变和其他生产要素投入固定的情况下,投入某一生产要素所获得的边际报酬,表现为先递增后递减的变化趋势,人们把这种现象叫作"边际资源报酬递减率"。这一规律无论是在海洋开发实践中,还是在其他的生产实践领域都广泛存在。这主要是由于在多种资源因素中,存在着"多因素同等重要律"和"限制因素规律"。所以,对于生产资料的投入、技术措施或技术方案的推广,都要从总产量、平均产量、边际产量等几个方面进行考察,进行边际收益与边际成本的比较,以便做出有益的指导,提高经济效益。[3]

3. 海洋资源规模报酬变动原理

在海洋资源开发过程中,海洋资源的规模变化也会影响其报酬。

4. 边际均衡原理

边际均衡原理是指在投入一种变动资源的情况下,最有利的投入是最后一个单位的投入,因为该单位投入所取得的产品价值等于或偏高于它的成本。设边际产出为 ΔY,产品 Y 的价格为 Py,则 $\Delta Y \cdot Py$ 称边际收益;边际投入用 ΔX 表示,资源 X 的价格为 Px,则 $\Delta X \cdot Px$ 称为边际成本。边际均衡原理可表述为:边际收益=边际成本

即 $$\Delta Y \cdot Py = \Delta X \cdot Px \quad 或 \quad \Delta Y/Py = \Delta X/Px$$

根据边际均衡原理,可以掌握资源利用的合理程度,即只要边际收益大于边际成本,就可以继续投入,以获得更大的效益;但当边际成本大于边际收益,就应中止投入,因为已经开始亏本。[4]

(二)评价方法

海洋资源经济效益评价方法主要是海洋资源开发项目的可行性评价,主要包括静态评价法、动态评价法和综合评价法。[5]

1. 静态评价方法

所谓静态评价方法是指不考虑时间因素对海洋资源开发活动的投资方案进行计量、

---

①②⑤ 徐质斌. 海洋经济学[M]. 北京:经济科学出版社,2003.

③④ 朱坚真. 海洋资源经济学[M]. 北京:经济科学出版社,2010.

分析和比较。

（1）静态投资回收期法。这是利用投资回收期指标所做的分析方法,通过项目净收益来计算回收总投资所需的时间。一般投资回收期越短,投资经济效益越好;投资回收期越长,投资效益越差。投资回收期一般是从建设期开始算起。其计算公式:

$$\sum_{t=0}^{T} (CI - CO)_t = 0$$

式中,T 为投资回收期,CI 为现金流入量,$(CI-CO)_t$ 为第 t 年的净现金流量(净收益=净利润+折旧额,如果考虑所得税,则净收益=税后利润+折旧额)。

（2）投资效果系数法。投资效果系数法是资源开发投资经济效益评价的总和评价指标,它一般是指项目在一个正常的生产年份内年利润总额与项目总投资的比率。对生产期内各年的利润总额变化幅度较大的项目应计算生产期内年平均利润总额与总投资的比率。计算公式为:

投资效果系数(E)=年利润总额或平均利润总额÷总投资=1/投资回收期

投资效果系数的经济含义是:每投资 1 元钱,项目投产后的一个正常生产年份所赚的净利润额。用投资效果系数评价方案,也只有将实际方案的投资效果系数(E)同标准投资效果系数(E_0)相比较,若 $E>E_0$,则所评价的方案在经济上是可取的。

（3）年计算费用(K)法。当比较两个互斥的方案时,若有

$$T' = \frac{I_1 - I_2}{C_2 - C_1} < T_0'$$

则说明方案 1 优于方案 2。又根据相对投资效果系数法,知

$$E_0' = \frac{1}{T_0'}$$

则

$$\frac{I_1 - I_2}{C_2 - C_1} < \frac{1}{E_0'}$$

即有

$$C_1 + E_0'I_1 < C_2 + E_0'I_2$$

$$C_1 + E_0'I = K$$

称 K 为方案的年计算费用,它是由方案的全年产品成本与按标准相对投资效果系数折算后分摊给每年的投资所组成。显然,年计算费用越小,方案越佳。

2. 动态评价方法

动态评价方法是以资金的时间价值为基础的评价方法,其实质是利用复利计算方法计算时间因素,进行经济效益判断。动态评价的主要方法有净现值、动态投资回收期和内部收益率等方法。

（1）净现值法。净现值是指项目通过某个规定的利率 i,把不同时间点上发生的净现金流量统一折算到建设起点的现值之和。计算公式为:

$$NPV = \sum_{t=0}^{T} (CI - CO)_t (1 + i)^{-t}$$

式中,NPV 为净现值,CI 为现金流入;CO 为现金流出;n 为方案的使用期限。净现值的经

济含义是反映项目在计算期内的获利能力。用此方法来评价方案时,若 $NPV>0$,则表示项目的收益率不仅可以达到基准贴现率的水平,而且尚有剩余,因此说这种方案是可取的;相反,若 $NPV<0$,则方案不可取。

（2）动态投资回收期法。所谓动态投资回收期,是指按照给定的基准贴现率,投资方案所有净收益现值等于所有投资现值所需要的时间。计算公式为:

$$\sum_{t=0}^{n} I_t \left(1 + i_0\right)^{-t} = \sum_{t=0}^{T*} \left(CI - CO\right)_t \left(1 + i_0\right)^{-t}$$

式中,T 为动态投资回收期;n 为投资项目寿命期;I 为投资额。

（3）内部收益率法。在方案寿命期内,使净现值等于零的折现率称为该方案的内部收益率。它是反映项目所占资金的盈利率,是考察项目盈利能力的主要动态指标。其计算公式为:

$$NPV = \sum_{t=0}^{n} \left(CI - CO\right)_t \left(1 + i'\right)^{-t} = 0$$

使上式成立的 i' 就是所需求的内部收益率。当贴现为 i' 时,该项目寿命一结束,全部收益正好偿还全部投资费用,项目不亏不赢。若贴现率超过 i' 时,全部收益效益全部投资费用,项目发生亏损;反之,项目将盈利。

以上提出的静态评价方法和动态评价方法只是对资源开发活动的财务评价进行了简单评价,未考虑到无法用数量指标反映出的资源开发过程中环境影响评价、资源可持续发展评价等因素,因此在实际应用中具有局限性。

3. 综合评价法

综合评价法是对不同方案设置多项指标,通过"给分"进行综合评价和选优的一种数量分析方法。采用多项指标来分析某一资源开发方案的经济效益时,往往会出现不同指标所反映的结果不一致的现象,难以提出一个综合的数量概念。而综合评分法能把各个具体指标的情况综合起来,用一个数字表示方案的优劣,以便概括地进行评价。同时,许多无法进行量化的内容也可以通过综合评价法加以反映。综合评价法可以用下列数学式表示:

$$某一资源开发的部分 = W_1 P_1 + W_2 P_2 + \cdots + W_n P_n = \sum W_i P_i$$

式中,$\sum W_i P_i$ 为某一资源开发方案的总分;$W_1, W_2, \cdots, W_n$ 为各个指标的权重;$P_1, P_2, \cdots, P_n$ 为各指标的分数。

海洋资源利用经济评价的复杂性在于海洋资源是一种综合性的自然资源,其利用与其投资的经济效益之间的高度相关性和海洋资源利用的多样性,在不同的利用方式下其经济效益有很大的差异性。

（三）评价体系

评价海洋资源经济效益的大小,很难用单一的指标来衡量,需要设置和运用一系列指标,既要从某一方面来反映海洋资源经济效益的大小,又要全面综合地在一定程度上近似地反映其效益的大小,这些相互联系、相互补充的全面评价经济效益的一整套指标,就构成了海洋资源经济效益评价的指标体系。

　　海洋资源经济效益评价指标体系是由一系列相互联系评价指标所组成的整体,是衡量海洋经济活动优劣的一个客观尺度。海洋资源经济效益指标体系应当反映海洋经济的全部内容,所选择的指标要能够体现海洋经济发展的科学内容,即海洋经济增长、海洋经济结构优化、海洋经济关系的改善、海洋经济制度的创新以及海洋经济发展的可持续性和协调性。

　　要评价海洋资源经济活动的效益,我们可以从产业分类层面进行评价。因为海洋产业经济效益是海洋资源开发经济效益的直接反映,对于海洋资源经济效益的评价必须以海洋产业作为载体才能够将海洋资源开发活动的优劣加以衡量。本书拟从海洋三次产业层面将海洋资源经济效益加以评价。也就是从海洋第一产业、海洋第二产业、海洋第三产业三个层面来评价。根据海洋第一产业、海洋第二产业、海洋第三产业的不同特点,把海洋经济效益评价体系分为海洋第一产业资源经济效益评价指标体系、海洋第二产业经济效益评价指标体系和海洋第三产业经济效益评价指标体系三个部分。

　　在图 6-4 中,海洋第一产业资源以海洋渔业资源为开发主体,对于海洋第一产业资源开发是以渔业资源开发利用的经济效益作为对象进行衡量,以此构建出了海洋第一产业资源开发的经济效益评价体系;海洋第二产业资源以海洋能源资源、海洋矿产资源为主体,对于海洋第二产业资源开发是以海洋能源资源、矿产资源开发利用的经济效益作为对象进行衡量,以此构建出海洋第二产业资源开发的经济效益评价体系;海洋第三产业资源以海洋空间资源、海洋旅游资源等为开发主体,对于海洋第三产业开发是以海洋空间资源、海洋旅游资源开发利用的经济效益作为对象进行衡量,以此构建出海洋第三产业资源开发的经济效益评价体系。[①]

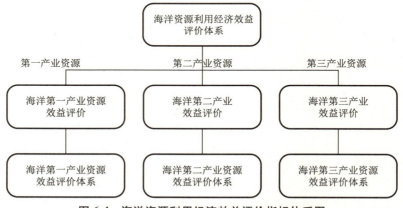

图 6-4　海洋资源利用经济效益评价指标体系图

①　朱坚真. 海洋资源经济学[M]. 北京:经济科学出版社,2010.

第四节 海洋资源部门间分配和再分配

一、海洋资源部门间分配的一般原则

海洋资源一旦被投入于人类社会生产活动之后就成为任何社会物质生产部门的重要物质条件和基础。但是,海洋资源利用方式的不同,海洋在不同部门中的作用不尽相同,在海洋行政管理部门中,海洋属于国土资源;在农业部门中,海洋资源则是不可缺少的且无法代替的基本生产资料;在交通运输部门中,海洋只作为地基,作为场地,作为操作的基础来发生作用。我国自 1979 年以来,将市场机制的价值规律引入社会主义经济从而在改善资源的配置效益和使用效益等方面,已经取得了令人瞩目的进展。总结我国资源配置模式即行政方式、市场方式和行政为辅市场为主方式,在理论和运作结合上的探讨,认识到,无论何种资源配置模式必须达到两个相互联系的目标:① 合理地在各种竞争性用途之间分配稀缺资源;② 提高稀缺资源的使用效益。我国人均海域面积小,海洋资源稀缺性更为突出,国民经济每前进一步都伴随着海洋资源在部门间的分配和再分配过程。因此,海洋资源部门间分配问题是资源配置的重要内容,首先应从国民经济整体高度来研究解决。具体来讲,在为经济建设项目分配海洋资源时首先应本着节约的原则,在运作中既要考虑会给有关海洋产业生产单位和个人带来的损失,又要估计到占用海洋资源对整个国民经济造成的不利影响。其次,要保证国民经济各部门中海洋资源利用的合理化和不断地提高其集约经营水平,以满足各个部门发展对海洋资源的追加需求。世界上不少国家都曾颁布法令规定城市建设用海的水平和强度,有效地克服了城市建设扩建单纯着眼于外延扩展的倾向。海洋资源部门间的合理分配要以国民经济中海洋资源利用效益来衡量,后者则取决于来自海洋资源的收入占国民收入总量中的比重,与投入相关部门的海洋资源、资金和劳动数量有着密切的联系。

社会生产的最终目的是在各项资源其中包括海洋资源最小消耗的条件下最大限度地满足社会需求。为了减少社会生产占用海洋资源的数量,除去行政、法律和技术等措施以外必须强化经济措施的功能。海洋资源经济保护是刺激海洋资源利用合理化的重要手段,是国家管理海洋资源和调整海洋关系措施体系中不可分割的组成部分。海洋资源经济保护的实质在于采用特有的经济杠杆如价格、税收、财政、信贷等来调节各地区、各部门、各单位和个人间的利益关系,以达到海洋资源合理利用和保护的目的。海洋资源经济保护宜从两个方面着手:一方面为体现保护海洋生态优先原则寻找其数量表现,如制定占用海洋资源的技术定额,以使各部门、各单位占用海洋资源定额进一步优化和尽可能地利用质量低下的劣等海洋资源;另一方面对海洋资源实施国民经济评价,科学地确定海洋资源的货币价值以及合理地计算海洋资源开发所带来的国民经济损失。

综上所述,社会生产中海洋资源利用优化结构,海洋资源部门间合理分配和再分配方案最终主要以增大海洋资源因素对国民收入的贡献和单位国民收入的海洋资源占用率为评价标准。

二、海洋资源因素对国民收入增长贡献率

社会生产的综合成果是借助于国民收入总量与其所需全部费用两项指标加以表述。全部费用包括投入生产的人力劳动、生产基金和自然价值的总和。通过投入产出分析可以获得全部生产因素的总和经济效益以及其中各个因素的经济效益水平,还能计算出单位费用所获得的国民收入数量。社会生产综合经济效益指标可理解为各部门的国民收入与其所消耗的主要资源(海洋资源、劳力和资金)的加权总和之比,在此基础上应用柯布-道格拉斯(Cobb-Douglas)生产函数法进一步从中分解出来自海洋资源的那一部分国民收入,即海洋资源因素对国民收入增长的贡献份额。柯布-道格拉斯生产函数式为:

Cobb-Douglas(C-D)生产函数:

$$\begin{cases} Y = f(t, K, L) \\ Y = Ae^{\lambda t}K^{\alpha}L^{\beta} \end{cases}$$

式中,Y 为国民收入产出总量;A 为待估参数;K 为固定资金投入量,一般指固定资产净值,万元或亿元;L 为劳动力的投入,万人或人;α 为资本产出弹性,当生产资本增加 1% 时国民收入产出总量平均增长 α%;β 为劳动力产出弹性,当投入生产的劳动力增加 1% 时国民收入产出总量平均增长 β%;λ 为科技贡献率;t 为年代。

根据生产函数模型原理,为定量测算海洋资源投入对国民经济收入产出增长的贡献率,假设:① 海洋资源是与劳动力、资本和技术进步相互独立的生产要素;② 各要素投入的变化按各自平均变化速度单项变化。则公式为:

$$\begin{cases} Y = f(t, K, L, S) \\ Y = Ae^{\lambda t}K^{\alpha}L^{\beta}S^{\gamma} \end{cases}$$

式中,S 为海洋资源要素的投入量;γ 为海洋资源的投入弹性。一般情况下,各种投入要素投入量的变化常引起产出规模的相应变化。假定各种生产要素的投入同比扩大为原来的 n 倍,则公式可变换为:

$$\begin{cases} Y = f(nt, nK, nL, nS) \\ Y = n^{\alpha+\beta+\gamma}f(t, K, l, s) \end{cases}$$

因此,$\alpha+\beta+\gamma$ 就为劳动、资本和海洋资源投入规模经济报酬指标,该经济系统产生规模在 $\alpha+\beta+\gamma = 1$ 时,报酬不变;在 $\alpha+\beta+\gamma > 1$ 时,规模报酬递增;在 $\alpha+\beta+\gamma < 1$ 时,报酬递减。

从经济学角度,替代弹性表示在总产出保持一定的情况下各种要素之间相互替代的难易程度。根据各要素间的关系基本假设:① 当 $(\alpha+\beta)/\gamma > 1$ 时,表明资金和劳动力替代海洋资源要素较容易;反之亦反。② 当 $(\alpha+\gamma)/\beta > 1$ 时,表明资金和海洋资源替代劳动力要素容易;反之亦反。③ 当 $(\beta+\gamma)/\alpha > 1$ 时,表明海洋资源和劳动力替代资金要素容易;反之亦反。

为求得各项要素系数,将两边同时取对数得:

$$\ln Y = \ln A + \lambda t + \alpha \ln K + \beta \ln L + \gamma \ln S$$

经济增长表现为一定时期内一个经济系统总产出的增长,其增长率为:

$$\Delta Y / Y_t = (Y_t - Y_{t-1}) / Y_t$$

由此可以推导出公式：

$$\frac{\Delta Y}{Y_t} = \frac{Y_t - Y_{t-1}}{Y_t} = \lambda + \alpha A_1 + \beta B_1 + \gamma C_1$$

其中 $A_1 = (K_t - K_{t-1}) / K_t ; B_1 = (L_t - L_{t-1}) / L_t ; C_1 = (S_t - S_{t-1}) / S_t$

式中，λ 为生产函数方程中的科技（生产力提高）的平均增长率；αA_1 为资本增长对国民经济总产出的贡献；βB_1 为劳动投入增长对国民经济总产出的贡献；γC_1 为海洋资源投入对总产出增长的贡献。

综上可得，海洋资源要素的投入对国民经济增长的贡献率为：

$$\eta = \left[\left(\gamma \frac{\Delta S}{S_t} \right) \Big/ \left(\frac{\Delta Y}{Y_t} \right) \right] \times 100\%$$

固定资产投资和劳动力投入的贡献率可同理推导。用 100 减去这三项贡献率，即可得到科技进步的贡献率。

三、单位国民收入的海洋资源占用率

国民收入的海洋资源占用率是表示单位国民收入所需占用的海洋资源数量。其计算公式为 $S = \dfrac{\sum P}{W}$，式中，S 为国民收入海洋资源占用率；$\sum P$ 为国民经济各部门占用海洋资源总量；W 为国民收入总量。单位国民收入的海洋资源占有率是海洋资源生产率的倒指标。单位国民收入所占用的海洋资源越少，说明海洋资源利用效果越好，降低国民收入海洋资源占用率就是提高海洋资源利用率，就是节约海洋资源，甚至是海洋资源利用合理性的重要标志，也是评价海洋资源利用效益的特定指标。

应当指出，上述公式中分子项占用海洋资源总量是指直接或间接用于国民经济各部门的海洋资源总和，应当剔除气候条件恶劣、人口稀少、经济不发达地区所占有的海洋资源，实际上仅指全部已高效利用的海洋资源。国民经济海洋资源经济效益最终取决于国民收入海洋资源占用率，为此，既要减少国民经济各部门海洋资源占用总量，又要增加生产，创造财富，不断地提高国民收入总量。增加国民收入的途径有 3 条：① 增加社会生产中的劳动量和物化劳动；② 提高生产率，改进劳动组织、工艺流程和操作方法等，从而节约出大量活劳动，能在相同时间内生产出更多的产品；③ 合理使用固定资金和节约使用流动资金。

四、海洋资源部门间分配评价实证

海洋资源部门间分配是通过各个产业部门体现的。资源占用与资源消耗是两个不同的概念，既有联系又有区别。资源消耗是指利用过程中资源本身已不复存在（如原料、能源等）。而资源占用则指在其利用过程中资源仍然存在（海域、劳力等）。一般来讲，对于不可再生资源宜用资源消耗，对于可再生资源宜用资源占用。严格地讲，两者又相互关

联,占用中包含消耗,如机器设备占用过程中的磨损即损耗,同样,消耗也离不开占用,如原材料在消耗前必须先行占用。对于海洋资源而言,宜采用"占用"一词表达。单位国民收入海洋资源占用率是一项反映国民收入所占用海洋资源数量的指标。我国海域辽阔,不同的用海类型对海域自然环境的要求不一。截止到 2014 年年末,根据《2014 年海域使用公报》资料显示,计算各产业部门所需占用海域,渔业用海 349 611.61 公顷,工业用海 8 176.71 公顷,交通运输用海 8 313.31 公顷,旅游娱乐用海 1 607.80 公顷,海底工程用海 949.81 公顷,排污倾倒用海 133.12 公顷,造地工程用海 3 568.61 公顷,特殊用海1 665.60 公顷,其他用海 121.30 公顷。这说明不同产业实现万元产值占用海洋资源的数量是不同的。

用以反映单位占用海洋资源产出水平的指标称为海洋资源产出率(产值率)。根据《2014 年中国海洋经济统计公报》资料显示,计算各产业部门单位海洋资源产出率悬殊,海洋渔业增加值为 4 293 亿元,海洋油气业增加值为 1 530 亿元,海洋矿业增加值为 53 亿元,海洋盐业增加值为 63 亿元,海洋化工业增加值为 911 亿元,海洋生物医药业增加值为 258 亿元,海洋电力业增加值为 99 亿元,海水利用业增加值为 14 亿元,海洋船舶工业增加值为 1 387 亿元,海洋工程建筑业增加值为 2 103 亿元,海洋交通运输业增加值为5 562亿元,滨海旅游增加值为 8 882 亿元。

■ 本章小结 ■

海洋资源经济管理是海洋资源管理的重要内容。随着人类开发海洋资源深度与广度的加大,如何高效利用现有海洋资源成为世界各国共同面临的问题。发挥市场机制,依托市场配置海洋资源,通过价格和税收有效调节海洋资源的供需与用途是当今人们的普遍认识。本章首先对海洋经济的本质进行概述,介绍了海洋资源经济管理的概念和主要理论,然后重点阐述了海洋资源的经济相关性。最后,重点介绍了海洋资源利用效益、海洋资源经济效益评价方法和海洋资源部门间分配和再分配。

■ 关键术语 ■

海洋经济　海洋资源经济管理　海洋资源价值　海洋资源利用　经济效益评价　海洋资源部门间分配

■ 复习思考题 ■

1. 海洋资源经济管理应当遵循哪些管理理论?
2. 简述海洋资源的经济相关性。
3. 怎样进行海洋资源经济效益评价?
4. 如何衡量海洋资源部门间分配的合理性?

参考文献

［1］ 朱坚真. 海洋资源经济学［M］. 北京:经济科学出版社,2010.

［2］ 何广顺,等. 海洋经济统计简明教程［M］. 北京:科学出版社,2013.

［3］ 马克·科拉正格瑞. 海洋经济——海洋资源与海洋开发［M］. 高健,陈林生,等译. 上海:上海财经大学出版社,2011.

［4］ 贺义雄,等. 海洋资源资产价格评估研究［M］. 北京:海洋出版社,2015.

［5］ 苗丰民,赵全民. 海域分等级定级及价值评估的理论与方法［M］. 北京:海洋出版社,2007.

第七章　海洋资源法律管理

第一节　海洋资源法律管理概述

一、海洋资源法律管理的概念

法是国家按照统治阶级的意志制定或认可的,由国家强制力保证实施的行为规范总和,是实现统治阶级意志的一项重要工具,用以调整人们之间的社会关系,从而达到维护统治阶级的利益和社会公共利益的目的。海洋法是法律体系中的一部分,是用以调整在海洋资源开发、利用和管理中所发生的人与人之间海洋关系的法律规范的总和。

海洋资源法律管理就是国家在海洋资源的管理过程中对法的调整机制的运用,亦即国家通过法律手段来调整以海洋为客体的各种社会关系。这些被用来调整以海洋为客体的各种社会关系的法律规范的总和,称为海洋资源法律。

海洋资源法律管理包括制定海洋资源法律、法规及其他管理制度,依法严格实施海洋资源管理法律,并依照法定职权和程序具体应用法律处理具体案件,即海洋资源管理法律的"立法"、"执法"、"司法"过程。其主要任务是运用海洋资源法制手段调整海洋关系,创造并保持能够对海洋资源进行合理开发、利用、治理和保护的社会环境条件。

海洋资源法律,具体来讲,是国家制定或认可的,由国家强制力保证实施的,以行政或民事调整方法调整因确认海洋资源所有权、取得和转让海洋资源使用权、开发利用海洋资源、与海洋相关的其他权利以及因规划管理海洋资源而产生的各种社会关系的法律规范。海洋资源管理法律与其他法律的根本区别在于,海洋资源法律的调整对象是海洋关系,即以海洋为客体的各种社会关系,如海洋资源所有权关系、海洋资源使用权关系、海洋资源利用关系、海洋资源保护关系、海洋资源管理关系等。

二、海洋资源法律的调整对象及调整方法

海洋法是我国法律体系中一个独立的法律部门,是国家的重要法律之一。

（一）海洋法的调整对象

海洋法的调整对象是以海洋为客体而产生的各种社会关系。它可以归结为三种类型：一是调整人与海洋的关系；二是以国家为主体，直接行使海洋管理权的社会关系；三是不以国家为主体，间接参与海洋管理的社会关系。第一类的调整对象是以符合生态规律为前提的，旨在维护长远、完善的生态系统；第二类的调整对象是以国民经济综合体为其核心的，旨在合理开发、利用、保护海洋资源和维护海洋资源的社会主义公有制；第三类的调整对象是以海洋资源的商品属性为基础，旨在发挥海洋资源的资本功能，以促进海洋生产力的发展。国家通过行政管理间接地参与这类海洋关系。海洋法所调整的社会关系主要是民事法律关系和行政法律关系。

（二）海洋法的调整方法

海洋法的调整方法取决于海洋法的调整对象。因此，对不同的调整对象，应当适用不同的调整方法。

1. 民事调整方法

所谓民事调整方法是指在调整海洋资源财产法律关系时适用的平等、自愿、等价、有偿的法律调整手段。这些调整方法表现为：

（1）在海洋资源财产法律关系中，不允许主体任何一方享有超越他方地位的特权，双方法律地位完全平等。如国有企业向城镇集体企业转让海域使用权时，前者不得凌驾于后者之上。

（2）设立、变更或终止海洋资源财产法律关系时，应当根据双方当事人的意愿。不允许任何一方向他方施以强迫或干涉。

（3）在具体海洋资源财产法律关系的内容方面，双方当事人应按照互利、互惠、等价、有偿的原则设定相互间的权利与义务，不允许一方违背双方意愿无偿取得海洋资源利益或者进行显失公平的海洋资源使用权交易。

2. 行政调整方法

所谓行政调整方法是指在调整海洋行政法律关系时适用的管理、监督的法律调整手段。这类调整方法表现为：

（1）在海洋行政法律关系中，海洋行政管理机关有权依法对被管理者进行监督和约束，被管理者不得拒绝接受。

（2）海洋行政管理机关有权根据国家或社会公共利益的需要命令或指令被管理者从事某些行为或限制某些行为，被管理者必须服从。

（3）海洋行政管理机关依照行政职权要求被管理者从事某些行为时，不必付任何代价。

三、海洋资源法律的体系

法律部门是指根据一定的标准和原则，按照法律所调整社会关系的领域和方法等划分的同类法律规范的总和。法律部门是法律体系的基本组成要素，各个不同法律部门的有机组合便组成一个国家的法律体系。

按我国现行的法律体系,海洋资源的法律体系包括以下几个层次:

(一)宪法

宪法是国家的根本大法。它主要规定一个国家的社会制度和国家制度的基本原则,具有最高的法律效力。我国现行宪法没有对海洋资源的归属关系做出直接的规定。但是,海洋资源作为一种与土地资源有类似地位的自然资源,现行宪法对自然资源权属问题的规定同样适用于海洋资源。《宪法》第九条规定:"矿藏、水流、森林、山岭、草原、荒地、滩涂等自然资源,都属于国家所有,即全民所有;由法律规定属于集体所有的森林和山岭、草原、荒地、滩涂除外。国家保障自然资源的合理利用,保护珍贵的动物和植物。禁止任何组织或者个人用任何手段侵占或者破坏自然资源。"第十条规定:"……国家为了公共利益的需要,可以依照法律规定对土地实行征收或者征用并给予补偿。任何组织或者个人不得侵占、买卖或者以其他形式非法转让土地。土地的使用权可以依照法律的规定转让。一切使用土地的组织和个人必须合理地利用土地。"第二十六条规定:"国家保护和改善生活环境和生态环境,防治污染和其他公害。国家组织和鼓励植树造林,保护林木。"

(二)法律

法律是由国家最高立法机关依据宪法的规定而制定的,其法律效力仅次于宪法而高于其他法律规范。我国目前有关的海洋资源法律主要有:

《中华人民共和国民法通则》,1986 年 4 月 12 日第六届全国人民代表大会第四次会议通过。该法为社会主义商品经济条件下的海洋资源立法提供了基本法律依据,全面规定了调整海洋资源财产法律关系的主要法律要求。该法规定了国家自然资源所有权、集体自然资源所有权的基本内容;规定了国家自然资源使用权和承包经营权、集体自然资源承包经营权制度;制定了土地相邻权制度;规定了海洋资源产权的法律责任制度。

《中华人民共和国土地管理法》、《中华人民共和国物权法》、《中华人民共和国海域使用管理法》、《中华人民共和国海岛保护法》、《中华人民共和国港口法》、《中华人民共和国渔业法》、《中华人民共和国野生动物保护法》、《中华人民共和国森林法》、《中华人民共和国水法》、《中华人民共和国矿产资源法》、《中华人民共和国海洋环境保护法》等法律同属于海洋资源法律这一层次。

(三)海洋行政法规

海洋行政法规是海洋法规体系中的主要组成部分,通称"条例"、"办法"或"规定"。近年来,国务院先后制定了《无居民海岛保护与利用管理规定》、《海域使用权登记办法》、《中华人民共和国航道管理条例》、《中华人民共和国海洋石油勘探开发环境保护管理条例实施办法》、《中华人民共和国对外合作开采海洋石油资源条例》、《中华人民共和国海洋倾废管理条例》、《防治海岸工程建设项目污染损害海洋环境管理条例》、《防治陆源污染物污染损害海洋环境管理条例》、《矿产资源勘查区块登记管理办法》、《海洋功能区划管理规定》、《海洋自然保护区管理办法》等,为对不同领域的海洋开发、利用、治理和保护活动制定了相关规则。

（四）地方性海洋法规

《宪法》第一百条规定："省、直辖市的人民代表大会和它们的常务委员会,在不同宪法、法律、行政法规相抵触的前提下,可以制定地方性法规。"据此,各省、市、自治区的人大及其常委会均制定颁布了诸如《浙江省海域使用管理条例》、《海南省红树林保护规定》、《江苏省海岸带管理条例》、《广东省渔港管理条例》、《天津市海域环境保护管理办法》、《青岛市近岸海域环境保护规定》等地方性土地法规,为解决本地区海洋资源保护的具体问题提供了法律规范。

四、海洋资源法律关系

（一）海洋法律关系的概念和特征

1. 海洋法律关系的概念

法律关系是社会关系经法律规范调整后所形成的一种权利义务关系。它是现实社会关系的法律形式。海洋法律关系是法律关系的一种类型,是人们在开发、利用、整治、保护和管理海洋资源过程中,依照海洋法律规范而形成或建立的一种权利义务关系。它是海洋法律规范调整海洋关系的结果,也是海洋法律规范在现实社会中的具体体现。

2. 海洋法律关系的特征

一般说来,海洋法律关系具有以下特征:

（1）海洋法律关系调节的是人与人之间的关系,是人们在开发、利用、保护和管理海洋资源的过程中,依法所发生的社会关系。虽然这种关系的产生离不开海洋,或者说与海洋有密切关系,但不能由此认为海洋法律关系是人与海洋的关系。海洋资源作为受人支配的物,是不能作为社会关系的主体的。

（2）海洋法律关系是一种意志关系,是社会关系参加者在国家意志的指导下结成的一种关系。它既体现了法律关系主体双方的意志,又体现了国家的意志。但海洋法律关系参加者的意志只有符合国家的意志,才能得到国家法律的确认与保护,才能得以实现。应当指出的是,在海洋法律关系中,当事人的意志所起的作用或实现的程度是比较小的。海洋法律关系的产生、变更和消灭,往往不单纯取决于当事人的意志,而是严格受国家控制的。因为海洋资源是人类生存和发展的重要物质基础,是宝贵而有限的自然资源,对它的利用是否科学合理,关系到整个国计民生和子孙后代的生存和发展。这是海洋法律关系区别于其他民事法律关系和经济法律关系的一个重要方面。

（3）海洋法律关系是以权利义务为内容的。法是以规定社会关系参加者的权利和义务的方式来调整社会关系的。由海洋法律规范调整而形成的海洋法规关系,实质上就是一种有关海洋资源的权利义务关系。而且海洋是流动的,这就决定了国家对海洋的管理有特殊要求,即要求海洋关系参加者在建立、变更和终止海洋权利关系时,要采用书面形式,以确保海洋法律关系产生、变更和消灭的有效性和严肃性。

（4）海洋法律关系是受国家法律保护的。海洋法律关系是依法确立的,它体现了国家的意志和要求,受到国家法律的保护。当事人双方权利的行使由国家法律来保障,义务的履行受国家法律的监督。在一方当事人不履行法定义务而使海洋法律关系遭到破坏时,另一方当事人有权请求国家法律的保护。

(二)海洋法律关系的构成

任何法律关系都是由主体、内容和客体三部分组成的,海洋法律关系也不例外。

1. 海洋法律关系的主体

海洋法律关系的主体是指海洋关系的参加者,即海洋法律关系中权利和义务的享有者和承担者。享有权利的一方为权利主体,承担义务的一方为义务主体。海洋法律关系中一般权利主体是特定的,义务主体是不特定的。

任何法律关系都是双方或多方主体之间的权利义务关系。没有主体,海洋关系就无从谈起。但在不同的海洋法律关系中,其主体不同。在我国,海洋法律关系的主体是非常广泛的,概括起来主要有国家、国家机关、社会组织、公民。此外,三资企业也可作为海洋法律关系主体参加海洋资源使用权法律关系,但它们是由专门法规来调整的。

2. 海洋法律关系的内容

海洋法律关系的内容是指海洋法律关系主体所享有的权利和承担的义务。这里所称的权利是指海洋法律关系主体在一定的条件下,为某种行为或实现某种利益的资格。义务是指海洋法律关系主体在一定条件下,为某种行为或不为某种行为的责任。海洋资源权利主体和海洋资源义务主体,通常为特定的人,但有时可以指不特定的人。如所有权法律关系中,所有权人是特定的,而不妨碍所有权人实现其所有权能的其他人(义务主体)则是不特定的。其中某一义务主体一旦违反此项义务,构成侵权行为时,在这种新的法律关系中,义务主体又成为特定的了。因此,权利和义务是相互对立、相互联系的,彼此构成了海洋法律关系的内容。

不同类型的海洋法律关系,其具体内容有所不同,同一类型的海洋法律关系,因其主体、客体不同,其权利和义务的范围也有所不同。尽管海洋法律关系的内容是多种多样的,但是,一切法律关系的内容都取决于海洋资源所有权关系的内容。这是因为一方面海洋资源使用权法律关系内容是由海洋资源所有权法律关系内容派生出来的;另一方面,海洋管理和保护性的法律关系内容从属于海洋资源所有权和使用权的法律关系内容,成为这两种法律关系的直接延续和表现形式。因此,海洋资源所有权法律关系内容是构成一切海洋法律关系内容的基础。

由于海洋资源权利和海洋资源义务的内容在性质上的不同,决定了海洋资源权利和海洋资源义务的实现及海洋资源权利的保护是各不相同的。具体表现在以下几个方面:

(1)海洋资源权利和海洋资源义务的内容具有民事性质。海洋资源权利主体可请求义务主体做出一定的行为或不做出一定行为,以实现自己的海洋资源权利,满足自己的经济利益。如海洋资源使用权人依法享有对自己的海洋资源占有、使用、收益和处分的权利。

(2)海洋资源权利和海洋资源义务的内容具有行政性质。海洋资源权利主体可直接按照法律规定一定的行为,来行使自己的权利和履行自己的义务,这种权利和义务的特点既是海洋法律关系的权利内容,又是它的义务内容,权利主体和义务主体由同一法律关系主体承担。这种海洋资源权利和海洋资源义务关系主要发生在海洋资源管理法律关系中,表现为有关国家海洋管理机关享有海洋法律规范所直接赋予的海洋管理权和海洋管理职责。根据法律规定,各级人民政府享有编制和拟订海洋资源利用总体规划的权利,同时也担负着必须按照规定编制和制定海洋资源利用总体规划的职责,这是它们对国家应承担的义务。地方人民政府的海洋资源利用总体规划报上级人民政府批准后,在其所管辖的范围内,受其管理的单位和个人便负有执行该规划的义务,因此,这种关系是建立在参加者相互之间行政性隶属关系的法律地位基础上,具有行政性质。

（3）海洋资源权利和海洋资源义务具有民事和行政双重性。它主要发生在海洋资源使用权法律关系中,如海域使用权人与海洋行政管理机关之间不仅有物权性民事法律关系,更有因从事受行政机关管理的涉海行为所产生的行政法律关系。海域使用权的私权性,内容上体现为海域使用权人对特定海域的"排他使用";在海域使用权人与作为海域所有人的"国家"之间建立起一种民事法律关系。海域使用权的公权性,内容上体现为海域使用权人所承担的行政义务或社会性义务,如权利获得的审批程序、开发利用方式的限制、公益原则的例外等。对国家而言,以有偿方式出让海域的行为本身就是所有权行使的表现,而对于海域使用权人而言,权利的获得则使其对海域的权益获得强大保障。

3. 海洋法律关系的客体

海洋法律关系的客体是指海洋法律关系主体权利义务所指向的对象。它是主体行使权利和履行义务的行为指向目标,如果没有这一目标或对象,法律关系主体的权利和义务就无法实现。

法学意义上的海洋资源通常指进入法律规范体系中,人们在开发、利用、治理、保护海洋的活动中形成的权利、义务关系的客体。目前,人们对海洋法律关系客体的认识,有两种不同的看法:一种认为客体是物;另一种则认为客体是行为,包括物、行为和精神财富。我们认为客体存在的海洋法律关系是多种多样的,其构成要素的客体,也是多样的。它既可以是物,也可以是行为。如海洋资源所有权和海洋资源使用权法律关系的客体就是物,而海洋管理法律关系的客体则是行为。在各种海洋法律关系中,客体的具体形式,取决于主体权利义务的性质和主体参加法律关系所要实现的目标。

（三）海洋法律关系的产生、变更和消灭

1. 海洋法律关系的产生

海洋法律关系的产生是指由于一定的法律事实的出现,使特定的海洋法律关系主体之间形成一定的权利义务关系。

2. 海洋法律关系的变更

海洋法律关系的变更是指由于某种法律事实的出现,使海洋法律关系的构成要素发生变化,包括主体变更、客体变更和内容变更等。海洋法律关系主体变更是指权利主体或义务主体发生变化,即由于某种法律事实的出现,使海洋法律关系的权利主体或义务主体发生变化,它既可以是海洋资源数量、质量的变化,也可以是性质、范围的变化。海洋法律

关系的内容变更是指主体享有的权利或承担的义务的性质或范围发生变化。

3. 海洋法律关系的消灭

海洋法律关系的消灭是指由于某种法律事实的出现,海洋法律关系主体之间的权利义务关系即行终止。

海洋法律关系的产生、变更和消灭之间存在因果关系。某一种海洋法律关系的产生,常常会导致另一种海洋法律关系的变更或消灭;某一种海洋法律关系的变更和消灭,又会伴随另一种海洋法律关系的产生。由于海洋资源本身的特殊性,海洋法律关系的产生、变更和消灭,一般都要依照法定的方式进行,要依法进行登记,履行法定程序。否则,不具有法律效力,不受国家法律保护。

(四)海洋法律关系的保护

海洋法律关系是依法建立的权利义务关系,它一经形成,就具有法律效力,要受国家法律的保护。国家对法律关系的保护,是指通过有权机关的职能活动,对海洋法律关系参加者的行为进行引导、监督和协调,保护其合法性,并在发生纠纷时,通过法律程序予以及时解决,制裁违法者,保证海洋法律关系主体的权利得以实现,义务全面履行。

我国海洋资源保护法律体系由 5 个层次构成:宪法;法律;行政法规和其他规范性文件;地方性法规、政府规章和其他规范性文件;国际条例。由不同国家机关制定的、具有不同法律地位和效力的规范性法律文件,构成了我国海洋资源保护规范性法律文件系统,也是我国现阶段海洋资源保护法律渊源的主体。

海洋资源法以海洋资源为保护对象,调整因利用、保护、改善海洋资源所发生的社会关系,这决定了海洋资源法与海洋法存在着密切联系。海洋法是在国际上形成的有关海洋的各种法规的总和。从学科划分的角度来看,海洋法往往被置于国际法之下,作为国际法的一部分予以研究,侧重于不同海域的法律地位以及各国的权益,对海洋资源的法律保护没有给予足够的重视进行独立研究;海洋资源法和海洋环境保护法共同构成海洋环境资源法,两者相互联系、相互依存。因此,海洋资源法纳入环境资源法的范畴,在自然资源法框架内开展研究。

第二节　国际海洋法

1926 年的华盛顿会议(The Washington Conference)曾提出一公约方案处理海洋船舶油污,但并未通过;第一届联合国海洋法会议对此海洋污染议题仍未付予太多关注,仅在 1958 年的《公海公约》第二十四条及第二十五条规范国家责任,要求缔约国应参与关于防止污染海水的条约规定制定规章,以防止因排放油污或倾弃放射性废料等而污染海水;第一个国际公约制定在 1954 年,即《国际防止海洋油污染公约》(OILPOL),1958 年 7 月 26 日生效;到 20 世纪 70 年代起,一系列的国际公约及协定开始大量出现在国际社会。

一、国际海洋法的形成

国际海洋立法的历程,大致分为三个阶段:

（一）初期阶段：约为 1950 至 1960 年末

1. 1954 年《国际防止海洋油污染公约》

1954 年 4 月 26 日至 5 月 12 日在伦敦召开的有关海洋油污染的国际会议，制定了一项国际公约，即《国际防止海洋油污染公约》。参加会议的有 42 个国家，会中通过的公约要求倾废尽可能远离陆地，一般应距岸 25 千米，并建立禁止倾废的特别区。该公约还制定了世界性的污染标准，要求缔约国确保其油轮排放的油类或油质混合物中的油含量不超过 100×10^{-6}（100 ppm）。然而，该公约仅限

图 7-1　海洋不是人类的"垃圾桶"

于石油污染，对于其他污染则不适用。而且，不适用由于以下因素引起的石油污染：① 船舶安全事故；② 不可避免的泄漏情况；③ 由于清洗或纯化燃油和润滑油而产生残渣的废弃物。因此，该一公约不足之处在于因为产生污染的情况是如此的复杂，船舶污染可能会因超出公约所规定的范围而逃避责任。此外，这项公约规定污染造成的危害必须报告船旗国，而且只有船旗国可以对它的船舶起诉，享有执行权。对于禁区以外的溢油实际上难以控制。然而，这次会议毕竟对于处理不断增加的海洋污染问题做了努力，也是给缔约国一定义务和权利的第一个国际海洋保护法规。

图 7-2　海洋石油污染

2. 1958 年的《领海及毗连区公约》《公海公约》《大陆架公约》

1958 年在日内瓦召开的第一次联合国海洋法会议通过的《公海公约》中，有关防止海洋环境污染有两项规定，第二十四条规定："各国应参照现行关于防止污染海水之条约规定制订规章，以防止因船舶或管线排放油料或因开发与探测海床及其底土而污染海水。"第二十五条

规定："各国应参照主管国际组织所订定之标准与规章，采取办法，以防止倾弃放射废料而污染海水。各国应与主管国际组织合作采取办法，以防止任何活动因使用放射材料或其他有害物剂而污染海水或其上空。"此外，《公海公约》虽规定了船旗国的专属管辖权；但没有制定国际污染的最低标准。但在《领海及毗连区公约》第十七条中规定："外国船舶行使无害通过权时应遵守沿海国依本条款及国际法其他规则所制定之法律规章，尤应遵守有关运输及航行之此项法律规章。"这里，沿海国享有在其领海内制定法律和规章的权利，但须遵守公约和国际法的一般规则，特别是有关运输和航行方面的规定。《大陆架公约》第五条第 7 款规定，"沿海国负有在安全区内采取一切适当办法以保护海洋生物资源免遭有害物剂损害之义务。"这一规定只限于为开发大陆架而设立的安全区内所采取的措施。

3. 1958 年的《捕鱼及养护公海生物资源公约》以及 1959 年《南极条约》

在海洋环境保护方面,政府间海事协商组织(IMCO)〔1982 年 5 月 22 日改为国际海事组织(IMO)〕发挥了重要的作用。该组织为联合国从事船舶活动管理事项的专门机构。1984 年 3 月在日内瓦召开联合国海事会议,通过《政府间海事协商组织公约》。该公约经过 10 年,到 1958 年获得 21 个国家加入而生效,并于 1959 年 1 月 6 日在伦敦正式建立海事协商组织。按照该公约规定,海事协商组织的宗旨和任务是:为政府间在有关会影响国际贸易航运的各种技术问题的政府规则和实践方面提供进行合作的机构;鼓励并促进在有关海上安全、航行效率、防止和控制船舶造成海洋污染的问题上普遍采用可行的最高标准;处理有关本条所列宗旨的行政和法律问题。国际海事组织到 2000 年已有成员 158 个,总部设在伦敦。该组织在 1967 年以前对于保护和控制海洋环境关心不够,1967 年(托里·峡谷号)事故泄漏大量原油入海以后,才引起该组织对海洋环境的重视。至 2000 年年底,海事组织已制定或负责的国际公约有 52 个,涉及海上人命安全、海上避碰、船舶载重线、船舶吨位丈量、防止海洋污染、油污民事责任、公海油污的干预、油污赔偿国际基金、集装箱安全、特种客运、核能船舶、旅客行李运输责任、船员培训和值班标准、海上倾废、渔船安全、海事卫星和海上救援等方面。

你看不到的,不代表它们不存在

图 7-3　关爱海洋　我们行动起来

(二)发展阶段:1960 年年末至 1970 年年末

在这个阶段,有大量的各种海洋污染防制公约被通过,包括:

1969 年《国际油污损害民事责任公约》;

1969 年《国际干预公海油污事故公约》;

1971 年《设立油污损害赔偿国际基金国际公约》;

1972 年《防止船舶和飞机倾倒引起的海洋污染公约》(简称奥斯陆倾倒公约);

奥斯陆倾倒公约主要适用于东北大西洋区域,规定缔约国采取措施,以排除陆源污染,包括放射性物质、控制倾废以及关于大陆架和海床作业引起污染的区域控制;

1972 年《防止倾倒废物及其他物质污染海洋的公约》(简称伦敦倾废公约);

1973 年《国际防止船舶造成污染公约》;

1974 年《波罗的海区域地区海洋环境保护公约》(简称赫尔辛基公约);

1976 年《保护地中海免受污染公约》(简称巴塞罗那公约);

1978 年《国际防止船舶造成污染公约》。

(三)成熟期:1980 年以后

海洋立法历经了二十几年的发展阶段,已经形成一套以公约、双边和多边条约、协定、协议为主,数量庞大的法律体系。根据 1970 年联大决议,海底委员会从 1971 年起把海洋环境保护问题作为第三小组委员会审议的项目之一,对海洋环境保护的条款进行实质性讨论和起草条约条款。这方面的工作包括两大项:① 保护海洋环境(包括海床区域);② 减轻和防止海洋环境污染(包括海床区域)。会议过程中,争议的焦点为沿海国对其管辖范围内的海洋区域的污染有无管辖权的问题。发展中国家和部分其他国家主张:沿海国有权根据本国的环境政策,采取一切必要措施保护海上环境,防止海洋污染。美、苏等国则片面坚持国际统一的防污染标准,否定沿海国根据本国的环境政策,制定防污标准的权利;经过各国近十年的权衡,1982 年终于通过的《联合国海洋法公约》,成为国际海洋制度成熟的象征。

《联合国海洋公约》(*United Nations Convention on the Law of the Sea*,UNCLOS)的第 12 部分:海洋环境的保护和保全,共 11 节 46 个条文(Art. 192—237),包括了:

(1)一般规定;

(2)全球性和区域性合作;

(3)技术援助;

(4)监测和环境评价;

(5)防止、减少和控制海洋环境污染的国际规则和国内立法;

(6)执行;

(7)保障办法;

(8)冰封区域;

(9)责任;

(10)主权豁免;

(11)关于保护和保全海洋环境的其他公约所规定的义务。

该公约要求各国有保护和保全海洋环境的义务(第 192 条)。并规定,各国有依据其环境政策和按照其保护和保全海洋环境的职责开发其自然资源的主权权利(第 193 条)。

《联合国海洋法公约》要求各国应在适当情形下个别或联合地采取一切符合本公约的必要措施,防止、减少和控制任何来源的海洋环境污染;并且应采取一切必要措施,确保在其管辖或控制下的活动的进行不致使其他国家及其环境遭受污染的损害(第 194 条)。

《联合国海洋法公约》也要求各国在为保护和保全海洋环境而拟订和制订符合本公约的国际规则、标准和建议的办法及程序时,应在全球性的基础上或在区域性的基础上,直接或通过主管国际组织进行合作,同时考虑到区域的特点(第 197 条)。

《联合国海洋法公约》也进一步规定各国应直接或通过主管国际组织，促进对发展中国家的科学、教育、技术和其他方面援助的方案，以保护和保全海洋环境，并防止、减少和控制海洋污染（第 202 条）；也要求为了防止、减少和控制海洋环境污染或尽量减少其影响的目的，发展中国家应在下列事项上获得各国际组织的优惠待遇：（a）有关款项和技术援助的分配；和（b）对各国组织专门服务的利用（第 203 条）。

图 7-4　保护海洋环境

《联合国海洋法公约》更要求各国应在符合其他国家权利的情形下，在实际可行范围内，尽力直接或通过各主管国际组织，用公认的科学方法观察、测算、估计和分析海洋环境污染的危险或影响；各国特别应不断监视其所准许或从事的任何活动的影响，以便确定这些活动是否可能污染海洋环境（第 204 条）。

二、国际海洋法的内涵

国际海洋法，也就是通常所说的海洋法，是国际法的分支。早期国际上对海洋的保护主要是针对海洋环境，尤其是特定的污染源（例如船舶油污染）上。然而，随着近代科技的进步，污染来源的多样化与扩大化，使得国际社会不得不面对这些新的污染可能带来对海洋更大、更严重的危害。此外，多次相当严重的污染事件也使得国际社会注意到，海洋环境的保护绝不可能单靠保护好自己的领土或领海就能达到；任何一次严重的公海油污染事件，影响所及就是许多沿海国家。于是，国际社会认为，这应该是整个国际社会一起合作才能有效遏止日趋严重的海洋污染问题。但是，既存的区域公约并不一定要被完全取代。所以，联合国第三次海洋法会议所提出的海洋法公约，在针对海洋环境的保护与保全上，并非取代现有既存的国际条约；而是借由架构性的建立，"整合"所有这些现有的国际海洋环境保护的相关区域性公约。

1987 年联合国世界环境与发展会议所提出的报告《我们共同的未来》（*Our Common Future*），就曾指出，联合国海洋法公约的确使海洋朝整合性管理目标迈进一大步。其他多项国际文件，包括《21 世纪议程》（*Agenda* 21），也都对 1982 年联合国海洋法公约的整合性功能，持相同的肯定看法。

由前述对海洋保护的国际立法来看，我们可确定保护海洋环境尤其是防止海洋污染是"国家责任"，且各国有义务通力合作，共同采取措施，以防止并减轻海洋污染对环境及人类的危害。值得注意的是，根据传统国际法上"非缔约国不受拘束"的原则，条约仅在缔约当事国间发生效力。然而，前述大部分的国际公约，并非由多数国家参与、签署或加入;且缔约国亦非为主要的海运国家,其防止海洋污染的利害关系及所能掌握的污染防治技术,比起大部分非缔约国而言,事实上无法达到既深且广的效果。为了弥补此一缺口,联合国海洋法公约借由"参考适用法则"(Rule of Reference)做了一个巧妙的设计:将诸多相关的国际公约或国际习惯、区域性安排(Regional Arrangement),甚至包括在未来才可能出现的国际规则或标准都予以纳入,只要是公约缔约国或加入国,均有参考适用的规范空间。

三、国外海洋资源基本法

进入21世纪,各沿海国家都把开发的目标瞄准海洋,这也是当今社会和经济发展的必然选择,海洋资源开发速度逐渐加快,高科技的应用使海洋开发中传统产业得到不断改造,同时又不断开发和建立新的海洋产业。海洋资源本身是一个复合概念,其开发利用法律也相应地包含海洋资源开发利用基本理念的法律和对开发利用各个层面做出规定的法律,纵观各国有关立法,其中韩国和加拿大对海洋资源基本理念和问题做出整体性法律安排。

现有的海洋资源开发利用基本法律包括:日本1971年颁布的《海洋水产资源开发促进法》、1974颁布的《沿岸渔场整顿开发法》,1987年12月4日公布的《韩国海洋开发基本法》和1996年12月18日批准、1999年8月31日修订的《加拿大海洋法》。

现有的海岸带管理法律包括:《英国海岸保护法(1949)》,1965年5月12日颁布的《日本海岸法》,1972年10月27日颁布、1976年7月26日修正的《美国1972年海岸带管理法》,法国1986年1月3日颁布的《关于海滨的保护、开发和治理》第86-2号法律,澳大利亚的《1995年海岸保护与管理法》及1998年12月通过的《韩国沿岸管理法》。

现有的海洋水体管理法律包括:1921年4月9日颁布的《日本共有水面填埋法》,1961年12月19日颁布的《韩国共有水面管理法》,1962年1月20日颁布的《韩国共有水面埋立法》以及2001年10月颁布的《中华人民共和国海域使用管理法》。

现有的大陆架开发利用法律包括:1953年8月7日颁布的《美国外大陆架土地法》,1964年5月15日生效的《英国大陆架石油规则》,澳大利亚1968~1973年《大陆架(资源)法》,1966年颁布、1972年修改的《马来西亚1966年石油开采法》,1967年11月22日通过的《澳大利亚1967年石油(水下土地)法》,1969年6月13日颁布的《比利时大陆架法》,1970年1月1日颁布的《韩国海底矿产资源开发法》以及1972年12月8日颁布的《关于在挪威大陆架的海床和下部地层勘探及开发的国王法令》。

第三节　我国海洋资源管理相关法律

新中国成立以来,党和国家十分重视海洋资源的保护和合理利用工作,开展了大规模海洋渔业的恢复、海洋盐业的恢复、沿海港口修整、海洋科学规划、海洋综合调查等工作,并针对我国海洋资源保护和利用中存在的问题,颁布了一系列的法律和行政法规,运用法律手段管理海洋资源开发利用的有关活动。其中主要的法规有《关于全国盐务工作的决定》(1950)、《中华人民共和国海港管理暂行条例》(1954)、《关于渤海、黄海及东海机轮拖网渔业禁渔区的命令》(1955)、《森林保护条例》(1963)、《关于沿海渔业情况和今后方针任务的报告》(1966)、《中华人民共和国防止沿海水域污染暂行规定》(1974)。

十一届三中全会以来,我国海洋资源立法得到了快速发展。在较短时间里,一批海洋资源的重要法律得到了颁布:《水产资源繁殖保护条例》(1979)、《中华人民共和国对外合作开采海洋石油资源条例》(1982)、《中华人民共和国海洋环境保护法》(1982)、《中华人民共和国海上交通安全法》(1983)、《中华人民共和国海洋石油勘探开发环境保护管理条例》(1983)、《中华人民共和国海洋倾废管理条例》(1985)、《中华人民共和国渔业法》(1986)、《中华人民共和国矿产资源法》(1986),《中华人民共和国海商法》(1992)、《中华人民共和国领海及毗连区法》(1992)、《中华人民共和国专属经济区和大陆架法》(1998)、《中华人民共和国海事诉讼特别程序法》(1999)、《中华人民共和国海域使用管理》(2001)、《中华人民共和国港口法》(2003)、《中华人民共和国海岛保护法》(2009)等,这些法规对海洋资源保护和利用的各个方面都起到了相应的作用。

党的十八大明确提出"提高海洋资源开发能力,发展海洋经济,保护海洋生态环境,坚决维护国家海洋权益,建设海洋强国"。这既是我国海洋资源保护的总对策,也是我国海洋资源法律保护的核心。

一、关于海域管理的法律规定

1.《中华人民共和国物权法》(以下简称"物权法")

在"所有权"编第四十六条规定"矿藏、水流、海域属于国家所有",这不仅丰富和完善了《宪法》关于自然资源国家所有的规定,而且有助于梳理海域国家所有的意识,防止一些单位或者个人随意侵占海域资源浪费和海域国有财产流失。《物权法》在"用益物权"篇第122条专门规定"依法取得的海域使用权受法律保护",进一步明确了海域使用权派生于海域国家所有权,是基本的用益物权。

2.《中华人民共和国海域使用管理法》(以下简称《海域使用管理法》)

《海域使用管理法》第三条第1款、第八条规定:"海域属于国家所有,国务院代表国家行使海域所有权。任何单位或者个人不得侵占、买卖或者以其他形式非法转让海域。""任何单位和个人都有遵守海域使用管理法律、法规的义务,并有权对违反海域使用管理法律、法规的行为提出检举和控告。"

3.《海域使用管理法》

《海域使用管理法》第二十三条、第二十八条规定:"海域使用权人依法使用海域并获得收益的权利受法律保护,任何单位和个人不得侵犯。海域使用权人有依法保护和合理使用海域的义务;海域使用权人对不妨害其依法使用海域的非排他性用海活动,不得阻挠。""海域使用权人不得擅自改变经批准的海域用途;确需改变的,应当在符合海洋功能区划的前提下，报原批准用海的人民政府批准。"

4.《海域使用管理法》

《海域使用管理法》第四十三条规定："无权批准使用海域的单位非法批准使用海域的，超越批准权限非法批准使用海域的，或者不按海洋功能区划批准使用海域的，批准文件无效，收回非法使用的海域；对非法批准使用海域的直接负责的主管人员和其他直接责任人员，依法给予行政处分。"

二、关于海岛保护的法律规定

（1）根据我国《宪法》和《物权法》等法律、法规的规定，有居民海岛可以纳入我国现有城市、乡村体系，适用现有相关物权法律、法规；对于无居民海岛，《中华人民共和国海岛保护法》（以下简称"海岛保护法"）第四条规定，"无居民海岛属于国家所有，国务院代表国家行使无居民海岛所有权"。据此，无居民海岛作为一个专门、独立的资源类型和物权法意义上的物而设立独立物权。

（2）海岛保护规划是从事海岛保护、利用海岛的依据，具体指导海岛生态和无居民海岛利用活动。《海岛保护法》第八条第1款、第九条、第二十三条明确规定："国家实行海岛保护规划制度。海岛保护规划是从事海岛保护、利用活动的依据。""国务院海洋主管部门会同本级人民政府有关部门、军事机关，依据国民经济和社会发展规划、全国海洋功能区划，组织编制全国海岛保护规划，报国务院审批。全国海岛保护规划应当按照海岛的区位、自然资源、环境等自然属性及保护、利用状况，确定海岛分类保护的原则和可利用的无居民海岛，以及需要重点修复的海岛等。全国海岛保护规划应当与全国城镇体系规划和全国土地利用总体规划相衔接。""有居民海岛的开发、建设应当遵守有关城乡规划、环境保护、土地管理、海域使用管理、水资源和森林保护等法律、法规的规定，保护海岛及其周边海域生态系统。"

（3）保护海岛及其周边海域生态系统是海岛保护的重点内容，《海岛保护法》第二十四条、第二十五条第1款、第二十六条第1款明确规定："有居民海岛的开发、建设应当对海岛海洋资源、水资源及能源状况进行调查评估，依法进行环境影响评价。海岛的开发、建设不得超出海岛的环境容量。新建、改建、扩建建设项目，必须符合海岛主要污染物排放、建设用地和用水总量控制指标的要求。""在有居民海岛进行工程建设，应当坚持先规划后建设、生态保护设施优先建设或者与工程项目同步建设的原则。""……未经依法批准在有居民海岛沙滩建造的建筑物或者设施，对海岛及其周边海域生态系统造成严重破坏的，应当依法拆除。"

（4）为了科学合理开发海岛资源，《海岛保护法》明确规定：禁止改变自然保护区内海岛的海岸线；禁止采挖、破坏珊瑚和珊瑚礁；禁止砍伐海岛周边海域的红树林；国家保护海岛植被，促进海岛淡水资源的涵养；有居民海岛及其周边海域应当划定禁止开发、限制开发区域，并采取措施保护海岛生物栖息地，防止海岛植被退化和生物多样性降低；严格限制在有居民海岛沙滩采挖海砂；确需采挖的，应当按照有关海域使用管理、矿产资源的法律、法规法人规定执行。这样明确规定,将遏制海岛开发利用无序、无度、无偿的局面,有效保护海岛资源,维护海岛生态系统安全。

（5）海岛保护行政执法是指海洋主管部门及其所属的海监机构,根据《海岛保护法》及其相关配套法规、规章、制度,依照法定职权和程序行使行政管理权,贯彻落实国家法律法规,依法保护海岛及其周边海域生态系统、无居民海岛自然资源和特殊用途海岛的活动。《海岛保护法》第四十一条第 2 款规定:"海洋主管部门及其海监机构依法对海岛周边海域生态系统保护情况进行监督检查。"

三、关于海洋渔业管理的法律规定

（1）《中华人民共和国渔业法》(以下简称"渔业法")第六条规定:国务院渔业行政主管部门主管全国的渔业工作。县级以上地方人民政府渔业行政主管部门主管本行政区域内的渔业工作。县级以上人民政府渔业行政主管部门可以在重要渔业水域、渔港设渔政监督管理机构。县级以上人民政府渔业行政主管部门及其所属的渔政监督管理机构可以设渔政检查人员。渔政检查人员执行渔业行政主管部门及其所属的渔政监督管理机构交付的任务。

（2）国家对渔业的监督管理,实行统一领导、分级管理。海洋渔业,除国务院划定由国务院渔业行政主管部门及其所属的渔政监督管理机构监督管理的海域和特定渔业资源渔场外,由毗邻海域的省、自治区、直辖市人民政府渔业行政主管部门监督管理。江河、湖泊等水域的渔业,按照行政区划由有关县级以上人民政府渔业行政主管部门监督管理;跨行政区域的,由有关县级以上地方人民政府协商制定管理办法,或者由上一级人民政府渔业行政主管部门及其所属的渔政监督管理机构监督管理。

（3）《渔业法》规定:禁止使用炸鱼、毒鱼、电鱼等破坏渔业资源的方法进行捕捞。禁止制造、销售、使用禁用的渔具。禁止在禁渔区、禁渔期进行捕捞。禁止使用小于最小网目尺寸的网具进行捕捞。捕捞的渔获物中幼鱼数量不得超过规定的比例。在禁渔区或者禁渔期内禁止销售非法捕捞的渔获物。禁止捕捞有重要经济价值的水生动物苗种。禁止围湖造田。这样的明确规定,对于渔业资源的增殖和保护是非常必要的

（4）各级人民政府应当采取措施,保护和改善渔业水域的生态环境,防治污染。渔业水域生态环境的监督管理和渔业污染事故的调查处理,依照《中华人民共和国海洋环境保护法》和《中华人民共和国水污染防治法》的有关规定执行。

四、关于海洋环境保护管理的法律规定

（1）海洋环境法是由国家制定或认可,并由国家强制力保证执行的关于保护和改善海洋环境,保护海洋资源,防治污染损害,维护生态平衡,保障人体健康,促进经济和社会可持续发展的法律规范的总称。《中华人民共和国海洋环境法》(以下简称"海洋环境法")第五条第 2 款规定:国家海洋行政主管部门负责海洋环境的监督管理,组织海洋环境的调查、监测、监视、评价和科学研究,负责全国防治海洋工程建设项目和海洋倾倒废弃物对海洋污染损害的环境保护工作。

（2）为了切实实施海洋环境的管控制度，《海洋环境法》第七条第 1 款、第八条规定："国家根据海洋功能区划制定全国海洋环境保护规划和重点海域区域性海洋环境保护规划。""跨区域的海洋环境保护工作，由有关沿海地方人民政府协商解决，或者由上级人民政府协调解决。跨部门的重大海洋环境保护工作，由国务院环境保护行政主管部门协调；协调未能解决的，由国务院做出决定。"

（3）《海洋环境法》第二十条规定："国务院和沿海地方各级人民政府应当采取有效措施，保护红树林、珊瑚礁、滨海湿地、海岛、海湾、入海河口、重要渔业水域等具有典型性、代表性的海洋生态系统，珍稀、濒危海洋生物的天然集中分布区，具有重要经济价值的海洋生物生存区域及有重大科学文化价值的海洋自然历史遗迹和自然景观。对具有重要经济、社会价值的已遭到破坏的海洋生态，应当进行整治和恢复。"

（4）《海洋环境法》第二十四条、第二十五条、第二十六条规定"开发利用海洋资源，应当根据海洋功能区划合理布局，不得造成海洋生态环境破坏。""引进海洋动植物物种，应当进行科学论证，避免对海洋生态系统造成危害。""开发海岛及周围海域的资源，应当采取严格的生态保护措施，不得造成海岛地形、岸滩、植被以及海岛周围海域生态环境的破坏。"

（5）沿海地方各级人民政府应当结合当地自然环境的特点，建设海岸防护设施、沿海防护林、沿海城镇园林和绿地，对海岸侵蚀和海水入侵地区进行综合治理。禁止毁坏海岸防护设施、沿海防护林、沿海城镇园林和绿地。

■ 本章小结 ■

海洋资源法律管理是国家管理海洋的重要手段之一，也是海洋资源管理的重要内容。为了保护我国有限的海洋资源，必须把海洋资源法制放在突出的地位。本章主要阐述了我国目前海洋资源法律管理的概念、内容、体系以及调整对象和调整内容，重点探讨了海洋资源开发管理的相关法律规范。在众多相关法律规范中，《联合国海洋法公约》堪称是目前有关海洋事务最全面和权威的国际法。依据该公约，无论在国家管辖之海域或国际海域，国家均需有合适有效的法规执法才能将海洋资源进行有效的管理。最后介绍了我国的海域使用管理法、海岛保护法、渔业法、海洋环境法，作为从国际到国内，有关海洋资源保护互动法制体系的参考。

■ 关键术语 ■

海洋资源 法律 国际海洋法 海域使用管理法 海岛保护法 渔业法 海洋环境法

■ 复习思考题 ■

1. 什么是海洋资源法律管理？简述我国海洋资源法律的体系。
2. 试述联合国海洋法公约的基本概念与重点。
3. 阐述我国保护海洋资源的主要法律规定。

◆ 参考文献 ◆

［1］　华敬炘. 海洋法学教程［M］. 青岛：中国海洋大学出版社,2009.

［2］　海域管理培训教材编委会. 海域管理法律法规文件汇编［M］. 北京：海洋出版社,2014.

［3］　国家海洋局海洋发展战略研究所. 联合国海洋法公约［M］. 北京：海洋出版社,2014.

［4］　卞耀武,等. 中华人民共和国海域使用管理法释义［M］. 北京：法律出版社,2002.

［5］　本书编写组. 中华人民共和国海岛保护法释义［M］. 北京：法律出版社,2010.

［6］　中华人民共和国渔业法［M］. 北京：中国法制出版社,2014.

［7］　张皓若,卞耀武. 中华人民共和国海洋环境保护法释义［M］. 北京：法律出版社,2000.

第八章　海洋资源生态管理

第一节　海洋资源生态管理概述

20世纪后期以来,人类活动及其所导致的全球环境变化成了全球生态系统格局、结构和过程变化的主导力量。在这个过程中,海洋资源利用改变了全球生态系统格局与结构,人工直接管理的生态系统(包括海洋生态系统)达到陆地总面积的40%以上。据2010年5月发布的《全球生物多样性展望》报告显示:全球生物多样性三大主要组成部分——基因、物种和生态系统多样性都在持续下降;全球44%的陆地生态区域和82%的海洋生态区域没有达到预期的保护目标。同时,由于不合理的海洋利用导致的海水富营养化、海洋污染等也成为全球面临的突出生态与环境问题,全球每年大约有640万吨垃圾进入海洋,而每天有800万件垃圾进入海洋。就我国而言,随着人口的增长,城市化和工业化的不断推进,不合理的海洋利用也同样引发或加剧了一系列生态和环境问题,如生物丰度降低、海水酸化、富营养化、海洋污染等等,并由此加剧了生物种类减少、珍稀野生动植物濒临灭绝、河流断流、海洋资源衰竭和全球气候变化等现象。注重并加强海洋资源的生态管理,已成为加强海洋资源管理、实现社会协调可持续发展的重要方面。

一、海洋资源生态管理的概念

海洋利用是指人类为海洋所设定的用途(如农渔业区、港口航运区、工业与城镇用海区、旅游休闲娱乐区、海洋保护区),也包括海洋开发、利用、保护、治理的过程或行为。它具有生产力和生产关系两方面特征,即既有海洋生产力的提高,又有海洋关系的协调。后者是指人们在生产活动过程中所建立的海洋社会关系和利益分配机制。海洋管理,其一是指人类经营利用海洋的方式;其二是指对占有、使用、利用海洋的过程或行为所进行的协调活动。不管是哪一种含义,其目的都是为了提高海洋利用系统的功能和效率。由于海洋利用系统是一个经济、生态和社会的复合系统,因此海洋管理的核心任务就是调节社会经济与自然生态的关系,使二者协调有序、共同发展。

海洋资源生态管理作为海洋管理研究新的发展领域,不同学者往往是根据不同的研究背景对其内涵持有不同的见解。

从生态学的角度来看,海洋资源生态管理可以认为是生态系统管理,是指应用生态学理论、技术和方法,通过调控生态系统的结构、功能和过程,来实现生态系统与社会经济系统的协调平衡和可持续发展。若从海洋生态学的视角来看,海洋生态管理实质上是海洋利用与生态系统管理的耦合,即按照海洋利用的生态规律,以保持海洋生态系统结构和功能的可持续为目标,对人们的海洋利用行为进行调整、控制及引导的综合性活动。在海洋管理工作实践中,海洋资源生态管理也往往被认为是一种海洋资源的生态化管理,即以生态理论为指导,以实现海洋生态化和可持续利用为目标的活动,不仅追求海洋自然状态的生态化,更重要的是追求自然、社会、经济的和谐统一。其内涵表现为两个层面:一是以生态理论为指导,对海洋利用、开发进行合理布局和规划;二是海洋管理结果是质与量的统一,在保证海洋资源总量动态平衡的基础上,实现持续的海洋生态协调化。

基于上述不同研究领域的观点,结合海洋管理的基本内涵,我们认为海洋资源生态管理的定义可以表述为:以实现海洋资源可持续利用为导向,针对海洋资源利用中的突出生态和环境问题,应用生态学的理论与思想,所实施的一系列技术、经济和政策法规措施。从技术层面来看,海洋资源生态管理往往表现为海洋生态建设,即针对外来物种入侵、海水酸化、富营养化、海洋灾害等所采取的相应治理措施。从管理层面上来看,海洋资源生态管理往往表现为通过生态补偿等经济手段、制定专门的法律法规等政策手段,来对海洋利用中的生态和环境问题进行宏观调控与管理。

二、海洋资源生态管理的原则

(一)保持和提高海洋资源的生产性能以及生态功能

从持续利用视角看,海洋资源利用所获得的财富和利益是不断增加的,至少能维持现有水平。不应采取掠夺式的经营导致海洋生产性能下降,造成海洋生态功能的退化。海洋生态管理有利于降低海洋资源开发可能带来的风险性,使海洋产出稳定。在海洋资源的开发过程中,有许多因素是不确定的,一些海洋开发利用的效应在当时是难以预料的,为此必须进行开发的后效分析,建立降低生态风险的海洋资源利用模式。

(二)保护海洋资源的数量和质量

海洋资源的持续利用包含量与质两方面,一是数量的概念。海洋渔业可持续发展必须要有一定数量的渔业用海作保障,如果渔业用海数量大幅度下降,会影响食物安全保障。二是质量的概念,即海水质量不恶化(包括酸化、富营养化和海洋污染等各种形式的恶化)。仅有数量没有质量保证的海洋资源也不能满足经济增长、环境保护和社会进步的协同发展,只有质与量的统一才能保证海洋资源被公平地留给下一代。这样可能在某些方面要放弃暂时的经济利益,但从长远利益看,收获会更丰富。

(三)海洋利用在经济上必须合理可行

人们开发利用海洋的活动受制于市场经济规律,其目的在获得经济利益,因此海洋利用应能促进社会经济发展,增加人们的福利,否则,这种海洋利用方式在成本—效益分析中是不合理的。

(四) 海洋利用能被社会接受

海洋资源的持续利用应该能促进人民生活质量和社会文明程度的提高,满足人们的需求,这样才能被社会所接受,如果某种开发利用海洋资源的方式不能被社会接受,这种方式肯定是不能持续的。当然社会接受性应具有全局的意义,有时某种海洋利用方式对某个区域和某个阶层来说是有意义的,但对整个社会来说是有害的,那么这种海洋利用也肯定不能持续,因为社会不允许其长期存在。

(五) 海洋景观与生物多样性得以保持

景观是反映过去海洋利用实践的人类历史和遗迹的证据,蕴藏着人类的重要信息和文化传统。它可以作为海洋资源持续利用管理的活样板,并为人们提供美与愉悦及享受自然与文化多样性的机会,如中国大连海王九岛海洋景观,别具特色的海滨地貌形态景观等具有这方面的功效。生物多样性是指从种群到景观尺度上的生物和生态系统的多样化。动物、植物和其他生物有机体的数量和种类是通常的生物多样性定义(如物种丰富度)。但是生物结构和功能的多样性概念还应扩大到基因、生境、群落和生态系统,所有这些等级的多样性都具有其相应的生态价值。如果没有生境和生态系统的多样性,物种的多样性就不可能实现;如果所有这些等级多样性都不存在,自然界的基本服务功能就不可能维持。

三、海洋资源生态管理目标

海洋资源生态管理属于公共管理的范畴,它所关注的是公众利益和社会福利。在人口、资源、环境和发展(PRED)矛盾日益尖锐的现代社会,协调解决 PRED 的矛盾并保障社会经济的健康发展,是人类社会最普遍的公众利益。由此我们认为,海洋资源生态管理的目标应当是保证海洋资源的可持续利用,或者在更高层次上,可表述人、生物、海洋关系的可持续发展。

可持续发展作为一种发展的大趋势已被世界上大多数国家所认同。海洋资源可持续利用是海洋资源生态管理的目标,它是海洋资源开发利用过程中寻求人口、资源、环境协调,是在保护海洋资源和生态资源的前提下,促进海洋资源的合理利用,提高人类生活质量,实现经济社会的可持续发展。

四、海洋资源生态管理的内容

海洋资源生态管理是实施海洋资源可持续利用,提升海洋生态系统效能的重要保障。它主要是对海洋生态系统的结构、功能及协调度进行管理和调控。具体地说,就是要研究海洋生态系统中自然环境和人工环境管理,并规范人类的生态行为等,把这些组成成分科学地组织起来,把海洋生态系统中的物质流、能量流、信息流等有效地结合起来,充分发挥它们之间的协调作用,以达到海洋生态系统的最佳效能。海洋资源生态管理的核心是研究怎么充分发挥人在海洋生态系统管理中的主导作用。海洋资源生态管理的内容是对海洋生态系统中各组成要素的作用及其相互关系进行管理和调控。由于海洋生态系统是一个十分庞大而复杂的巨系统,其中可分为人口、有生命的生物环境和无生命的理化环境等子系统,每个子系统又可分为若干个次子系统。关于海洋生态管理的内容目标尚在探讨之中,主要包括以下六项内容。

(一)海洋健康管理

海洋健康是指海洋在其生态系统界面内维持生计,保障环境质量,促进生物与人类健康行为的能力。对海洋健康的管理,关键是对目前和未来海洋功能正常运行能力的管理。它包括三方面的含义:一是生产力,即海洋的植物和动物持续生产能力;二是环境质量,即海洋降低环境污染物和病菌损害,调节新鲜空气和水质量的能力;三是生物和人类健康,即海水质量影响动植物和人体健康的能力。海洋健康管理的途径主要是通过动态监测和评价的方法来进行的。

(二)海洋利用过程管理

海洋利用过程管理主要包括对养殖、盐业、交通运输、旅游娱乐、围垦、填海等海洋利用过程的管理。其任务就是要在高度集约化的利用中,养护海洋,提高海洋的生产能力。或者说,至少不因海洋的粗放利用而导致海洋的生态功能退化。同时,海洋利用过程还应尽可能满足公众健康、公共安全和大众福利的要求。

(三)海洋覆盖变化管理

海洋利用覆盖变化是指从一种海洋覆盖类型到另一种海洋覆盖类型的转化,而不考虑它的用途。海洋利用覆盖变化的原因,从人类发生学的角度看,涉及人口及其结构、经济因素(如价格和投入成本)、技术水平、政治体系、制度和政策以及社会文化因素等(如态度、偏好和价值观等)。人口增长被看作是海洋利用变化的主导性因素和主要方面。海洋利用覆盖变化将会导致物种组成和多样性变化,可引起生态系统特性的改变,如海水富营养化的发生、物质循环系统的紊乱或海洋初级生产力的变化。海洋覆盖变化管理的内容可以概括为两个方面:一是如何有效地监测不同尺度范围内海洋覆盖变化的趋势;二是海洋覆盖变化的生态影响评价及其动力学机制,并制定应对的措施。

(四)海洋景观与生物多样性的管理

海洋生境或海洋生态系统的排列组合构成了景观,所有海洋生态系统过程至少会部分地响应这种景观模式。同类生境斑块间的距离增加或生境斑块尺寸的剧烈缩小都会极大地减少甚至消灭生物体的种群数量,也可以改变海洋生态系统过程。生物多样性包括遗传多样性、物种多样性和生态系统的多样性,它直接影响海洋生态系统的抵抗力、恢复力和持续力。景观多样性和生物多样性的减少会直接导致海洋生态系统产品的退化和服务功能的降低。服务功能包括:可提供的食物、药物和材料,旅游价值,气候调节作用,水和空气的净化功能,为人类提供美丽、智慧的精神生活,废物的去毒和分解,传粉播种,海岛的形成、保护及治理等。

（五）海洋文化与历史遗迹管理

文化泛指任何社会的总体生活方式,包括社会行为、知识、艺术、宗教、信仰、道德、法律、传统、规范、风俗习惯,以及人作为社会成员所获得的任何其他能力。海洋生态与文化存在着相互依赖的关系。不同时代的历史文化、不同人种的民族文化、不同区域环境的地缘文化,都创建了不同的海洋生态系统。例如原始社会、海洋文明时代、工业化时代的海洋生态系统,其文化内涵是很不相同的。海洋生态系统是一个复合的生态系统,它包括自然生态系统、经济生态系统和社会生态系统。海洋文化属于社会生态系统范畴。海洋生态系统中的历史遗迹是研究环境变迁和人类文明进化的"示踪元素",一旦遭受破坏,将永远无法弥补。在海洋生态管理中融入文化和历史遗迹的内涵,是人类文明进步的象征。

（六）海洋保护区管理

海洋保护区是指专供海洋资源、环境和生态保护的海域,包括海洋自然保护区、海洋特别保护区。依据国家有关法律法规进一步加强现有海洋保护区管理,严格限制保护区内影响干扰保护对象的用海活动,维持、恢复、改善海洋生态环境和生物多样性,保护自然景观,加强海洋特别保护区管理。海洋自然保护区执行不劣于一类海水水质标准,海洋特别保护区执行各使用功能相应的海水水质标准。

五、海洋资源生态管理的基本手段

保护海洋生态环境资源,正确协调人类活动,特别是经济活动与环境保护的关系,需要综合运用多种管理手段,包括法律、行政、经济和宣传教育等。这些管理手段并非孤立的,而是相互渗透、相互交叉、相互依存的。其中最主要、最有效的是靠国家或地区制定有关法律、法规和行政条例对环境污染进行直接控制,如海域使用管理法、海洋环境保护法。其次是按照经济规律,运用价格、成本和税收等经济杠杆,调整和影响人们从事经济活动和污染防治活动的利益,即利用污染收费、税收和财政补贴等经济手段间接促进海洋生态环境保护。

（一）法律手段

法律手段是一种强制性手段,在海洋资源的利用中,必须遵循海洋生态系统的客观规律,依法管理海洋利用与开发行为,增强海洋生态功能。广泛地宣传《中华人民共和国海洋环境保护法》、《中华人民共和国海域使用管理法》、《中华人民共和国海岛保护法》、《中华人民共和国渔业法》、《中华人民共和国野生动物保护法》等法律,加快制定与海洋生态环境相关的法律法规,不断提高全民的法治观念,形成全社会自觉保护海洋生态环境、美化海洋生态环境的氛围。所以,在认真贯彻执行《中华人民共和国海洋环境保护法》等法律的基础上,应该针对海洋资源退化、海洋利用结构失调、海洋生态环境恶化严重(如海水酸化、富营养化、海水温度上升、外来物种入侵)等问题,建立有效的法律法规体系。同时,对海洋利用实行国家控制的法律制度:按照海洋主体功能区规划的用途管制规则来开发海洋;在规划许可下转变海洋用途;划定海洋自然保护区、海洋生态特别保护区、海洋景观自然保护区等生态用海,优先保护各类生态用海;实行城乡增长管理,控制城市、农村建设盲目扩张而滥占用海的现象;加强海岸带整治修复规划与制度建设,整治损毁海洋与污染海洋,严格控制在生态脆弱地区开发利用海洋,积极防治海洋环境恶化。

(二)行政手段

由于海洋生态系统内的资源类型多,其中海洋资源又不同于其他资源,具有数量有限、位置固定、利用方式不易改变等特性,而且是各行各业部门发展不可缺少的生产要素,所以海洋生态系统的管理需要行政手段的适度干预。比如建立强制性的海洋生态环境影响评价制度,迫使用海单位在决策中重视其行为的生态环境后果;又比如编制海洋功能区划,确立一定时期内海洋资源的利用方向,对海洋资源进行时间、空间上的优化组合,制定详细的海洋用途管制制度,保证海洋功能区划的实施。

在行政管理决策中,现在一些西方学者根据以往的生态环境污染教训,提出今后的政府决策应当把海洋生态环境作为一项重要因素来考虑。决策应有三个新的概念:一个是"自然资本"的概念,即在传统的经济指数外,"自然资本"应作为国民生产总值的一部分在决策中加以考虑;二是引进新的"生活质量"概念,即建立以健康为出发点的客观标准;三是建立"人类共同财富"的概念,即把人类生活条件和基础看作人类的共同财富。所以,保护海洋生态环境就是保护自然资源,保护人类健康,保证国民经济的持久发展。政府制订经济发展规划时要有海洋生态环境目标,经济建设工程的决策和实施要有生态观点,工艺设计要符合自然生态规律,执行规划或决策的实施要重视海洋生态环境影响评价。海洋生态管理措施中还应继续完善生态环境影响评价制度、海洋功能区划制度。

(三)经济手段

由于经济手段在海洋生态环境管理中可以克服行政和法律手段的一些不足,具有一定的灵活性和有效性,能够促使管理系统以最小的经济代价来获得所需的生态效果,因此,经济手段在生态环境管理中应得到广泛的应用,发挥其重要作用。

在生态环境管理中,经济手段通常和行政法律手段相联系,很难通过一个明确定义把经济手段和其他手段区分开来。一般地说,所谓生态环境管理的经济手段,是指利用价值规律的作用,通过鼓励性和限制性措施,控制海岛消失、减少污染,来达到保持和改善生态环境目的的手段。其特点是:存在着财政刺激;有自发活动的可能性,是生产者、污染者能以他们认为最有利的方式对某种经济刺激做出反应;有政府机构参与,经济手段必须通过行政管理予以实施;通过经济手段的实施能达到保持和改善生态环境质量的目的。海洋环境管理的经济手段按照作用的不同可分为两类:一类是鼓励性的,例如实行税收、信贷、价格的优惠;另一类是限制性的,例如征收排污费、经济赔偿等。

(四)海洋生态规划手段

生态规划及按照生态学原理、方法和系统科学的手段去辨识、模拟和设计人工生态系统内的各种生态关系,探讨、改善生态系统功能,促进人与环境关系持续发展的可行的调控政策。生态规划的最终目的就是要依据生态控制论原理去调节系统内部各种不合理的生态关系,提高系统的自我调节,在外部投入有限的情况下通过各种技术的、行政的和行为的诱导手段去实现因海制宜的持续发展。

(五)技术手段

运用技术手段实现海洋生态管理的科学化,包括制定海洋生态环境质量标准、采用海洋生态环境变化的动态监测技术、生产过程的无污染(或少污染)设计技术、废弃物的回收利用技术等。许多海洋生态管理政策、法律法规的制定和实施都涉及许多科学技术问题,生态环境问题解决的程度往往依赖科学技术。没有先进的科学技术,就不能及时发现海洋生态系统环境问题,即使发现了,也难以控制。比如海上油气工程建设、填海造地、海水养殖,常常会产生负面的生态环境效应,这也说明人类还缺乏足够的技术手段来预见人类活动对生态环境的反作用。

(六)宣传教育手段

宣传教育是海洋生态系统管理不可缺少的手段。生态环境宣传既是普及科学知识,又是一种思想动员。通过报纸、杂志、电影、电视、广播、展览、专题讲座、文艺演出等各种文化形式广泛宣传,使公众了解海洋生态环境保护的重要意义和内容,提高全民的生态环境意识,激发公众保护海洋生态环境的热情和积极性,把保护环境、热爱大自然、保护大自然变成自觉行动,从而有效地制止浪费资源、破坏海洋生态系统的行为。生态环境教育也要通过专业的教育培养专门人才,提高海洋生态管理人员的业务水平,落实海洋生态管理政策。

第二节　海洋生态系统和环境问题

海洋利用随着人类的出现而产生,海洋利用带来的生态问题自古有之,有人推测已有两三千年的历史。在人类社会发展的不同阶段,有着不同性质的生态环境问题。在原始捕猎时期,人类只是自然食物的采集者和捕食者,主要是利用环境,随着社会生产力的发展,人类社会出现了捕捞、制盐和航运,为了提高捕鱼数量,人类拖网捕捞、流刺作业、声光捕鱼、不合理的围垦养殖,导致海洋生物资源损害、栖息地破坏、海水富营养化和沉积物质量下降。随着大工业的兴起,大城市的发展和陆域污染物入海排放,加大了海洋环境破坏和环境污染。时至今日,海洋开发与利用问题已成为世界性的社会经济问题。

在现有的文献中,常常把"生态"和"环境"视为同义词,是可以相互替代的概念,似乎有了约定俗成的"生态环境"的概念。从理论和实践来考察,生态和环境是有联系但却存在很大差异的两个科学范畴。生态学创始人德国生态学家海克尔(E. Hacekel, 1866)指出,生态就是生物与其赖以生存的环境在一定空间范围内的有机统一。生态学是研究生态有机体与无机环境之间相互关系的科学。英国生态学家坦斯利(A. C. Tansly, 1935)提出生态系统的科学概念,并把生物群落与环境共同组成的自然整体称为生态系统。生物群落是指地球上生物彼此联系共同生活在一起组成的"生物的社会"。生态系统在空间边界上是模糊的,其范围大小是不确定的,往往依据人们研究的对象、内容和目的而定。

生态系统可以是一个很具体的概念,一个池塘、一片森林、一个海岛、一片湿地等都是一个天然生态系统,人工岛、海上机场、海洋牧场、海水浴场等是人工生态系统。

环境是一个相对的概念,顾名思义,环者,围绕也;境者,疆界也。环境就是围绕的疆界。环境是相对于某个中心事物而言。可见,环境是一个可变的概念,它不仅随着中心事物不同而变化,而且随着所研究的空间范围的增减而变化。宇宙中一切事物都有自身的环境,同时它又是其他事物环境的组成部分。一般所指环境是以人或人类为中心事物,其他生物和非生命物质被视为环境要素,构成人类的生存环境。自然环境是人类赖以生存和发展的必要物质条件,是人类周围的各种自然因素的总和,即客观物质世界或自然界,是由近及远和由小到大的一个有层次的系统。由空气、水、土壤、阳光和食物等基本环境因素所组成人类生活的自然环境;由大气圈、水圈、土壤圈、岩石圈组成生物圈(地理环境);由地下坚硬的地壳层,延伸到地核内部的地质环境;由整个地球直到大气圈以外的空间组成宇宙环境。根据《中华人民共和国环境保护法》规定,"本法所称环境,是指影响人类生存和发展的各种天然的和经过人工改造的自然因素的总体,包括大气、水、海洋、土地、矿藏、森林、草原、湿地、野生生物、自然遗迹、人文遗迹、自然保护区、风景名胜区、城市和乡村等"。

地球是人类的摇篮,人类是地球发展到一定阶段的产物。环境对人类社会起着巨大的影响。反过来说,人类活动对环境的影响也是巨大的。当今人类的生存环境是在自然环境的基础上,经过人类活动的改造和加工而成的,随着人类对海洋开发与利用的深度与广度的深入,海洋环境问题也随之产生。按产生的原因,可将环境问题分为第一类环境问题(原生环境问题)和第二类环境问题(次生环境问题)。第一类环境问题是由于自然界本身固有的不平衡性如台风、海啸、火山、地震、暴雨、冰川等造成的。制止这类环境问题的影响是人类所不能及的。第二类环境问题则是由于人类社会经济活动对自然环境的破坏作用所造成的。第二类环境问题是科学研究的重点,又可分为环境破坏(海岛灭失、海洋生物多样性丧失、海平面上升等)和环境污染(人类向海洋排放污染的物质超过其自净能力或环境容量)。

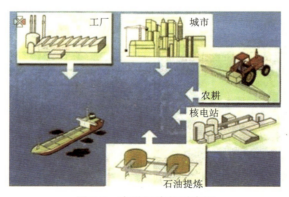

图 8-1 海洋污染物质来源

我国的自然条件复杂多样,且具有发展海洋旅游和海洋新能源资源的巨大潜力。中国的海岸线长达 18 000 千米,其间纵跨热带、亚热带和温带,具备"阳光、沙滩、海水、空气、绿色"五种最为主要的旅游资源要素。从南到北、从沿海到海岛,处处都有可开发的海洋旅游资源(包括海滩、浴场、游钓场、潜水场等)。早在唐朝,中国沿海地区就出现了利用潮汐来推磨的小作坊。到了二十世纪,潮汐能的魅力达到了高峰,人们开始懂得利用海水上涨下落的潮差能来发电。作为新能源,海洋能源已吸引越来越多人们的兴趣。据调查统计,中国沿岸和海岛附近的潮汐能资源蕴藏量约为 1.1 亿千瓦,可开发潮汐能资源理论装机容量达 2 179 万千瓦,理论年发电量约 624 亿千瓦时;波浪能理论平均功率约 1 432 万千瓦;潮流能理论平均功率 1 294 万千瓦;近海(不包括台湾省)50 米等深线以浅海域 10 米高度风能储量约为 9.4 亿千瓦,约为陆上风能资源的 3.7 倍。[①]

　　海岸线锐减、海岛灭失和海洋生物多样性丧失是我国最突出的海洋生态问题。也是近年来海洋灾害频发、全球气候变暖的根源。据统计,1990 年至 2012 年间我国自然岸线长度减少 3 510.13 千米,年均减少 159.55 千米;河口岸线减少 28.82 千米,年均减少 1.31 千米。由此可见,我国大陆海岸线长度呈不断减少的趋势。2014 年《全国海岛保护规划》实施评估工作发现,我国共有 26 个无居民海岛已灭失,117 个无居民海岛的岛体形态发生较大改变,其中南海区灭失海岛 11 个,发生较大改变的海岛 48 个,主要集中在广西。近年来,中国海区海洋生物多样性面临的威胁是有史以来最严重的。物种最丰富的珊瑚礁和红树林生态系统同历史上资料比较,面积分别减少 80% 和 73%;全国累计围海面积达 120 万公顷,面积相当于现有滩涂总面积的 55%;与 20 世纪 50 年代初期相比,我国东南沿海滩涂动物自然产量下降 60%~90%。根据悲观的数据,目前九龙江口厦门港一带白海豚仅存 40 头左右,包括香港水域在内的珠江口仅剩下约 400 头。北部湾廉江、遂溪沿海一带栖息的国家一级重点保护动物儒艮也只有 200 头左右。

　　人们已经认识到来自环境的能量和物质是生命之源,一切生物一旦脱离了环境,或环境一旦遭到破坏,生命就不复存在。物质和环境之间通过食物链的能量流、物质流和信息流而构成一个统一系统。能量流指的是阳光进入生态系统时,由植物通过光合作用转变为生物能,然后通过各种动物和微生物的吃和被吃的食物关系,一级级传递甚至全部耗散的过程。由于维持系统功能的需要,每一营养级位上的生物必须保持一定的存量,各种生物量之间也应保持某种适当的比例,形成生物能量逐级递减的金字塔形态。物质是能量的载体,能量通过物质的改变而实现。伴随能量的流动,还必须存有物质循环。物质循环是由能量推动的。在生态系统中,生物从环境中获得营养物质,经过各种生物反复利用,最后回归环境。生态系统的平衡是动态的、相对的,是建筑在生态系统的构成成分不断变化,能量和物质不断流动基础上的平衡。

　　不管海洋资源开发与利用方式做何种改进,人类受历史条件的限制,在认识自然界的客观规律中不可避免地具有局限性。虽然人类依靠科学知识,在一定程度上已经能够估算出这种局限性可能带来的不良后果,但是在开发与利用海洋资源的同时,还是经常自觉和不自觉地违背了自然界的客观规律,人为地改变了海洋的局部环境。人类将生产和生

---

① 陈秋玲,李骏阳,聂永有,等. 中国海洋产业报告(2012—2013)[M]. 上海:上海大学出版社,2014.

活中的废弃物和污水未经处理即直接排入海洋,把海洋当成废弃物的收集场所,从而导致海洋环境破坏、质量下降,海洋生物受到危害,生物资源日趋枯竭。

环境问题引起的一个深刻变化就是环境道德伦理问题。随着人们环保意识的加强,环境与道德的关系问题愈加为人们所重视。海洋伦理观念反映一种生态意义。这种意义反过来又表明人们对海洋资源的健康负有一种责任感。健康的含义体现在海洋自我恢复的能力上。如果没有对海洋的尊重和赞赏,没有对其价值的认可,就很难形成一种正确的海洋伦理观。这就要求人们考虑和审视海洋开发与利用时,必须考察:① 伦理上是否正确;② 美学上是否有价值;③ 经济上是否可行。必须改变经济决定一切海洋资源开发与利用的状态。

第三节　生态用海调控

一、滨海湿地

滨海湿地是分布于陆地生态系统和水域生态系统之间的过渡性生态系统,是指天然或人工,常年或季节性,蓄有静止或流动的淡水、半咸水或咸水的沼泽地、泥炭地或水域,包括低潮水深不超过 6 米的水域。滨海湿地生态系统是指低潮时水深 6 米以上的海域及沿岸浸湿地带与生活在其中的各种动植物共同组成的有机整体。滨海湿地

图 8-2　滨海湿地因他们而更美

范围较广,主要有近岸浅海、潮间带、潟湖、湖泊、滩涂、沼泽和草地等。湿地、森林、耕地和海洋并称为地球 4 大生态系统,被称为"天然水库"、"地球之肾"、"生命的摇篮"、"物种基因库"和"鸟类乐园"等。滨海湿地是我国湿地的重要类型之一,是面积最大,具有生态功能的一种湿地。滨海湿地对进化环境、抵御自然灾害、稳定海岸和沿岸建筑起着重要的作用。湿地生态系统具有陆地生态学和水域生态学所无法涵盖的特征和特性,其独特性在于它的特殊的水文状况、陆地和水域生态系统交错带作用以及由此而产生的特殊生态系统功能。滨海湿地主要包括盐沼湿地、红树林湿地、海草床、珊瑚礁,河口沙洲湿地和岩石离岛等,滨海湿地的高等植物群落主要为红树林和海草群落。

我国滨海湿地主要分布于沿海的 11 个省区和港澳台地区。滨海湿地以杭州湾为界,分成杭州湾以北和杭州湾以南的两个部分。杭州湾以北的滨海湿地,除山东半岛、辽东半岛的部分地区为岩石性海滩外,多为沙质和淤泥质型海滩。由环渤海湿地和江苏滨海湿地组成。黄河三角洲和辽河三角洲是环渤海的重要滨海湿地区域,其中辽河三角洲有集中分布的世界第二大苇田——盘锦苇田,面积约 7 万公顷;环渤海滨海湿地还有莱州湾湿地、马棚口湿地、北大港湿地和北塘湿地,环渤海湿地总面积约 600 万公顷。江苏滨海湿地主要由长江三角洲和黄河三角洲的一部分构成,仅海滩面积就达 55 万公顷,主要有盐

城地区湿地、南通地区湿地和连云港地区湿地。杭州湾以南的滨海湿地以岩石性海滩为主,其主要河口及海湾有钱塘江口-杭州湾、晋江口-泉州湾、珠江口河口湾和北部湾等。在海湾、河口的淤泥质海滩上分布有红树林,在海南至福建北部沿海滩涂及台湾岛西海岸都有天然红树林分布区。热带珊瑚礁主要分布在南海的东沙、西沙、中沙和南沙群岛及台湾岛、海南岛沿海,其北缘可达回归线附近。我国潮间带生物有 1 500 多种,宜做海盐生产基地的面积约 8 400 平方千米。滨海湿地旅游资源也很丰富,其中有沙滩 100 多处和奇特景点、生态景点数百处。目前对浅海滩涂湿地开发利用的主要方式有:滩涂湿地围垦、海水养殖、盐业生产等。

二、珊瑚礁

珊瑚礁是热带、亚热带浅海区由造礁珊瑚骨架和生物碎屑组成的具抗浪性能的海底隆起,是海洋环境中一种独特的生物群落,整个珊瑚礁是由生物作用产生碳酸钙沉积而成的。珊瑚虫(主要是石珊瑚目 Scleractina 的珊瑚虫)以及其他腔肠动物的少数种类对石灰岩基质的形成起了重要作用。当珊瑚虫死亡之后,它们的骨骼积聚起来,其后代又在这些骨骼上成长繁殖,如此,逐年积累,就成为珊瑚礁。珊瑚礁基本分布在表面水温达 20 ℃的海域中。研究表明温度低于 18 ℃时,珊瑚礁就不能发育。水温在 23~25 ℃时,珊瑚礁发育最好,珊瑚礁能耐受的温度在 36~40 ℃。由于珊瑚礁只有在热带才能形成,它通常被人们看作热带海洋环境的标志。

图 8-3　海底珊瑚礁

珊瑚礁生物群落是“所有生物群落当中最富有生物生产力的、分类上种类繁多的、美学上驰名于世的群落之一”。虽然在世界各海区(热带、温带和极区)都有腔肠动物珊瑚生存,但是只有在热带(和部分亚热带)近岸才能形成珊瑚礁,所以分别称为造礁珊瑚(hermatypic coral)和非造礁珊瑚(ahermatypic coral)。造礁珊瑚在其组织内有共生虫黄藻(xooxanthellae),所有珊瑚的虫黄藻都属于 *Symbiodinium* 属,不过,珊瑚种类不同,其共生的种也有差别。虫黄藻生活在珊瑚虫消化道的衬层细胞内,数量可达每立方毫米珊瑚组织 30 000 个细胞。在受到胁迫的环境条件下(例如过高水温),共生藻类从珊瑚虫中被排除。由于珊瑚虫的色彩多半是由虫黄藻而产生的。所以这一排除行为被称为“漂白”。非造礁珊瑚没有共生虫黄藻,它们的营养和生长不需要光,因而可以生活在真光层下方。

我国是世界珊瑚礁大国,在珊瑚礁面积大于全球 1% 的 21 个国家中位列第八。我国的珊瑚礁海岸,大致从台湾海峡南部开始一直到南海,珊瑚礁主要分布在台湾岛、海南岛

（以岸礁为主）和南海诸岛（以环礁为主）。根据世界资源研究所利用 1 平方千米网格量算的东南亚珊瑚礁面积，中国珊瑚礁面积 7 300 平方千米（其中大陆沿岸 900 平方千米、台湾岛 700 平方千米、南沙群岛和西沙群岛 5 700 平方千米），约占世界珊瑚礁总面积的 2.57%。

随着 30 多年来我国华南海岸地区社会经济快速发展，主要受人类活动和污染的影响，许多珊瑚礁被严重破坏或退化。尽管政府采取了一些保护和管理措施，包括颁布相关法律、建立自然保护区和进行海洋功能区划，但是总体恶化趋势尚未扭转。加强中国珊瑚礁的调查、监测、评估和研究，成为珊瑚礁生态系统保护、管理、恢复、重建和可持续发展的必然要求。只有强化保护和科学管理，珊瑚礁的巨大潜力才能具有良好的海洋高科技产业化前景。

三、红树林

红树林是热带、亚热带海岸潮间带特有的胎生木本植物群落，受到海水周期性浸淹和周期性暴露，通常暴露时间较浸淹时间长。红树林群落与其所在的生境相互联系、相互作用构成了红树林生态系统。红树林生态系统处于海洋与陆地的动态交界面——潮间带，周期性遭受海水浸淹，结构与功能上既不同于陆地生态系统也不同于海洋生态系统，作为独特的海陆边缘生态系统在自然生态平衡中起着特殊作用。

红树林地处海陆交界处，是一个非常脆弱而敏感的生态系统。由于潮汐作用，使得红树林成为所有生态系统中开放程度最高的生态系统，它既可以感受来自陆地的变化，也可以感受来自海洋的变化，是一个既不同于水域也不同于陆地的生态交错带。红树林是海湾河口生态系统中净初级生产力最高的生态系统，红树林内的底栖动物具有低物种多样性和高栖息密度的特点，红树林湿地在维护海岸带生物多样性方面具有举足轻重的作用。红树林生长和分布受温度、盐度、沉积物、潮汐浸淹和波浪能力等海洋环境因素影响，其中温度控制红树林纬向分布，盐度控制红树林沿河口湾和潮水河的上溯，潮汐浸淹频率控制红树林沿潮滩的横向分布，海岸波浪能控制红树林由港湾向开阔海岸的沿岸分布。

图 8-4　魅力红森林

我国天然红树林断续分布于海南、广东、广西、福建、台湾五省区 16 390 千米大陆和岛屿海岸中受良好波浪掩护的港湾或河口湾内。自然分布北界为福建北部的福鼎县,20世纪 50 年代成功地向北引种秋茄到浙江,现人工引种北界在浙江乐清湾,总面积历史上曾达 25 万公顷,20 世纪 50 年代为 4 万公顷。由于不合理海岸开发的破坏,目前仅存约 1.5 万公顷,包括 26 种红树植物和 11 种半红树植物,不足全球红树林总面积 1 600 万公顷的千分之一。其中海南清澜港、东寨港,广西珍珠港,广东雷州湾通明海,有万亩(667公顷)以上连片分布区。比较重要的分布区还有海南澄迈花场港、粤桂边界的英罗港、广东深圳湾、福建九龙江口与漳江口、台湾淡水河口等。我国南海诸岛区生长一些半红树植物,但尚未发现红树林分布。2001 年国家林业局开展了首次红树林资源调查,全国(未含港、澳、台)红树林郁闭度 0.2 以上的面积为 22 024.9 公顷。

中国红树林湿地的开发程度和管理保护措施是随着社会经济发展而演变的。20 世纪 80 年代,随着改革开放和沿海经济迅速发展,海水养殖成为红树林海岸居民致富的重要途径,毁林围塘养殖竞相发展,毁林进行各种临海建设也屡有发生。尽管围垦毁林的恶果已出现,红树林的社会价值和生态价值已被较多人所认识,并已开始采取保护红树林的措施,然而为局部利益和短期效益的驱使,毁林建塘或毁林搞工程事件的发生仍难以制止。转换性开发等人类干扰使全国红树林湿地面积剧减 65%,而且这种趋势至今尚未被制止。红树林已面临濒危境地,并给海岸带生态环境带来严重后果,红树林湿地的管理和保护(以及整个海岸带的综合管理)已成为全社会乃至全人类十分紧迫的任务。

四、海草床

海草也是一类有根的开花植物,大部分海草种类的形态比较相似,都有长而薄的带状叶子。海草生活于热带和温带海域的浅水海岸带,一般在潮下带浅水 6 米以上(少数可达 30 米)环境。海草适生于近海浅水域和河口海湾环境,普遍生长在珊瑚礁的潟湖和大陆架(暗礁)的浅水里,在淡水区完全不存在。海草多数种类分布在东半球的印度洋和西太平洋地区,部分种类分布在西半球加勒比海地区。

图 8-5 河口海草床

海草床是我国特色海洋生态系统之一,全球有 60 多种海草。海草在海洋生态系统中的作用非常重要:通过降低悬浮物和吸收营养物质来达到净化水质的目的,同时也改善了水的透明度;为许多种类动物提供了重要的栖息地、育苗场所和庇护场所,尤其是给一些具有商业价值的动物提供了育苗场所;是许多生物重要的食物来源(以碎屑形式);海草稠密的根系成簇地扎在松软的海底上,起着固定地质的作用;具有抗波浪与潮流的能力,是保护海岸的天然屏障;海草在全球 C、N、P 循环中扮演着非常重要的角色。

长期以来,海草在海洋中的重要作用得不到足够的重视,海草床面积已在全球范围内下降,其消失的原因是多方面的,一方面"自然灾害"和巨大风暴变化及气候变化,但更多的是由于人类活动引起的,例如,富营养化,沉积物的增加,填海造地;城市化的扩展,使沿岸许多自然海岸受损,生态系统被破坏;海水受到污染,沉积物和营养物增加,海水高浑浊度和沉积物以及富营养化,也是海草消失的主要原因。

中国在海草方面的研究还相当薄弱,近20年来,国内很少有海草研究方面的报道,对海草资源的地理分布、种类数量、密度、生产力、生物多样性、生境多样性、生态价值和经济价值等情况的了解还肤浅。人们对海草在海洋生态系统中的重要性认识不足,缺乏保护海草及其生境的意识,更缺乏对海草的保护和管理。2002年起,中科院南海海洋研究所在国际合作项目的支持下,对华南地区的海草床开展了较系统的研究。

五、河口

河口是河流生态系统和海洋生态系统之间的生态交错带,通常可分为三部分:与开放的海洋自由连接的海或河口下部,咸淡水混合条件下的河口中部,河流冲刷形成的以淡水为特征仍受潮汐影响的河口上部。河口生态系统是融淡水生态系统、海水生态系统、咸淡水生态系统、潮滩湿地生态系统、河口岛屿和沙洲湿地生态系统为一体的复杂系统。

作为地球四大圈层交汇点,河口是能流和物流的重要聚散地带。人类对河口的开发与利用已有悠久的历史,现在的河口地区仍是世界上人类经济活动最频繁、人口最稠密的地带之一。随着社会的发展,人类对河口的要求越来越多,随着科学技术的发展,人类对河口海岸作用的强度也越来越大。河口自然环境遭到人类高强度活动的干扰,河口地区的可持续发展受到严重破坏。在河口地区,如何使人类和自然之间取得和谐,资源和环境取得互利,已成为人们越来越关注的问题。

图8-6　河口风光

我国入海河口众多,据初步统计,河长在 100 千米以上的入海河口有 60 多个,而且蕴藏着丰富的自然资源。每年河流携带泥沙达 20 亿吨,占全世界入海泥沙的 10%。在河口地区及其两侧的海岸淤积,使大陆不断地向海扩展,每年淤涨的土地面积达 270~330 平方千米。我国河口海岸地区可建大、中型泊位的港址 160 余处,万吨级以上泊位的达 40处,10 万吨级以上泊位有 10 处。另外还有海水资源、水产资源、矿产资源、海洋能资源、生物资源以及旅游资源等。

目前我国对河口地区的利用方式主要有:围垦滩涂开发,港口与航道运输,防潮与蓄淡,水产养殖和潮汐与波浪能利用等。

我国河口管理模式陈旧,缺乏统一规划,综合利用能力差。在目前河口自然环境和生态系统的影响和破坏日趋严重的情况下,我们应该建立河口管理的新模式,编制河口开发利用的综合规划。在河口开发利用中,要做到因地制宜、扬长避短、发挥优势,进行合理开发,并发展多种经营和综合利用。

六、保护区

保护区是指用以保护和维护生物多样性和自然及相关文化资源的陆地或海洋。保护区包括自然保护区、风景名胜区、森林公园以及其他类别的受到保护的区域。面对海洋资源的过度开发、海洋生态的退化和海洋环境的严重污染,近 30 年来,不少沿海国家和地区相继建立起为数众多的各种类型的海洋自然保护区。国际自然保护联盟(IUCN)将海洋保护区定义为:任何通过法律程序或其他有效方式建立的,对其中部分或全部环境进行封闭保护的潮间带或潮下带陆架区域,包括其上覆水体及相关的动植物群落、历史及文化属性。世界上最大的海洋生态保护区是位于澳大利亚东北部近海的大堡礁保护区。1974年,澳大利亚政府将大堡礁定为国家公园加以保护;1980 年,联合国教科文组织将其列为世界遗产。

我国海洋保护区建设,最早可追溯到 1963 年在渤海海域划定的蛇岛自然保护区。1988 年 7 月,我国确立了综合管理与分类管理相结合的新的自然保护区管理体制。规定"林业部、农业部、地矿部、水利部、国家海洋局负责管理各有关类型的自然保护区";11 月份,国务院又确定了国家海洋局选划和管理国家海洋自然保护区的职责。1989年年初,沿海地区海洋管理部门及有关

图 8-7　海洋特别保护区

单位,在国家海洋局统一组织下,进行调研、选点和建区论证工作,选划了昌黎黄金海岸、山口红树林生态、大洲岛海洋生态、三亚珊瑚礁、南麂列岛五处海洋自然保护区,1990 年 9月被批准为国家级自然保护区,这些保护区大多数属于海岛类型。目前我国已建成各种

类型的海洋自然保护区90余个,其中国家级海洋自然保护区25个。海洋自然保护区的建立,保护了具有较高科研、教学、自然历史价值的海岸、河口、岛屿等海洋生境,保护了中华白海豚、斑海豹、儒艮、绿海龟、文昌鱼等珍稀濒危海洋动物及其栖息地,也保护了红树林、珊瑚礁、滨海湿地等典型海洋生态系统。

我国沿海各地对建立保护区的热情很高,现有的各类海洋保护区的生态环境质量状况基本良好,但保护区生物和生态系统遭到人为破坏的现象仍时有发生,少数保护区的面积缩小。个别地方甚至放弃保护区服从于开发和建设,或者对保护区建立后的地方经济发展忧心忡忡,担心保护区影响今后的经济发展。在权衡经济效益和自然保护区两者之间关系时,虽然选择保护区建设的是多数,但我国海洋自然保护区的建设和管理任务仍十分严峻。

第四节　海洋生态承载力管理

一、海洋承载力概述

人类的一切生活和生产活动都依赖于周围的陆地、森林、草地、海洋等自然生态系统,这些自然生态系统为人类的生存和发展提供了必不可少的生物维持载体和从事各种活动所必需的最基本的物质资源,是人类赖以生存和发展的物质基础。在环境污染蔓延全球、资源短缺和生态环境不断恶化的情况下,科学家相继提出了资源承载力、环境承载力、生态承载力等概念。资源承载力是基础,环境承载力是关键、核心,生态承载力是综合。[①]

海洋承载力是指一定时期内,以海洋资源的可持续利用、海洋生态系统与环境的不破坏为原则,在符合该阶段正常社会文化准则物质生活水平的条件下,通过自我调节、自我维持,海洋所能够支持人口、环境和社会经济协调发展的能力或限度。海洋承载力包括三层含义:一是指海洋的自我维持与自我调节能力,以及资源与环境子系统的供给与容纳能力,即承压部分;二是指海洋—人—地系统内社会经济子系统的发展能力,即压力部分;三是指基于区域交流类指标变化而导致的环境与经济之间的关系,政府、企业及公众所采取的措施,即响应部分(如图8-8)。

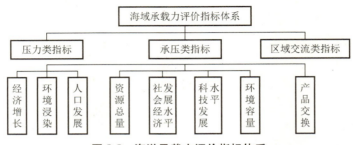

图8-8　海洋承载力评价指标体系

---

① 马彩华,游奎作.海洋环境承载力与生态补偿关系研究.北京:知识产权出版社,2011.

　　人—海关系理论与可持续发展理论是海洋承载力的理论基础。人类与海洋之间的关系，是人—地关系的一种类型，主要反映在人类对海洋的依赖性和人类的能动性两方面。纵观漫长的历史过程，人类很早就开始了"兴渔盐之利，通舟楫之便"的依海式生活，海洋为人类带来了诸多财富和恩泽。然而，20世纪开发海洋的热潮，使得我国近海区域的一些海洋资源开发过度、环境遭到破坏、物种锐减、海洋污染逐年加重，这些皆在很大程度上制约了海洋经济的健康发展，沿海地区经济的发展也受到了影响，海洋的综合开发效益难以持续利用。因此，在可持续发展观念下新型人—海关系的概念在新时代被提出，其实是一种人与自然互利互惠、共生共长的关系，只有这样人类才能得到永续发展。海洋环境承载力提供了在可持续发展前提下，海洋对人类及其社会经济活动的支持程度。即人类要在一定的限度之内积极优化海洋环境，保证海洋的可持续开发利用，不断提高海洋的生产力。

二、生态容量、生态赤字和生态盈余

（一）生态容量

　　生态容量（Ecological Capacity，又称生态承载力）是指在不损害区域生产力的前提下，一个区域有限的资源能够供养的最高人口数。以生态足迹角度来衡量生态容量的定义为，在不损害有关生态系统的生产力和功能完整的前提下，一个地区能够拥有的生态生产力土地总面积。该地区的生态承载力即生态容量。生态容量（生态承载力）可理解为一定自然、社会、经济技术条件下一定地区所能提供的生态生产力的极大值。

　　生态容量（又称生态承载力）包含两层含义：一是指生态系统的自我维持与自我调节能力，以及资源与环境子系统的供容能力，为生态承载力的支持部分；二是指生态系统内社会经济子系统的发展能力，为生态承载力的压力部分。

　　"民以食为天"，吃、穿、用是人类生存的最基本条件，人类和各种动物的生存发展必须依赖各种自然资源，所以，资源承载力是生态承载力的基础条件。

　　自然资源的开发利用必然会引起环境的变化，人类在消耗资源的同时必须排出大量废物，而环境容量是有限的。所以，环境承载力是生态承载力的约束条件。

　　有生命的生物与无生命的非生物环境共同构成生态系统，二者之间相互联系、相互作用，彼此不可分割。包括人类在内的任何生活都必须依赖生存于特定的一定弹性限度的生态系统之中。没有一个正常的具有一定弹性度生态系统的支持，无论是资源承载功能，还是环境承载功能都不能得到发挥，所以，生态弹性力是生态承载力的支持条件。

（二）生态赤字

　　生态赤字（Ecological Deficit，生态足迹大于生态容量）是指一定地区的人类负荷超过其生态容量。要满足其人口在现有生活水平下的消费需求，有两种途径：① 从地区之外进口欠缺的资源以平衡生态足迹；② 通过消耗自然资本来弥补收入供给流量的不足。但这两种情况均说明地区发展模式处于相对不可持续状态，其不可持续的程度可用生态赤字来衡量。

（三）生态盈余

生态盈余（Ecological Remainder，生态足迹小于生态容量）是指在一定地区的生态容量足以支持其人类负荷，地区内自然资本的收入大于人口消费的需求模式。地区内自然资源资本总量有可能得到增加，地区的生态容量有望扩大，该地区消费模式具有相当的可持续性，可持续程度可用生态盈余来衡量。

三、海洋承载力评价方法

至今，国内外学者们仍在不断发展预测人类对海洋生态系统所产生的影响和压力的方法，包括直接或间接的度量承载力。在这些承载力的研究及应用中，所采用评价方法的确定一直是研究重点。现有评价模型主要有动态模拟模型法（Evolution of Capital Creation Options-ECCO）、能值分析法、生态足迹法等。各种方法对承载力的理解仍存在行业的限制，因而出现的承载力的度量方法也带有各领域特点。

（一）动态模拟模型法

动态模拟模型法是以英国资源学家 M. Slesser 为首的资源学派于 1984 年提出的基于长期协调发展的一种新方法，用以测度可持续发展能力。该方法在"一切都是能量"的假设前提下，综合考虑人口—资源—环境—发展之间的相互关系，以能量为折算标准，建立系统动力学模型，模拟不同发展策略下，人口与资源环境承载力之间的弹性关系，从而确定以长远发展为目标的区域发展优选方案。[1]

ECCO 模型的基本思维：状态空间法是欧氏几何空间用于定量描述系统状态的一种有效方式，通常由表示系统各要素状态向量的三维状态空间轴组成（文中为人类活动轴、资源轴和环境轴），利用状态空间法中的承载状态点，可表示一定时间尺度内海洋系统的不同承载状况。海洋承载力状况的状态空间模型如图8-9所示。

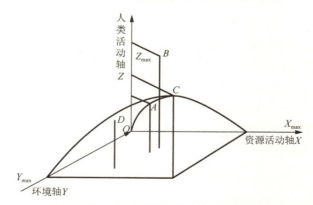

图 8-9　海洋承载力及其承载情况的空间模型

---

① 马彩华,游奎作. 海洋环境承载力与生态补偿关系研究. 北京:知识产权出版社,2011.

在图 8-9 所示的状态空间中,一定时间尺度内海洋人地系统的任何一种承载力状况都可以用承载力状态点来表示。所有的这些状态空间中由不同资源环境组成形成的海洋承载力点构成了 $X_{max}OY_{max}$ 曲面,可称为海洋承载力曲面。表示海洋–人–地系统处于理想状态(是指在一定时段内,海洋人地系统中的“人”和“地”互动耦合达到最佳组合的状态)的承载状态点就是海洋承载力在空间中的位置,如图中的 C 点。根据资源承载力在状态空间中的含义可知,该空间的点,表示某一特定资源环境组合下人类的社会经济活动,如 A、D 点表示低于该特定海洋资源环境组合的承载力,而 B 点恰好相反。据此,可通过利用状态空间中的原点同系统状态点所构成的矢量模数来表示海洋承载力的大小。将其推广为 n 维曲面,则其数学表达式为:

$$P_{ccmr} = |M| = \sqrt{\sum_{i=1}^{n} x_{ir}^2}$$

P_{ccmr} 为海洋承载力值的大小;$|M|$ 为代表海洋承载力的矢量的模数;x_{ir} 为人类活动与资源环境处于理想状态时在状态空间中第 i 个要素的坐标值($i=1,2,\cdots,n$)。

考虑到人类活动与资源环境各要素对海洋承载力所起的作用不同,状态轴的权重应予以考虑,即海洋承载力的数学表达式为:

$$P_{csmr} = |M| = \sqrt{\sum_{i=1}^{n} w_i x_{ir}^2}$$

式中:w_i 为 x_i 轴的权重。

根据上述概念模型分析可得出海洋承载状况矢量的模与理想状态下海洋承载力矢量的模的关系,继而判断海洋承载力状况 P_{ccmr}。即当

$$|P_{csmr}| > |P_{ccmr}| \text{时,超载;}$$
$$|P_{csmr}| = |P_{ccmr}| \text{时,满载;}$$
$$|P_{csmr}| < |P_{ccmr}| \text{时,可载。}$$

实际上,现实的海洋承载状况同状态空间中理想的海洋承载力往往不一致,即会产生一定的偏差,这些偏差及偏差值就反映了现实海洋承载状态。借助状态空间法,可以定量地计算某一时段的海洋承载状况,其计算公式为:

$$P_{csmr} = P_{ccmr} \cdot \cos \theta$$

式中:P_{csmr} 为现实的海洋承载状况,P_{ccmr} 为海洋承载力;θ 为现实的海洋承载状况矢量与海洋资源、环境承载体组合状态下的海洋承载力矢量之间的夹角,根据矢量夹角计算公式可求得

$$\cos |\theta| = \frac{(a,b)}{|a||b|} = \frac{\sum_{i=1}^{n} x_{ia} x_{ib}}{\sqrt{\sum_{i=1}^{n} x_{ia}^2 \cdot \sum_{i=1}^{n} x_{ib}^2}}$$

式中:a、b 分别代表状态空间中的 2 个向量;假设其他定点分别为 A、B,则 x_{ia}、x_{ib} 分别代表定点 A、B 在状态空间中的坐标值($i=1,2,\cdots,n$),n 代表状态空间的维数。海洋承载力概念模型中,$n=3$。

根据海洋承载力状况的数学表达式可以看出，P_{csmr} 在绝对值上必定小于 P_{ccmr}（因为 $0 \leqslant |\cos\theta| \leqslant 1$）。也就是说，从 P_{csmr} 的数值上并不能反映出超载和可载这两种情况，但是对海洋承载状况的判断仍然必须通过比较其在状态空间中的矢量模才能得出结论，保证结果在现实中具有一定的应用价值。

（二）能值分析法

在系统研究能量生态、系统生态和生态经济理论的基础上，美国生态学家 Odum H. T. 于 20 世纪 80 年代末创立了意在衡量生态系统产品或服务所含能量高低的一种新手段，即能值分析理论。该理论应用太阳能值来衡量某一能量的能值大小，为生态系统的定量研究开辟了新途径。任何资源、产品或劳务形成所需直接和间接应用的太阳能之量就是其具有的太阳能值，单位是太阳能焦耳。该研究方法克服了能量分析不能解决的不同性质的能量不可比较和加减的难题，更加科学地反映了系统的结构和产出效率，不但使我们进一步加深了对生态系统能量流动、转化和储存的认识，而且提供了一个衡量和比较各种能量的共同尺度。

海洋能值生态承载力原理：海洋能值生态承载力引入能值分析中的能值可持续发展指数（ESI），它是海洋净能值产出率与海洋环境负荷率的比值。海洋净能值产出率是指海洋经济过程中产生的能量值（Y）与来自外界经济系统输入能值（$F+RI$）的比值。海洋净能值产出率越高，说明海洋生态系统的经济活动对外界的贡献越大。海洋环境负荷率是指外界经济系统输入能值与海洋不可再生资源能值的和（$F+N$）与海洋可再生资源能值的和（$R+RI$）的比值，较大的海洋环境负荷率表明在经济系统中存在高强度的能值利用和高水平的科技力量，同时对海洋环境系统保持着较大的压力。如果海洋生态系统的海洋净能值产出率高，而海洋环境负荷率又低，则海洋生态系统是可持续的。某类海洋自然资源的太阳能值（sej）＝ 其有效能（J）×太阳能值转换率（sej/unit）。海洋能值可持续发展指数（ESI）计算公式为：

$$ESI = \frac{Y/(F+RI)}{(F+N)/(R+RI)}$$

当 $1<ESI<10$ 时：表明海洋生态系统具有活力和发展潜力；$ESI>10$ 时：为经济不发达的象征；当 $ESI<1$ 时：为资源消费型海洋生态系统。

（三）生态足迹法

人类系统所有消费（包括衣、食、住、行）都可以折算成相应的生态生产力土地（Biologically Productive Land）的面积。20 世纪 90 年代，加拿大环境经济学家雷斯（William Rees）和魏克内格（Matbis Wackernagel）创造了基于生物物理量的生态足迹，用以测算土地生态承载力的方法。生态足迹分析是在计算生态足迹和生态容量的基础上，以两者之差（大于 0 为生态赤字，小于 0 为生态盈余）来表征人类活动对环境所造成的影响。该方法由一个地区所能提供给人类的生态生产性土地的面积总和来确定地区生态承载力。但不能全面反映社会、社会经济活动等因素。

海洋生态足迹的基本原理：用以人类消费和污染消纳所消耗的各种海洋资源（如海洋

生物资源、海洋矿产资源、海洋新能源等)的区域消费量除以区域单产量,就可得到各类海洋资源生态生产力的区域生态足迹的占用面积(单位:ha),但由于各个区域生态生产力各不相同,因此,必须乘以产量调整因子后才能得到各类海洋资源的全球生态足迹的占用面积(单位:ha),又由于各类海域的生产力不同,将每类海域面积分别乘以各自的等量因子之后,将各类等量海域面积相加,即可得出某特定区域生态足迹的占用面积(单位:gha)。

海洋生态足迹的计算方法如下:

(1) 计算各类消费所使用的海域面积(S_i)。

$$S_i = C_i/Y_i = (P_i + I_i - E_i)/Y_i$$

式中,C_i——i 项消费量;Y_i——i 类海洋资源生产力;P_i——i 类消费的当地生产量;I_i——i 类消费的进口量;E_i——i 类消费的出口量。

(2) 计算海域占用面积($\sum S_i$)。

$$\sum S_i = S_1 + S_2 + S_3 + S_4 + S_5 + S_6 + S_7 + S_8$$

式中,S_1——渔业用海;S_2——工业用海;S_3——交通运输用海;S_4——旅游娱乐用海;S_5——海底工程用海;S_6——排污倾倒用海;S_7——造地工程用海;S_8——特殊用海。

(3) 生态足迹(EF)的计算。

$$EF = \sum S_i \times f_i/P$$

式中,f_i——各类海域的产量因子;P——人口数。

第五节　海洋生态系统管理

一、海洋生态系统的能量流动

生态系统的功能主要表现在生物生产、能量流动、物质循环和信息传递等方面。生物生产是生态系统的基本功能之一。生物生产就是把太阳能转变为化学能,再经过动物的生命活动转化为动物能的过程。因此,生物生产包括植物性生产和动物性生产。植物性生产是植物通过光合作用,源源不断地生产出植物性产品的过程,称作初级生产。动物把采食的植物同化为自身的生活物质,使动物体不断增长和繁殖,称作次级生产。因此,有人说,生态系统好比两个工厂,一个是绿色植物工厂,一个是动物产品工厂。两者之间彼此联系,进行着能量和物质的交换。上述两项生产均与海洋资源合理利用密不可分,后者就是为管好这两个"工厂",提高其产品数量和质量而服务的。

太阳是初级生产能源,通过穿越大气层辐射到地球表面的植物群落上,可见光范围内吸收的光能平均是 55 千卡/厘米^2·年。它是地球表面能量的主要来源,经绿色植物光合作用而贮存在有机物质中。次级生产是指动物通过摄食植物,从而取得能量的过程。生物之间通过吃与被吃的食物关系,相互间联结并形成一个整体,就像一环扣一环的链条,这叫作食物链。我国有一句古老的谚语即"大鱼吃小鱼,小鱼吃虾米,虾米吃青泥",就是对食物链的生动描述。食物链上的每一环节叫作营养级。

能量同物质不同,它是单流向的,不可能循环,不能再生,随着流动不断被消耗掉。太阳也不断地输送能量供给消耗,维持地球上生物的生存。在一个自然生态系统中,能量转换的总量取决于生产者所固定的能量总和。从一个营养级转换到另一营养级的能量消耗量,决定着下一营养级生物的数量。如海洋生态系统接收来自太阳辐射的光能,通过浮游植物光合作用所固定的能量并转化为化学能储存在被结合的有机化合物中成为生态系统的基本能量,然后沿着食物链从低营养阶层向高阶层单向地传递转化以保证生态系统的正常发展。

占地球表面积71%左右的海洋,接受了绝大部分的太阳辐射能,但其中仅有一小部分通过海洋植物及细菌固定下来,作为海洋动物生命活动的能源。据研究,海洋植物,包括浮游植物、底生藻类和大型植物,每年所固定的太阳能约为 $7.6×10^{17}$ 千卡。这些能量绝大部分($5.6×10^{17}$ 千卡)并没有被海洋动物所利用,而是成为碎屑和可溶性有机质的形态存在于水体中,小部分通过被摄食而流向小型浮游动物、温和性中型浮游动物、大型浮游动物和游泳动物。小型浮游动物通过摄食浮游植物、细菌和碎屑等取得能量,年产量达 $6×10^{16}$ 千卡,这部分能量除死亡成为碎屑和可溶性有机质外,由于被摄食,流向中型浮游动物,温和性中型浮游动物通过摄食,从海洋植物、细菌和小型浮游动物取得能量,年产量可达 $4.2×10^{16}$ 千卡。除部分死亡外,由于被摄食,其能量流向肉食性中型浮游动物、大型浮游动物、底栖动物和游泳动物。肉食性中型浮游动物通过小型浮游动物、温和性中型浮游动物和海洋植物取得能量,年产 $1.6×10^{16}$ 千卡能量。由于死亡,部分能量流入水中外,通过被摄食,流向大型浮游动物和游泳动物。大型浮游动物从中型浮游动物和海洋植物取得能量,年产量 $3.7×10^{15}$ 千卡能量,除部分死亡流入水中,部分被游泳动物摄食,转化成游泳动物产量外,部分成为人类渔获物。底栖动物从海洋植物、细菌和中型浮游动物取得能量,年产量达 $2.5×10^{15}$ 千卡,除部分个体死亡外,能量直接流向游泳动物。海洋植物通过光合作用所取得的太阳能流向各营养级之后,由于游泳动物的摄食活动,最后流向游泳动物成为人类的捕捞对象,为人类所利用。细菌在海洋能量流动中起很大的作用。海洋植物所取得的太阳能,通过营养关系和各营养级消耗,最后为人类所利用外,绝大部分的能量由于各营养级生物的死亡,成为碎屑形态或可溶性物质存在于水体内,海洋中细菌通过分解这些有机物质,释放掉大部分能量,自身在这过程中可取得 $2.1×10^{17}$ 千卡的产量。这部分能量通过营养关系又转移到浮游动物和底栖动物方面去(图 8-10)。海洋生态系统中能量流动的基本情况大概如此。[①]

---

① 福建水产学校. 渔业资源与渔场. 北京:农业出版社,1981.

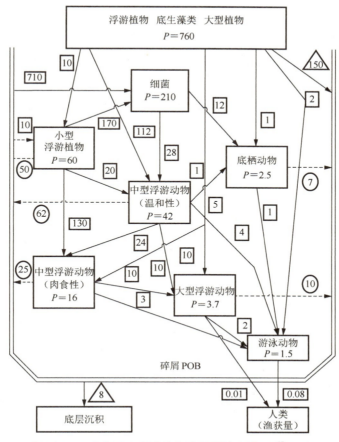

图 8-10　世界海洋生态系统中能量流动略图（10¹⁵ kcal）

P. 产量　方框内数字:各营养级消耗量　圈圈内数字:非消耗食物　三角内数字:不消化食物　POB:可溶性有机物
（引自:福建水产学校. 渔业资源与渔场. 北京:农业出版社,1981.）

二、海洋生态系统的物质循环

　　生态系统中的生物为了生活和繁衍,除了有能量输入以外,还需要不断有物质输入。即仅仅有能量并不能维持动、植物的生命,还必须有一定的物质基础。如果说,能量来自太阳,那么构成生物所需的物质则由地球供给。生态系统中的物质,主要是指生物生命必需的各种营养元素。它们在各个营养级之间传递,并联结起来构成物质流。在参与生态系统物质循环的物质中以氧、氮、氢和碳最为重要,这些元素在生命活动中起着重要的作用,它们在生态系统中既在生物之间循环,同时又在生物与无机环境之间沿着特定的途径不断地反复循环。因此,生命系统的整个过程都取决于这些元素的供给、交换和转化,因而被称为生命元素或能量元素。

　　在海洋生态系统中这些元素通过以浮游植物为主的绿色植物吸收利用沿着食物链并在各个营养阶层之间进行传递、转化,最终被微生物分解还原并重新回到环境,然后再次被吸收利用、进入食物链转化和传递进行再循环,这一通过有机体和无生命环境之间不断进行的物质循环过程即为生态系统的物质循环。

生态系统中流动的物质既是化学能的运输工具，又是维持生命进行生物化学活动的结构基础。海洋生物必须从环境中取得营养物质，也必须向环境供给其他生物能够利用的物质，如此循环不已，才能维持营养物质不致枯竭，使生命不断发展。

如图 8-11 所示，海洋生态系统中的物质循环和能量运动联系紧密，相辅相成，共同进行。

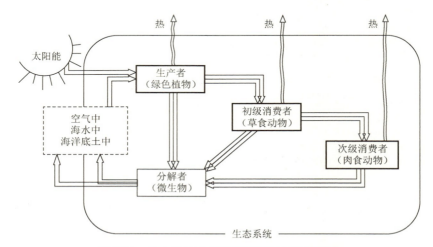

图 8-11　生态系统内部的物质循环与能量流动

物质是不灭的。物质从一个生态系统中消逝，又在另一个生态系统中出现。物质流在生态系统中可多次地被再利用，周而复始地循环。然而能量在食物链中是向着一个方向逐级流动，不断消耗和散失的。这是物质流和能量流两者之间的根本区别。

海洋生态系统中的物质循环（即物质流）是各种化学物质在海洋中的生物和非生物之间的循环运转。这种循环主要在生态系统和生物圈里进行。一般来讲，物质循环分为2 种类型：

（1）气体型循环。气体型循环中物质的主要储存库是大气圈和海洋圈。物质的气体型循环将大气和海洋紧密地联系起来。因此，具有明显的全球性。气体型循环是最完善的循环，凡是气体的物质，如氧、二氧化碳、氮等，无论是分子或其他化合物均以气体形式参与循环。

（2）沉积型循环。岩石圈，沉积物和土壤是沉积型循环物质的主要储存库。这类物质有：磷、硫、硅、钙、铁、钾、钠、碘和铜等。其中磷的循环为典型的沉积型循环。它们主要是通过岩石的风化和沉积物的分解转变为可被生态系统生物成分利用的营养物质。海底沉积物转变为岩石圈成分则是一个缓慢、单向的物质转移过程，时间需要以地质年代计。

综上所述，海洋生态系统的生物和非生物成分之间，通过能量流动和物质循环而联结，形成一个相互依赖、相互制约、环环相扣、相生相克的网络状复杂关系的统一整体。生态系统的存在和发展是由不断的能量流动和物质循环来维持的。遵循这个规律，要使海洋生态系统保持稳定，最基本的一条是从生态系统中拿走什么，就要在适当时间归还什么,进行等量交换,做到收支平衡。

三、海洋生态系统的动态平衡

什么是生态平衡? 生态系统是开放的,能量和物质不断输入和输出,就宛如海水流动一样,每时每刻都在不停顿地运动和变化。在一般情况下,能量和物质的输入大于输出,生物量增加;反之,生物量减少。如果输入和输出较长时间趋于相等,生态系统的结构和功能长期处于稳定状态,并在外来干扰下,能通过自我调节(或人为控制)恢复到原初的稳定状态。这种状态叫作生态系统平衡。

随着社会的发展,人类活动范围的日趋扩大正在直接和间接地影响着生物圈,改变着适于人类和生物生存的大生态系统。如:人类利用业已掌握的科学技术超强度地向自然界索取和利用各种资源,任意填海造地、围垦,大量工业废水和生活污水以及有害物质进入环境之中,造成气候异常,环境质量恶化,海洋生态系统遭到了短时间内难以恢复的生态平衡的失调与破坏。在如何对待生态平衡问题上存在着 2 种不同的看法:第一,认为生物与环境是对抗的关系,即所谓环境阻力论。它不承认生物对环境的适应性,不承认生物与环境之间存在着协调和相对平衡的关系,从而把生物与环境割裂开来。因此,持有这种观点者,对待海洋环境及其资源的态度只是利用,甚至于榨取,以最大限度地满足人们的眼前需求,不考虑对其加以保养。第二,认为生物与环境之间的关系是静止不变的,称为机械平衡论,认为如果发生变动就再不能恢复和重建。持这种观点者,主张最大限度地保持海洋生态系统的原始状态,不能进行改造和利用。

以上 2 种观点都是不符合自然客观实际的。事实上,平衡应当指的是相对平衡的各种成分都保持一定限度的动态。任何一个生态系统都有它的弹性或可塑性。就是说,海洋生态系统内的某一环节在允许限度内有所变化,整个系统可以进行适当调节,保持原有的相对稳定状态而不遭破坏;或遭受轻度破坏后,可再度自行修复。自然界根本不存在绝对的平衡,生物与环境之间永远处于相互适应与协调的过程。所谓协调是指多种物质的分解、合成、补偿、反馈、置换、协同等一系列复杂过程,平衡则是在协调过程中出现的稳定状态,这就是所谓"生物环境的协同进化论"。协同进化论把生物与环境看成是相互依存的整体,认为生物既是一定环境空间的居住,又是环境的构成部分。作为居主,生物不断地利用环境资源;作为环境成员,又经常对环境资源进行补偿,使环境能够保持一定范围的物质贮备,以保证生物再生。

在整个自然环境中,海洋资源是无法替代的最重要的自然环境资源。它既是环境的构成部分,又是其他自然环境资源的载体。因此,海洋资源的科学管理对于保持生态系统平衡有着不容忽视的作用。同时,掌握和运用生态平衡规律,以优质高产的平衡代替劣质低产的平衡,进而创造生物生产力更高的人工生态系统,也是海洋资源生态管理的重要任务。

四、海洋生态平衡原理的实际应用

海洋资源管理实践中生态平衡原理可应用于以下 4 个方面:

（一）收获量小于净生物生产量

根据自然资源分类,生态系统属于可更新的自然资源。但是,可更新性是有条件的,只有在生态系统的能量收支相等的情况下,生态系统才能成为取之不尽的自然资源。这就要求从生态系统中收获产品的数量不能超过它的生产量,在海洋开发利用和管理中必须遵守生态平衡规律,这是生态系统的生态阈限。

根据这一规律,任何一种海洋生物资源的捕捞量必须等于或小于其生长量。否则,该海洋生物资源将日益锐减,甚至"无鱼可捕"。如浙江渔场目前的资源量每年在 400 万～500 万吨,可捕量是资源量的一半,是 200 万～250 万吨,但浙江的实际捕捞量近年来每年都超过 300 万吨,导致海洋生物资源生态系统失衡。对于滩涂湿地,围填海速度也必须和滩涂淤积速度相平衡,不然滩涂湿地面积就会缩减。深圳飞速发展 30 多年,填海、基建使得城市不断扩张,经济总量不断攀升,但随之而来的水污染、垃圾也在逐年积累,日渐侵蚀滩涂湿地资源,据 1989～2003 年深圳市土地利用变化数据,15 年间深圳滩涂湿地面积减少了 72%,已经严重影响了当地的海洋生态环境。

（二）调整海洋生态系统的整体性

生态系统是一个整体。在海洋界,不论海域、海岛、海岸带、滩涂都是由动物、植物、微生物等生物成分和光、水、气、热等非生物成分组成的。这些成分相互联系、相互制约,通过能量与物质流动而形成一个不可分割的综合体系。生态系统里某一成分发生变化,必然引起其他成分产生相应的变化,即"挪一子而牵动全局",因此,调整生态系统的整体性是开发利用和管理海洋资源,建立人工生态系统时应遵循的原则。

所谓调整生态系统整体性的原则即是遵循生态系统结构与功能相互协调的原则,应用这项原则既可以保持系统的生态平衡,又可以开发利用和改造海洋环境。只有重视结构与功能的适应,才能避免因结构或功能的过度损害而导致环境退化的连锁反应。

根据上述原则,保持生态系统平衡,不等于回避对其的人为干预和控制。保持海洋生态系统平衡并不等于绝对不能开发海洋,而需要解决好什么条件下才能开发和如何开发才为合理的问题。如围海造地可以拓展城乡发展空间,缓解土地供需矛盾,实现耕地占补平衡,培育新生经济增长点,给人类带来更多经济利益。但是若不权衡海岸、海域各生态系统的联系和生态后果,也会变利为害。由于围海造地的不断进行,我国的很多海湾面临消失的危险,我国的海岸线已经比新中国成立初期缩短了 1 500 千米左右。海域面积也在逐渐缩小,根据国家海洋局北海分局观测资料显示,自 1928 年到现在,胶州湾的海域面积从 560 平方千米减少到 367 平方千米,缩小了三分之一[①],由此引发了海岸线缩减、物种减少、渔业退化、海洋污染、海洋变化等一系列问题。所以,开发利用海洋资源,不能只着眼于局部而忽视全局,必须坚持整体的观点去判断可能产生的生态后果。只有从全局出发进行工程的生态学预判评价,才能收到预期的效果。

---

① 王全弟,等.物权法疑难问题研究.上海:复旦大学出版社,2014.

（三）充分利用生态因子区域分异规律

生态系统中的太阳能、水、二氧化碳和矿物元素等生态因子在自然界的分布上具有区域性特点。二氧化碳在海水中的溶解总量介于 $34 \sim 56$ mg/L 之间，矿物元素在海底岩石中几乎均能被找到。可是，主要生态因子太阳能的数量却受纬度的高低、云量的多少、海底地形起伏等多种因数所制约。海水的盐度高低也往往与距离海岸远近有关。温度和盐度的差异造成了各海域生态系统类型的不同，从而使海域生态系统有区域性的特点。

为了充分发挥各类生态系统的生物生产性能，需要按生态系统的区域性规律分区划片，做出生态区划，并根据各个区域生态系统的特点和生态平衡规律，因地制宜地安排好海洋渔业生产，充分发挥各海域的海洋生产潜力。如浙江舟山素有"东海鱼仓"、福建霞浦素有"中国海带之乡"的特点就是沿海人民根据自然环境，采取不同的生产措施创造出来的海洋资源生态系统，适应我国各个海域的自然条件。此外，即使在同一大生态区域内，温度和盐度又因海洋地形、地势、洋流等多种因素的影响差异其大，区内各海域渔业发展也不能"一刀切"。应根据各生态系统的差异，确立不同的发展方向，采取不同的渔业技术措施，做到宜渔则渔、宜养则养。在生产安排上，大区有主，区内有副，各区一主多副，综合发展，做到海尽其力。

（四）创造生物生产力更高的海洋生态系统

人是生态系统中的重要组成部分，人能破坏旧的生态系统，也能创造新的生态系统。为了满足人民日益增长的物质需求，决不能消极维护生态系统的面貌，坐等大自然恩赐，而要努力探索生态系统及其平衡的各种规律，进而去创造生物生产力更高的新的生态系统。

海水养殖生态系统是调整海洋生态系统的营养的成功典型。根据系统获取能源特点，海水养殖生态系统可分为自养和异养生态系统。自养生态系统主要靠太阳辐射直接获得能源，养殖过程不需投放饵料，是开放的生态系统。这类养殖生态系统常见的有海藻养殖系统、贝类养殖系统等。异养生态系统又称为人工营养型生态系统，主要靠人工投饲来提供能源，其养殖过程在一定程度上受到人为的调控。投饵养殖主要有网箱养殖和池塘养殖两种形式。目前世界上的海水养殖系统，无论其属于自养还是异养，大多已达到半集约化或集约化养殖（半精养或精养）水平。[1]

封闭式内循环系统养殖是一种新型的海水贝类养殖模式，封闭式内循环系统养殖流程如图 8-12 所示。虾类或鱼类养殖池塘排出的肥水进入贝类养殖池塘，经贝类滤食后去除大部分单胞藻类及有机颗粒，再经植物池及生物包处理，去除水体中的可溶性有机质，净化后再进入虾类或鱼类养殖池，如此不断循环。[2]

---

[1]　WTO 与环境课题组．中国加入 WTO 环境影响研究．北京：中国环境科学出版社，2004.
[2]　钱银龙．全国水产养殖主推技术．北京：海洋出版社，2014.

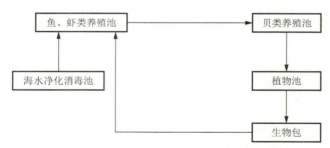

图 8-12　封闭式内循环系统养殖流程示意图

　　封闭式内循环系统养殖模式运用生态平衡原理、物种共生原理,利用处于不同生态位的生物进行多层次、多品种的综合生态养殖,解决了贝类池塘养殖中存在饵料缺乏、水质过瘦等问题,利用鱼、虾养殖产生的残饵、粪便和有机碎屑,既能直接作为底栖贝类的摄食饵料,又可为水体中的单胞藻提供氮、磷等营养盐,促进单胞藻的生长,提高了养殖水体中饵料生物的数量,供给贝类食用。生态养殖模式通过不同生态位生物之间的相互作用,维持了养殖生态系的自我平衡,有效地控制了养殖污染,减少了病害的发生,从而达到了安全健康、可持续生产的目的。

本章小结

　　海洋资源生态管理是以实现海洋资源可持续利用为导向,针对海洋资源开发与利用中的生态和环境问题,应用生态学理论与思想,所实施的一系列技术、经济和政策法规措施。本章在阐述我国目前海洋资源生态管理的概念、原则、目标、内容和基本手段的基础上,重点探讨了海洋生态系统和环境问题。通过滨海湿地、珊瑚礁、红树林、海草床、河口和保护区的介绍,阐述了我国生态用海的调控问题。最后,介绍了海洋承载力及其评价方法,概述了海洋生态系统的能量流动、物质循环、动态平衡规律,阐述了海洋资源管理实践中的生态平衡原理。

关键术语

海洋资源生态管理　　海洋生态系统　　生态用海　　海洋承载力　　海洋生态系统管理

复习思考题

1. 何谓海洋资源生态管理?
2. 何谓海洋生态和环境问题?
3. 如何测算海洋生态承载力?
4. 简述海洋生态系统规律及其应用。

■■ 参考文献 ■■

［1］　李冠国,范振刚. 海洋生态学［M］. 北京:高等教育出版社,2004.

［2］　黄良民. 中国海洋资源与可持续发展［M］. 北京:科学出版社,2007.

［3］　刘洪滨,刘康. 海洋保护区:概念与应用［M］. 北京:海洋出版社,2007.

［4］　马彩华,游奎作. 海洋环境承载力与生态补偿关系研究［M］. 北京:知识产权出版社,2011.

第九章　海洋资源可持续利用管理

第一节　可持续发展理论概述

一、可持续发展概念的提出

20 世纪是全球经济大发展的世纪,但人类却为此付出了惨重的代价:环境污染、生态失衡、资源枯竭。当全球都面临严重的经济、社会、资源与环境问题的时候,人类迫于对现实与未来的忧患,不得不对自身的生产、生活行为进行深刻的反思。美国麻省理工学院管理学教授麦都斯(D. L. Meadows)受罗马俱乐部的委托,与他人合作,于 1971 年出版了《增长的极限》一书,该书从影响经济增长的五个主要因素即人口增长、粮食供应、资本投入、环境污染和资源耗竭出发,根据指数增长原理,认为由于人口增长引起粮食需求的增长,经济增长引起不可再生自然资源耗竭速度的加快和环境污染程度的加深,在公元 2100 年到来之前,人类社会就会崩溃。该书出版后,在全世界引起了强烈反响,各国的政治家、经济学家纷纷关注经济增长、经济发展的方式问题。于是有关持续发展的研究蓬勃兴起,可持续发展也提上了一些国际组织和各国政府的议事日程。

1972 年 6 月,联合国在瑞典首都斯德哥尔摩召开的人类环境会议是一次具有划时代意义的盛会,它是世界各国政府第一次聚集在一起共同讨论环境问题。会议通过的《联合国人类环境宣言》呼吁各国政府和人民为维护和改善人类环境,造福全体人民,造福后代而共同努力。

该《宣言》指出:"在发展中国家,环境问题大多是由于发展不足造成的。千百万人的生活水平仍然远远低于温饱水平,他们无法取得充足的食物和衣服、住房以及教育、保健和卫生设施,因此发展中国家必须致力于发展,牢记它们的优先任务和保护、改善环境的目标……在工业化国家中,环境问题一般同工业化和技术发展有关。"这是联合国组织第一次把环境问题与社会因素联系起来的庄严宣言,唤起了各国政府对环境问题,尤其是环境污染问题的警觉。

这次会议没有直接提出可持续发展的问题,但从会议的《宣言》已经迸发出了某些今天我们所说的可持续发展思想的火花。

1980 年由国际自然资源保护联盟(IUCN)、联合国环境规划署(UNEP)和世界野生动物基金会(WWF)共同出版的《世界自然保护战略:为了可持续发展的生存资源保护》一书首次提出可持续发展的概念。

1987 年,世界环境与发展委员会主席、挪威前首相布兰特兰夫人组织 21 个国家的环境与发展问题的专家,向联合国提出了一份著名的报告《我们共同的未来》(*Our Common Future*),该报告强调:今天的发展使得环境问题变得越来越严峻,并对人类的持续发展产生了严重的消极影响,因此,我们需要有一条新的发展道路,是一条一直到遥远的未来都能支持全人类进步的道路,是一条资源环境保护与经济社会发展兼顾的道路,也就是可持续发展的道路。该报告明确提出了可持续发展的思想,并对可持续发展的内涵作了界定和详尽的理论阐述。在该报告中,可持续发展被定义为"既满足当代人的需要,又不对后代人满足其自身需求的能力构成危害的发展"。这是人类社会有关环境与发展思想从一般地考虑环境保护到强调把环境保护与人类发展结合起来的一个重要飞跃。

1992 年 6 月,联合国环境与发展大会在巴西的里约热内卢召开,这次会议虽然距1972 年环境大会仅有 20 年,但一个明确的事实是在这 20 年间,国际关注的热点已经由单纯重视环境保护问题转移到了环境与发展的大课题。大会通过了《里约热内卢环境与发展宣言》(以下简称《里约宣言》或《全球 21 世纪议程》),第一次把可持续发展由理论和概念推向行动。这次会议以可持续发展为指导思想,反思了自工业革命以来的那种"高生产、高消费、高污染"的传统发展模式以及"先污染、后治理"的道路,可持续发展思想得到了普遍的接受。

会议指出:环境与发展密不可分,两者相辅相成。要促进发展,就必须同时考虑环境的保护与治理,而环境污染问题的根本解决,也必须通过经济的发展,在发展过程中加以解决。会议还就实现可持续发展提出了二十七条基本原则。其中包括:① 人类处于备受关注的可持续发展问题的中心,他们应当享有与自然和谐相处,过健康而富有成果的生活的权利。② 为了公平地满足今后世代在环境与发展方面的需要,必须求得发展的权利。③ 为了实现可持续发展,环境保护工作应是发展进程的一个整体组成部分,不能脱离它来考虑这一进程。此外,基本原则还涉及了人口问题、消费问题、教育问题、环境立法问题等各个方面。

总的来看,里约热内卢会议举起了可持续发展的旗帜,是推动人类转变传统发展模式和生活方式,走可持续发展道路的一个里程碑。此后,可持续发展被世界普遍接受,其实践活动也开始在全球范围内普遍展开,从而,一场新的发展的"革命"开始了。

二、可持续发展的定义

可持续发展的定义一直是世界各国理论界广泛探讨的问题,由于可持续发展涉及自然、环境、社会、经济、科技、政治等诸多方面,所以由于研究者所站的角度不同,对可持续发展所做的定义也就不同。自然科学家、社会学家和经济学家等分别从各自学科的角度

对可持续发展进行了阐述,给出了各自的定义:

1. 从自然属性定义可持续发展

持续性这一概念是由生态学家首先提出来的,即所谓生态持续性。1991 年 11 月,国际生态学联合会和国际生物学联合会联合举行了关于可持续发展问题的专题研讨会。该研讨会的成果发展并深化了可持续发展概念的自然属性,将其定义为:"保护和加强环境系统的生产和更新能力。"从生物圈概念出发定义可持续发展是从自然属性方面表示可持续发展的另一代表,即认为可持续发展是寻求一种最佳的生态系统,以支持生态的完整性和人类愿望的实现,使人类的生产环境得以持续。

2. 从社会属性定义可持续发展

1991 年,世界自然保护联盟、联合国环境规划署和世界野生动物基金会共同出版了《保护地球:可持续性生存战略》(*Caring for the Earth:A Strategy for Sustainable Living*)。该书将可持续发展定义为:"在生存不超过维持生态系统承载力的情况下,提高人类的生活质量。"并且提出可持续生存的九条原则。在这些基本原则中,既强调了人类的生产方式和生活方式要与地球承载能力保持平衡,保持地球的生命力和生物多样性,同时,又提出了人类可持续发展的价值观和 130 个行动方案,着重论述了可持续发展的最终落脚点是人类社会,即改善人类的生活质量,创造美好的环境。世界观察研究所所长布朗认为,可持续发展是指"人口增长趋于平衡、经济稳定、整治安定、社会秩序井然的一种社会发展"。

3. 从科技属性定义可持续发展

实施可持续发展,除了政策和管理因素之外,科技起着重大作用。没有科学技术的支持,人类的可持续发展便无从谈起。因此,有的学者从技术选择的角度扩展了可持续发展的定义。如司伯斯认为"可持续发展就是转向更清洁、更有效的技术,尽可能接近零排放或密闭式工艺方法,尽可能减少能源和其他自然资源的消耗";世界资源研究所则认为,污染并不是工艺活动不可避免的结果,而是技术差、效益低的表现,因此,它们的定义是:"可持续发展就是建立极少产生废料和污染物的工艺或技术系统。"

4. 从经济属性定义可持续发展

这类定义虽有不同的表达方式,但都认为可持续发展的核心是经济发展。爱德华·B·巴比尔在其著作《经济、自然资源:不足和发展》中,把可持续发展定义为"在保持自然资源的质量及其所提供服务的前提下,使经济发展的净利益增加到最大限度"。皮尔斯的定义为:"自然资本不变前提下的经济发展,或今天的资源使用不应减少未来的实际收入。"定义中的经济发展已不是传统的以牺牲资源和环境为代价的经济发展,而是"不降低环境质量和不破坏世界自然资源基础的经济发展",并且这种发展"能够保证当代人的福利增加的同时,也不应使后代人的福利减少"。世界银行在 1992 年度的《世界发展报告》中称,可持续发展指的是:"建立在效益比较和审慎的经济分析基础上的发展和环境政策,加强环境保护,从而导致福利的增加和可持续水平的提高。"

尽管对可持续发展给出的定义有所不同,但就当前来看,1987 年布兰特兰夫人提交联合国的《我们共同的未来》这一报告中,所给出的可持续发展定义仍最为大家所接受。

其定义为:可持续发展是"既满足当代人的需要,又不对后代人满足其需要的能力构成危害的发展"。

三、可持续发展的内涵

可持续发展的内涵十分丰富,其主要原则有:

1. 公平性原则

可持续发展强调:"人类需求和欲望的满足是发展的主要目标。"经济学上讲的公平是指机会选择的平等性,可持续发展所追求的公平性原则,包括三层意思:

一是本代人的公平,即同代人的横向公平。可持续发展要满足全体人民的基本需求和给全体人民机会以满足他们要求较好生活的愿望。要给世界以公平的分配和公平的发展权,要把消除贫困作为可持续发展进程特别优先的问题来考虑。

二是代际间的公平,即世代人之间的纵向公平性。人类赖以生存的自然资源是有限的,本代人不能因为自己的发展与需求而损害人类世世代代满足需求的条件——自然资源与环境。要给世世代代以公平利用自然资源的权利。

三是公平分配有限的资源。目前的现实是,占全球人口26%的发达国家消耗的能源、钢铁和纸张等,占了全球的80%。美国总统可持续发展理事会在一份报告中也承认:"富国在利用地球资源上有优势,这一由来已久的优势掠夺了发展中国家利用地球资源的合理部分来达到自身经济增长的机会。"联合国环境与发展大会通过的《里约宣言》,已把这一公平原则上升为国家间的主权原则:"各国拥有着按其本国的环境与发展政策开发本国自然资源的主权,并负有确保在其管辖范围内或在其控制下的活动不致损害其他国家或在各国管辖范围以外地区的环境的责任。"

2. 可持续性原则

布兰特兰夫人论述了可持续发展的"限制"因素。因为,没有限制也就不可能持续。"人类对自然资源的耗竭速率应考虑资源的临界性","可持续发展不应损害支持地球生命的自然系统:大气、水、土壤、生物……","发展"一旦破坏了人类和生存的物质基础,"发展"本身也就衰退了。可持续原则的核心指的是人类的经济和社会发展不能超越资源与环境的承载能力。

3. 共同性原则

虽然世界各国历史、文化和发展水平不同。但是,可持续发展作为全球发展的总目标,所体现的公平性和可持续原则是共同的。并且,实现这一总目标,必须采取全球共同的联合行动。布兰特兰夫人在《我们共同的未来》的前言中写道:"进一步发展共同的认识和共同的责任感,是这个分裂的世界十分需要的。"共同性原则同样反映在《里约宣言》之中:"致力于达成既尊重各方的利益,又保护全球环境与发展体系的国际协定,认识到我们的家园——地球的整体性和相互依存性。"可见,从广义上说,可持续发展的战略就是要促进人类之间及人类与自然之间的和谐。如果每个人在考虑和安排自己的行动时,都能考虑到这一行动对其他人(包括后代人)及生态环境的影响,并能真诚地按"共同性"原则办事,那么人类内部及人类与自然之间就能保持一种互惠共生的关系,也只有这样,可持续发展才能实现。

总之,可持续发展的内涵极其丰富,就其社会观而言,主张公平分配,既满足当代人又满足后代人的基本需求;就其经济观而言,主张建立在保护地球自然系统基础上的持续经济发展;就其自然观而言,主张人类与自然和谐相处。这些观念是对传统发展模式的挑战,并为人类谋求新的发展模式进而形成新的发展观点奠定了基础。

归结起来,可持续发展模式同传统发展模式的根本区别在于:可持续发展的模式不是简单地开发自然资源以满足当代人类发展的需要,而是在开发资源的同时保持自然资源的潜在能力,以满足未来人类发展的需要;可持续发展的模式不是只顾发展不顾环境,而是尽力使发展与环境协调,防止、减少并治理人类活动对环境的破坏,使维持生命所必需的自然生态系统处于良好的状态。因此,可持续发展是可以持续不断的、不会在有朝一日被限制或中断的发展,它既满足当今的需要,又不致危及人类未来的发展。

第二节　海洋资源利用与可持续利用

一、海洋资源利用及其制约因素

海洋资源利用是人类为经济社会目的而进行的一系列生物和技术的活动,是对海洋进行长期或周期性的经营,是海洋在人类活动的干预下进行自然再生产和经济再生产的复杂生产过程。决定一个社会或地区的海洋资源利用方式和结构的因素有如下四种:

（1）自然要素。主要是指海洋的各种自然属性,包括海洋的各个自然构成要素(如生物、水文、海岸、气候等)的性质,以及海洋的综合质量状况,如海洋的自然生产力、海洋自然条件适宜性等。

（2）经济因素。海洋资源利用是一项社会经济活动,海洋资源利用方式的选择必然受经济效益的影响,特别是在市场经济条件下,除了受投入产出比的影响,还受到比较利用、经济区位等各种经济因素的制约。

（3）社会因素。包括社会发展水平、社会需求、人口状况、海洋政策等的影响。

（4）生态利益和可持续发展要求。一种海洋资源利用方式即使符合海洋的自然条件,同时也能获得较高经济效益,也还不能贸然地认为它是一种合理的海洋资源利用方式,还应当考虑是否符合生态环境优化和持续利用的原则,这是当前海洋资源利用决策时所面对的一个重要问题,也是人类过去在对待环境问题上失败的总结,如海洋石油开采运输和大量填海造地带来的一系列生态恶果。

二、海洋资源利用的社会发展阶段

1. 海洋资源利用与人类活动的影响

海洋资源利用是人类在自然界中最广泛、最深刻的活动。除了条件极端恶劣的地区外,人类的海洋资源利用活动几乎遍及沿海地区,同时这一利用活动在利用过程中强烈地改造自然界的所有因素。总之,海洋资源利用已经把人类和自然界紧紧联系在一起。从早期的沿海渔业、盐业等逐步向外海、远洋发展,到20世纪开始开发深海资源,反映出人类对海洋资源的利用历史悠久,但最早的利用方式(制盐和渔捞),就其对自然界的影响来说与一般的动物行为并无本质区别。随着捕捞业和盐业的兴起,特别是海洋新兴产业的兴起,人类对海洋资源的利用强度越来越大,人类活动对海洋资源的影响也越来越深刻,被利用的海洋资源开始真正成为自然界与人类的共同产物。

通过分析未受人类干扰的天然海区和人工养殖海区的区别,可以看出人类利用活动的影响。两者的区别在于:

(1)生物系统。前者海洋食物链完整,生物种类较多,生态系统稳定,优质鱼类渔获量高,遵循自然选择规律;后者以人类养殖鱼类为主,经济价值高,生长周期短,多种鱼类重复投产,一些鱼类资源甚至形不成鱼汛,同时生物种类单一,生态系统脆弱,食物链服从人类决定,没有连续性,几天之内一种鱼类被另一种鱼类完全替代,每年的生物生长总量比前者高得多。

(2)生态系统。前者是生长—死亡—分解的闭环系统,结果是生物物质积累。后者是生长—成熟—输出的开环系统,结果是生物生长需要的物质流出。

(3)物质种类和数量。前者范围内较为稳定,后者范围内除大量的生物合成物质的定期输出外,也有有机物质和无机物质的定期输入,物质种类和数量变化大而且迅速,输入物质中还可能包括某些自然界中极少或根本没有的人工合成物质。

(4)其他自然因素。前者为该区域环境条件下形成的天然海区,一般无外来机械性干涉。后者是在前者基础上经开发熟化的人工养殖海区,常有机械性干涉。前者生态系统稳定,水质良好。后者因养殖面积、密度较大,养殖污染物的排放、沉积、生物沉降作用和由此引起的养殖水域营养物滞留,造成该养殖海区及近邻海域水体底质缺氧、富营养化以及水质恶化;人工投饵对附近海域造成的营养盐负荷往往成为赤潮发生的诱因。

综合分析这两类海区,发现差别很大。从利用角度讲,前者的热、水、气、空间等因子没有被充分利用,它的生产力被制约在限制性最大的那个因素范围内。后者对这些因子的利用率要高得多,通过各种手段调整这些因子的动态过程,使之适合生物对这些因子的利用过程,以便提高这些因子的利用率。

2.海洋资源利用的社会发展阶段

(1)人类初涉滨海地带的海洋资源利用初级阶段。人类中的少数群体,使用水上生存的初级技能,涉足滨海地带的有限水域空间海水制盐、浅海捕捞。这一历史时期,人口数量少,对海洋资源的利用简单,人类对海洋的破坏力小于海洋自身的再生力,因而海洋资源与人类的关系表现为发生在海洋与陆地交界的狭窄区域空间中的海洋资源利用初级阶段。

(2)海洋与人类相互影响、相互制约的自给型海洋资源利用阶段。随着人类社会的发展,人们在长期的生产实践中学会了渔业捕捞和海水制盐等,开始有意识、有目的地利用海洋、开发海洋,出现了捕捞业、海洋盐业。随着人类认识海洋、利用海洋能力的逐渐增强,为了获取更多原来没有的东西和创造适宜的生存条件,人类便通过自己的劳动开发海洋、利用海洋,逐渐出现了渔业用海、盐业用海等。从而人类与海洋的关系表现为:人类根据自身的需要,通过劳动开发海洋,生产出人类需要的物品,而海洋资源凭自身的特性抑制人类需求的膨胀,海洋资源与人类之间形成了相互影响、相互制约的关系。同时,人类对海洋资源的破坏性随着社会的发展日趋明显。

(3)海洋与人类产生尖锐矛盾的商品型海洋资源利用阶段。工业革命和科技革命以后,人们开始意识到海洋资源所蕴藏的巨大利益,越来越多的群体开始以渐趋组织化、系统化的主体形式,带着日新月异的科学技术,向海洋全方位、立体式进军,使人类对海洋资源的需求量不断增加,而海洋资源的供给是有限的,造成二者之间的矛盾。另外,由于人类对海洋资源认识的有限性,人们在利用海洋资源的过程中,忽视了自然的规律,一味地索取,没有保护,海洋资源的生态系统遭到破坏。

(4)海洋与人类和谐共存的海洋资源可持续利用阶段。人类通过科学的认识与反省,认识到人类与海洋的共存关系,也意识到掌握保护海洋技术的必要性,一方面开始限制人类本身一些不合理的行为,另一方面开始遵循自然规律,建立持续海洋资源利用关系,使人类与海洋和谐发展。

三、海洋资源利用系统

钱学森将复杂的研究对象视为系统,即系统是由相互作用、相互依赖、相互制约的若干部分结合而成的具有特定功能的有机整体。海洋资源利用系统也是多个子系统复合而成的自然—经济—社会复合系统,系统内部的生物与环境之间通过物流、能流和信息流的交换而形成具有一定结构、功能和自我调节能力的自然生态系统,人类社会经济活动的介入使海洋在进行自然生产力更新的同时,也进行经济社会生产力的更新,形成完整的海洋生产力系统。

一个海洋单元和海洋资源利用类型(包括一系列海洋资源利用需求)相结合构成海洋资源利用系统。海洋单元包括海洋的自然构成要素,有气候、地理、水文、植物、动物,每个单元的海洋资源质量或海洋资源特性应该具有相对的一致性。海洋资源利用类型是由海洋的自然环境特性和人类活动共同决定的,包括资源的选择、资源的格局、动力工具、劳动力的有效投入程度等一些关键的海洋属性。

海洋资源利用系统的投入和产出关系见图9-1:

海洋资源利用系统是人类有目的的人工生态经济系统。不同等级层次的海洋资源利用系统是为了实现各层次人类主体目标而建立的。不同层次都有不同的主体,例如,全球系统的主体是整个人类,而区域系统的主体是本区域全体公民,在渔业资源利用系统水平,它的行为主体是渔民。同时,不同的主体有各自的目标。从宏观层次看(政府为主体)包括:

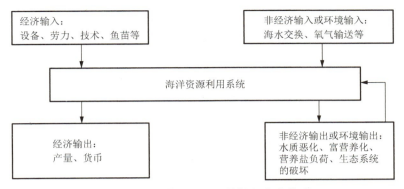

图 9-1　海洋资源利用系统投入产出关系

（1）生存空间目标。所有海洋都具有一定的空间规模,这是海洋的特点。海洋资源利用的一项重要目标就是寻求区域人类生活和生产的空间。

（2）生产目标。海洋的一项重要功能就是为人类提供衣食住行的产品。无论是作为生态系统,还是作为劳动对象,海洋被利用的根本目标就是通过利用海洋资源进行各类生产。

（3）经济增长目标。在现代生活里,单纯的生产是不存在的,它必然和社会的经济增长相联系。区域海洋资源利用的重要目标之一,是通过对海洋空间和生态功能的利用,达到经济增长的目的。

（4）环境质量目标。随着沿海地区人口和海洋产业的迅速发展,海洋所承受的压力越来越大,区域主体不得不考虑当前利益与长远利益的协调,维持子孙后代的永续利用,保持海洋资源的多样性,保持基因资源,建立海洋自然保护区等环境质量目标。

四、海洋资源可持续利用的含义

海洋资源可持续利用是可持续发展思想应用于海洋科学而产生的新名词。世界环境和发展大会于 1992 年发布的《21 世纪议程》指出:"海洋环境——包括大洋和各种海洋以及邻近的沿海区域——是一个整体,是全球生命支持系统的一个基本组成部分,也是一种有助于实现可持续发展的宝贵财富。"《21 世纪议程》要求各个国家、次区域、区域和全球各级对海洋和沿海区域的管理和开发采取新的方针,对海洋和沿海环境及其资源进行保护和可持续的发展。由此,海洋可持续发展理念正式提出。2002 年通过的《可持续发展世界首脑会议实施计划》进一步提出"保护和管理经济与社会发展所需的自然资源基础"的海洋领域行动方案,并对海洋生态系统、海洋渔业、海洋保护区和海洋环境等提出了具有时限的建设目标。《21 世纪议程》和《可持续发展世界首脑会议实施计划》两个重要文件明确了海洋在全球可持续发展中的重要地位和作用,为海洋可持续发展提供了基本的行动指南。

海洋资源可持续利用是指以可持续的方式利用海洋资源。一方面,对于可再生海洋资源,可持续利用指的是在保持海洋资源的最佳再生能力前提下的利用。另一方面,对于不可再生海洋资源,可持续利用指的是保存和不以使海洋资源耗尽的方式对其加以利用,而且既要保证当代人的需求,也要照顾到子孙后代的利益。具体地讲,海洋资源可持续利用包括以下五个方面的内容:

(1)生产性(保持和加强海洋的生产和服务功能)。从这个角度出发,持续利用的海洋应该能充分发挥其生产潜力,并实现生产力的持续上升,或者至少是维持在现有水平上。如果在利用过程中海洋生产力在波动中逐渐下降,这样的利用肯定是不可持续的。海洋生产力的度量有多种指标,如海洋资源的生物量、能量、数量、价值量等。对于海洋油气资源开发来说,提高开发技术、资源循环利用、监测防治石油污染都是持续利用的例子,人工增养殖海区通过贝藻混养、鱼藻混养、建立高产优质人工渔业生态系统等提高价值也是持续利用的例子。

(2)稳定性(减少生产风险程度)。由于自然条件、社会、经济等因素的变动,海洋生产难免会出现波动,持续利用的海洋应该是在一定的时间尺度上使生产力的波动控制在一定的范围内,出现大的生产力波动的海洋必然是不稳定的。

(3)保护性(保护海洋的潜力、防止水域污染和资源衰竭)。广义的海洋资源包括港湾、能源、空间、旅游景观等资源。持续的海洋利用方式应该实现资源的有效利用和适宜的开发,资源的保护性是指海洋资源分配实现代际公平,如果后代享有比当代更多的资源,或至少不少于当代享有的资源,则实现了海洋的持续利用。海洋持续利用以海洋生物资源、海洋空间资源和水域的保护为重点。如填海造地用海的主要目标是海洋空间资源的保护,工矿用海的主要目标是实现矿产资源的持续开采。

(4)经济可行性(具有经济活力)。人们利用海洋的目的在于获得一定的经济收益,所以,如果某种海洋利用方式在当地是可行的,那么这种海洋利用方式一定有经济效益,其收益必须大于投资成本,否则肯定不能存在下去。海洋持续利用需要考虑的是综合效益,是海洋经济产出和外部经济性的综合效益,并非海洋产品的价值。如果某种海洋利用方式,如海洋油气开发,具有绝对的经济效益,但带来生态和社会的外部不经济性大于单纯的经济收益,这样的海洋资源利用方式依然是不可持续的。从经济学的角度考虑,海洋资源持续利用要求投入产出比大于1。相对于一定投入,产出越大说明海洋利用给予人类的回报越高。

(5)社会可接受性(具有社会承受力)。社会可接受性是指某种海洋利用方式能否被社会所接受,如果不能被接受,则这种海洋利用方式必然是失败的。影响社会接受能力的因素有很多,诸如政策法规、政策保障、个体接受能力、团体接受能力等,这些因素难以度量使得社会接受能力的直接度量比较困难,其中一项重要内容是收益分配的代内公平性和资源利用的代际公平性。如果海洋资源收益的分配与占有人群之间的关系呈现正态分布,那么该海洋利用方式具有收益分配代内相对公平性;如果少数人占有大量的海洋资源收益,这样的海洋资源收益分配是不公平的;如果由于过度开发或不合理的利用而损害了后代利用同一资源和环境的权利,那么这样的方式也是不公平的。

第三节　海洋资源可持续利用管理的基本原则

一、基本原则

我国《宪法》第九条规定:"国家保障自然资源的合理利用,保护珍贵的动物和植物。禁止任何组织或者个人用任何手段侵占或者破坏自然资源。"据有关研究表明,合理地利用海洋资源应当具备 4 条标准,即自然上是适宜的,经济上是合理的,社会上是可认同的,生态环境上是可持续性的。海洋资源可持续利用管理应当遵循下列原则:

(一)自然适宜性

自然适宜性是指要以人为本,海洋资源利用与大自然和谐,谋求人与自然协同演进,建立科学的人海观。与此同时,要与海洋资源利用的自然特性相适应,符合自然规律、因地制宜,构成海洋的气候条件、盐度条件、水资源、生物资源等要素能融于自然环境的物质和能量不断循环。

(二)经济合理性

经济合理性是指海洋资源被高效益地开发利用,使有限的海洋资源供给满足不断增长的用海需求,海洋资源利用集约化程度不断提高,做到海洋资源保值增值,达到海洋资源的产出大于投入,海洋资源利用在经济上取得正效益且合理可行。

(三)社会相容性

社会相容性是指海洋资源利用的目标为社会所接受,体现社会效益,考虑各种社会因素对海洋资源利用的影响,使海洋资源的配置与社会可承受的程度相符合。

(四)生态可持续性

生态可持续性是指重视海洋资源利用的外部性,处理海洋资源利用与生态环境保护之间的关系,不能以牺牲环境为代价,达到既实现海洋资源永续利用,又不断改善生态环境。海洋资源可持续利用的最终目的在于在保护和创造良好的人类生存环境的同时,不断提高海洋资源利用综合效益,促进经济社会可持续发展。

二、代内和代际公平性

正如可持续性一样,海洋资源利用的核心是公平性问题,这也是海洋资源可持续利用管理最基本的原则。公平性问题的提出及其迫切性主要来源于不公平的现实:整个世界越来越趋于贫富不均,富国和穷国的资源消耗极度悬殊,南北间贸易关系不平等,环境保护和资源利用的义务和责任不公平等。如占全球人口 26% 的发达国家消耗的世界能源,如钢、矿物和纸张等资源却占全球消耗量的 80%,木材占 40%。占世界人口 5% 的美国,却消耗世界能源达 27%。又如发达国家通过价格、关税、贸易条件等手段,鼓励发展中国家大量出口自然资源以满足其发展需求,而对本国的资源则采取少利用的方式保存下来,更有甚者,直接将污染工业建在发展中国家,不仅可以便利地使用当地原材料,还将污染转移他国。基于上述原因,联合国环境与发展大会通过的《里约宣言》,把公平性原则上升为国家间的主权原则,即各国拥有按其本国的环境与发展政策开发本国自然资源的主权,并负有确保在其管辖范围内或在其控制下的活动不致损害其他国家或在各国管辖范围以外地区环境的责任。

公平是一个内涵丰富的概念,它不仅是一个纯道德伦理学的概念,而且包含环境、资源、经济等各方面的内涵,具有包容性强的特点。具体来讲,在时间维上包括代际公平和代内公平;在空间维上包括个人之间、集团之间、区域之间和国家之间的公平;在内容维上包括收入分配、资源消耗、权利、责任和义务等方面的公平。应当指出的是,代内公平和代际公平是国际关注和争议的焦点,主要讨论当代人与子孙后代不同代人之间资源使用的公平性和财富收入分配的公平性。因此,妥善和协调处理代内公平和代际公平也就成为海洋资源可持续利用管理的重要原则和基本内容。

代际公平与代内公平是海洋资源可持续利用管理在时间维度上的两个组成部分。代际公平与代内公平这两个概念的联系性多于并重于它们之间的独立性。只有在代际公平的关照下,才能真正有效地解决代内公平问题;而代内公平是代际公平的基础,代内公平问题的解决,为代际公平问题的破解,既创造财富和生态环境等物质基础,又创造经济、政治、社会、文化等多种制度条件。

在空间层次上,在区域之间、国家之间都存在着代际公平与代内公平在实践中的优先性选择的问题,在代内公平问题表现尖锐的地方,这种优先性选择就更加明显。在国际层面上,西方发达国家更多关注代际公平问题,而发展中国家更关注代内公平问题。在现实的、不平等的全球环境格局中,发达国家选择代际公平优先,是对他们自身利益的最好保护。他们选择的代际公平是以世界(国家间或种族间)的代内不公平为前提的。在选择主体的实际需要发生尖锐对应时,代际公平应向代内公平让步,即未来向现实让步,从而为实现与未来有关的代际公平创造必要的条件。

第四节 海洋资源可持续利用管理的主要内容

一、海洋资源可持续利用管理的思路

海洋是具有多重功能的自然资源,以生物和水域的形式提供生物圈生产力,为生物提供栖息地,为生物多样性提供庇护所,为整个生态系统提供一个相对稳定的"储藏库"。然而,人类对资源的需求是无限增长和扩大的,一定的时间与空间范围内,海洋资源总量却是有限的,在自然因素和人类活动的双重作用下,它可能退化,甚至可能丧失其功能。

随着海洋资源价值的提高和开发利用技术手段的进步,海洋资源在不同部门间的配置结构发生着急剧变化,有限的海洋资源供给和经济供给与不断增长的海洋资源需求矛盾日益突出。人类的生存和发展受到海洋资源有限性的刚性约束。为了突破这种限制,过去都是过度开发生物、油气、矿产、海域等耗竭性海洋资源,置生态环境质量于不顾,以牺牲生态环境为代价,最终导致人类生存环境的严重恶化,直接威胁着人类生存和社会可持续发展。在上述诸因素中,人口是最重要的因素,人口问题不是一个独立的问题,而是与资源、环境、食品、能源、经济发展、居住环境、生态安全、就业等诸多因素组成一个巨大系统,形成错综复杂、变化多端的景象。

因此,海洋问题的解决不可能就海洋而讨论海洋,一定要跳出海洋来讨论海洋。正因为如此,海洋资源可持续利用管理是极其复杂的一个问题。现有研究认为,应当把管理的重点放在海洋利用及其影响因素相互关系上,应当重点关注人口增长、经济发展、科技水平、社会效益和生态安全与海洋资源利用变化之间的相互关系和变化规律,跟踪区域海洋资源利用结构的变化走向及其驱动力分析。

二、海洋资源可持续利用的影响因素

人类与海域、海岛、海岸带构成了以人为中心的人海关系系统,在整个系统中,人口总量的变动必然引起海洋资源开发与利用的数量增减和相互转化,这种转化和变化受制于区域海洋资源数量有限性的刚性约束。区域海洋利用变化的实质表现为区域海洋资源利用结构上的差异。由于海洋资源的多样性,研究中常常采取某种海洋资源利用变化间接映射区域海洋利用变化,以海洋石油资源为例。

据有关学者研究,选择人口增长(总人口数)、经济发展(GDP 总量、人均 GDP)、科技水平(石油勘探技术、资源开发技术创新水平、资源开发效率、资源利用集约性)、社会效益(外部间接经济效益)和生态安全(海床岩土破坏程度、石油污染负面效应、临近海域清洁度)5 个因素作为影响区域石油开采量增减变化的驱动力因素,收集有关数据并对其进行识别,研究数据的模式并据此选择相应的数学模型,建立多元线性回归模型:

$$Y = \beta_1 X_1 + \beta_2 X_2 + \beta_3 X_3 + \beta_4 X_4 + \beta_5 X_5 + \varepsilon$$

式中,Y—石油开采量(万吨)、X_1—总人口数(万人)、X_2— GDP 总量(亿元)、X_3—石油开发效率(%)、X_4—石油价格(元/吨)、X_5—临近海域清洁度(度),$\beta_1, \beta_2, \beta_3, \beta_4, \beta_5$—回归系数,$\varepsilon$—随机参数。

三、海洋资源可持续利用多目标综合评价

海洋资源可持续利用评价是可持续海洋利用管理的重要手段。海洋资源可持续利用评价源于传统的海洋资源评价,是海洋可持续利用思想引入传统海洋资源评价领域的产物。1972 年联合国粮农组织颁布《土地评价纲要》,1993 年又颁布《可持续土地管理评价纲要》。我国政府于 1994 年发布了《中国 21 世纪议程》,在第 14 章"自然资源保护与可持续利用"第二个方案领域"在自然资源管理决策中推行可持续发展影响评价制度"中,认为"可持续发展是动态过程,需要随着经济和环境因素的变化进行不停地调整。采用可持续发展影响评价将成为一个重要的政策分析手段",为此要求"制定和使用可持续发展的指标体系及其确定方法,开发可持续发展影响评价模型"、"制定涉及主要自然资源政策、规划和开发活动评价的可持续发展影响评价指南和管理程序"等。据此可见,构成海

洋资源可持续利用的基本框架是保持和提高生产力、降低生产风险、保护自然资源的潜力和防止生态环境退化与水域污染、经济上可行和社会可接受，依此可用以评价、检验和监测海洋资源利用可持续性的程度，从而形成独具特色的海洋资源可持续利用评价。与此同时，细化海洋资源可持续利用概念，提高海洋资源可持续利用评价的程序与方法，有力地推动了在全球范围内开展海洋资源可持续利用的评价活动。

（一）海洋资源可持续利用评价路径

一般来讲，海洋资源可持续利用评价有 4 条路径：综合路径、价值路径、面积路径和能值路径。

1. 综合路径

海洋资源可持续利用评价的综合路径，其基本原理是将可持续性视为一个整体系统，由经济可持续性、社会可持续性和环境可持续性构成，可持续性海洋资源利用评价最终评定是由足以反映上述可持续性表征的多项指标，应用线性组合和非线性组合方法，妥善处理指标量纲的标准化和权重的差异性，以及相关指标的重复计算问题，采用多维指标综合路径，以达到海洋资源可持续利用评价的目的。

2. 价值路径

海洋资源可持续利用评价的价值路径，其基本原理是将海洋资源利用的可持续性视为海洋资源利用在时间维上的延续，表现为海洋资源存量或利用价值随时间的延续而不断上升或至少不下降。如果人们的福利随着时间的推移没有发生下降现象，则可认为海洋资源利用具有可持续性。具体可通过海洋资源综合价值增值指数 R 来表示，即 $R>0$，其计算公式为

$$R = \frac{E - E_0}{E_0}$$

式中，R—增值指数，E_0—基期海洋资源综合价值，E—评价期海洋资源综合价值。

海洋资源可持续利用评价的价值路径的实施有待于海洋资源资产化和货币化，有待于海洋资源资产核算纳入国民经济资源核算体系，有待于国民经济核算（SNA）向资源环境与经济核算（SEEA）的演进和改革。

3. 面积路径

海洋资源可持续利用评价的面积路径，其基本原理是将人类可以确定自身消费的绝大多数资源及其产生废弃物的数量，转换成为相应的具有生态生产力的海域面积，并与海洋生态承载力相比较，得出生态赤字或生态盈余的结论，借以评价海洋资源利用可持续性的程度和性质。

4. 能值路径

海洋资源可持续利用评价的能值路径，其基本原理是视海洋资源利用系统为一个开放型的社会—经济—生态复合系统，其结构与功能，输入与输出的能量流、物质流、信息流之间的联系，存在着某种相互依赖的关系。要达到海洋资源利用可持续性的目标，应以海洋资源利用系统内部高度的组织性和良好的有序结构为前提条件，将能量和物质所含的

能值均换算成统一的太阳能值,实现海洋资源利用系统内外部能量流、物质流、信息流的输入和输出处于动态平衡,为从机制上解决海洋资源可持续利用评价提供新的路径。

(二)可持续海洋利用多指标综合评价

海洋资源可持续利用评价指标体系由目标层、准则层和指标层组成,目标层即海洋资源利用可持续性,准则层可将其分解为资源保护性、生态合理性、经济可行性和社会可接受性;指标层由相应的评价指标构成,如图9-2所示。

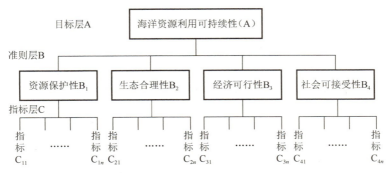

图9-2　海洋资源可持续利用评价指标体系构成

海洋资源可持续利用多指标综合评价的基本程序为:① 建立评价指标体系;② 评价指标无量纲化和合成;③ 确定评价指标阈值和参数;④ 确定评价指标的权重;⑤ 计算评价指标的综合评价值;⑥ 提交评价成果。

四、海洋资源可持续利用的实现

发展中国家要实现海洋资源可持续利用,首先必须界定清晰的产权、减轻政府对市场的干预,培育市场在资源配置中的作用。当市场进一步完善后,政府的主要精力应放在海洋资源利用的外部性、公共产品特性的体现上。

(一)提高海洋资源的市场化配置程度

海洋资源市场化配置,是指通过市场对海洋资源进行配置,即海洋市场中的行为主体依据市场运行规律和海洋资源的价格做出决策和判断,在竞争的市场环境中实现最终海洋资源配置。市场化配置能够克服计划体制下存在的严重价格扭曲的弊端,有效防止资源过度利用,大大降低资源退化的风险,实现资源的合理、高效、公平配置和环境收益。有效率的市场机制能够促进资源的高效利用,减弱环境退化的程度,从而有利于可持续发展。发展中国家尤其是转型发展中国家海洋资源配置中存在的最大问题是市场机制不完善、市场力量薄弱、政府对市场的干预过多,导致市场价格不能真实地反映资源价值和供求,市场赖以发挥配置作用的工具缺位,从而海洋资源的利用效率较低。因此,完善市场机制,培育市场力量,减少政府干预,提高海洋资源的市场化配置程度,使海洋资源的市场价格真实反映其市场价值,引导海洋资源的有效配置,是发展中国家实现海洋资源可持续利用最紧迫的任务之一。

（二）赋予海洋资源使用者明晰、稳定的产权

科斯的产权理论指出，明晰的产权能够将产权所有者的权利和义务内在化，合理的产权制度能够保持完整的激励和约束功能，使经济活动的各个要素得到正确客观的反映，能够将外部性内部化。微观所有者的海洋资源利用行为影响着海洋资源可持续利用的实现。通过赋予海洋资源使用者明晰、稳定的产权，一方面激励使用者正确合理地使用海洋资源以获取长期、稳定的产出；另一方面也约束着使用者必须承担产出减少的风险，从而实现海洋资源的合理利用。此外，完整意义上的产权包括排他性的使用权、独享的收益权和自由的转让权。因此，政府赋予海洋资源使用者明晰、稳定的产权必须是完整的。

（三）纠正扭曲的海洋资源市场价格

发展中国家不完善的市场机制导致海洋资源的市场价格反映的是海洋资源直接使用价值，而海洋资源的间接使用价值、存在价值等多元价值并未得到体现，结果是海洋资源的使用成本低于社会的总成本，市场均衡量大于社会最优量。纠正扭曲的市场价格是实现海洋资源可持续利用的前提条件，通过政府采取相应的管制、产权、经济激励与约束等手段进行干预，使价格不仅反映出市场化成本和效益，而且真实反映资源开发成本和生态环境成本。

（四）编制海洋资源可持续利用的核算体系

海洋资源可持续利用强调代内、代际公平，要求对海洋资源的利用不能只顾及当代的发展而损害后代在食物、生态环境和发展空间上的能力和要求。编制海洋资源可持续利用核算体系，建立健全海洋资源可持续利用监测与评估系统。传统的对经济发展和经济增长的评价方法不符合可持续发展的要求，对海洋资源可持续利用的评价应采用更加全面的方法，不仅要考虑由于不合理的利用方式给生态环境可持续发展能力造成的损害，而且要考虑对海洋资源的保护及未来发展空间，将这些方面纳入到核算体系中，修正现有的国民经济核算体系，使其对国民经济的评价能够反映海洋资源可持续利用的要求。因此，海洋资源可持续利用的核算体系应包括两部分，一是海洋资源生态环境服务功能的计量和评价；二是在国民经济收入中考虑海洋资源生态环境资本的损失。

（五）保护海洋资源中的关键资源

由于海洋资源利用的不可逆性和不确定性，在可持续发展和海洋资源可持续利用过程中必须维持一定数量和质量的关键资源，必须按照最大、最小安全标准保持一个大于"安全阈值"的自然资本存量，以确保满足将来对海洋资源的需求。海洋资源中的关键资源主要是指油气资源、矿产资源、生物资源和淡水资源等，因此实现海洋资源的可持续发展必须首先保护这部分资源。

发展中国家实现海洋资源可持续利用必须共同发挥政府与市场的作用，但是两者的作用领域不同，在不同的领域作用程度有轻有重。市场应在海洋资源可持续利用中发挥主导作用，政府的作用是培育市场力量，纠正市场失灵，内化海洋利用的成本和收益，并制定相应的政策，指导人们的实践。

■ 本章小结 ■

海洋资源可持续利用是海洋资源管理的目标。本章在概述可持续发展的由来、内涵以及海洋资源利用制约因素的基础上,从生产性、稳定性、保护性、经济可行性和社会可接受性五个方面论述了海洋资源可持续利用的含义。阐述了海洋资源可持续利用管理的基本原则、代内和代际公平性。最后介绍了海洋资源可持续利用管理的思路、影响因素以及评价路径、指标体系和评价程序。

■ 关键术语 ■

可持续发展　海洋资源利用　可持续利用　管理　评价

■ 复习思考题 ■

1. 简述可持续发展的内涵。
2. 海洋资源可持续利用的主要内容是什么?
3. 海洋资源可持续利用管理的基本原则是什么?
4. 如何进行海洋资源可持续利用综合评价?

■ 参考文献 ■

［1］ 曹利军. 可持续发展评价理论与方法［M］. 北京:科学出版社,1999.

［2］ 鹿守本. 海洋资源与可持续发展［M］. 北京:中国科学技术出版社. 1999.

［3］ 黄良民. 中国海洋资源与可持续发展［M］. 北京:科学出版社,2007.

［4］ 中国21世纪议程——中国21世纪人口、环境与发展白皮书［M］. 北京:中国环境科学出版社,1994.

［5］ 阿戴尔伯特·瓦勒格. 海洋可持续管理:地理学视角(中译本)［M］. 北京:海洋出版社,2007.

［6］ 国家环境保护总局国际合作司政策研究中心. 联合国环境与可持续发展系列大会重要文件选编［M］. 北京:中国环境科学出版社,2004.

第十章　海洋信息管理

第一节　海洋信息管理概述

一、海洋资源信息

（一）信息与海洋信息

1. 信息

信息是指用数字、文字、符号、图像、图形、语言、声音等介质来表示事件、事物和现象等内容、数量或特征。具有客观性、适用性、传输性和共享性等特征。

信息通常来源于数据，以代码的形式存储在计算机中。一部分代码是由用户定义的，如海洋功能区划、海域权属状况、海域权利主体单位的代码等，这类用户与计算机系统相互沟通的代码通常称为编码；另一类代码是由计算机软件系统赋值的，比如数据种类识别标识码、数字特征码等。此外，用户输入计算机中的字符、数字也都是由计算机软件转化成代码，代码在计算机中最终都是以二进制形式被程序所使用，这类代码称为内码。

2. 海洋信息

海洋信息是指与海洋相关的信息，包括描述一块海域的空间、自然、经济和权属属性及各属性间相关关系的信息。这些信息以数据的形式存储在计算机系统中，形成数据库。数据库各功能模块及计算机硬件资源的数据调用通过数据库管理系统来实现。

（二）海洋信息的特征

1. 真实性

真实的信息才具有价值。真实、准确、客观的信息可以帮助管理者做出正确的决策，而虚假、错误的信息则可能会令管理者做出错误的决定。在海洋信息管理的过程中，保证信息的真实性尤为重要。海洋信息的真实性一方面表现为信息搜集的正确性，如海籍调查结果必须满足一定的精度要求，海域权属调查的结果必须准确；另一方面表现为信息传输、存储和加工处理过程中的不失真。

2. 综合性

海洋是自然和经济的综合体,因此表征海洋特征的海洋信息具有覆盖自然与经济广阔领域的综合性的特点。由于信息的多样性、复杂性,将这些信息有机地组织在一起并形成一个有序的整体是海洋信息管理的一个难点。

3. 基础性

海洋信息既服务于海洋资源、资产管理等专业目标,同时又有很强的基础性,是我国国民经济的基础信息之一。国民经济,尤其是海洋经济的大量信息都是与海洋信息相关或以海洋信息为依托的。

4. 时空性

海洋信息具有时空性是指以海洋时空信息为基础框架,在这个框架上存储各种相关的属性。表达空间的最好手段是图件,所以海洋管理的各项业务工作都离不开图件。

5. 严肃性

海洋信息具有法律效力,因此,对海洋信息的记录必须完整、准确。

（三）海洋信息的内容

海洋管理的内容会随着社会发展的需求和人类对海洋自然、社会、经济特征认识程度的加深而变化。按照我国当前海洋管理的内容,海洋信息的内容主要可分为以下几个部分:

1. 海籍管理信息

海籍管理是海洋管理的基础,因此,海籍管理信息在整个海洋管理信息中处于基础信息的地位。海籍管理信息包括海洋资源调查、海域分等定级、海域登记、海域统计、海籍档案管理等工作中所产生的全部图件、数据、文字和声音等信息。

2. 海域权属管理信息

海域权属管理信息主要包括海域产权制度的系列动态文档、海域使用权的确权、海域使用权出让与转让、海域权属调整等信息。

3. 海域利用管理信息

海域利用管理信息包括海域利用和管理、未利用海域的开发利用管理、围填海控制、海洋功能区划、海域利用的调控与监督管理等信息。

4. 海域市场管理信息

海域市场管理信息主要包括海域使用权市场交易管理制度文档、海域使用权市场供需、海域使用权市场交易情况等信息。

5. 海洋管理的政策法规与技术规范类信息

海洋管理的政策法规与技术规范类信息包括海洋管理的各项法律、法规、规章、政策;海洋管理的技术标准、规程、规范和方法,以及海洋资源信息管理系统等项目。

二、海洋数据

（一）数据与海洋数据

1. 数据

数据是通过数字化或直接记录下来的可以被鉴别的符号。例如,数字、文字、符号、图形、声音、影像等,它是未加工的原始材料,是客观对象的表达,在一定程度上可以反映事物的数量关系。

信息与数据密不可分。信息是数据的内涵,数据是信息的表达,换言之,数据是信息的载体,而信息则是数据的内容和解释。例如,从海洋遥感影像数据中可以提取出海洋水体、海岸景观、海底地形等图形和专题信息;从海岛、海岸带实地调查数据中可以提取海岛位置、面积、岸线长度等属性信息。

2. 海洋数据

海洋数据是指记录海洋信息的数据,根据我国当前海洋管理的要求,海洋数据主要包括海洋基础信息、海域管理信息、海岛海岸带信息、海洋灾害信息、海洋环境信息、经济资源信息、海洋执法信息、海洋权益信息、极地大洋信息等。

(二)海洋数据的类型

1. 空间特征数据

一般来说,海洋空间被定义为绝对空间和相对空间。绝对空间由一系列的空间坐标值描述;相对空间是由不同实体之间的空间关系(拓扑属性)构成。所以空间特征数据包括绝对空间数据和相对空间数据。

(1)绝对空间数据:绝对空间数据须有满足应用要求的地图投影和坐标系统,对于不同海洋要素和不同的数据来源,其地图的投影和坐标也不尽相同,而在同一应用中,必须将不同的投影和坐标转化为相同的,才可以完成系统功能。

(2)相对空间数据:在描述海洋空间时,不仅要记录空间实体的绝对空间位置,还要记录其相对位置,以完成海洋信息管理中复杂的空间分析功能。在二维海洋信息系统中,空间实体主要由图元点、线、面来表达,海洋的相对空间数据是描述点、线、面的相对位置关系。可视化的三维海洋信息系统中表达的空间实体还包括体图元,其相对空间位置关系描述更加复杂。

2. 时间特征数据

时间特征数据指海洋或其表现的特征随时间变化而形成的数据,其变化的周期有超短期的、短期的、中期的、长期的和超长期的,从而形成相应的时间数据。

3. 属性特征数据

属性特征数据主要指专题属性,即非定位数据,如海域的所有权、使用权性质,海洋功能区划类型,海域使用方式等。专题属性通常以数字、符号、文本和图像来表达,表达形式主要是表格和图形或图像。

4. 文档数据

海洋管理中涉及大量的文档数据,不过因为文档数据的管理已相对成熟,因此在海洋信息管理中对文档数据的研究相对较少。

(三)海洋数据的特征

1. 海洋的空间定位数据须有统一的坐标系统

定位数据必须具有标准坐标系中的参考位置。坐标系统的选择根据具体应用要求可以选择局部(地方)、全国或国际通用坐标系统。在小型海洋信息系统中,也可采取独立坐标系统,但不管如何选取坐标定位系统,系统之间应能进行转换。

2. 空间数据与非空间数据相结合

空间数据用来描述海域、海岛、海岸带的空间特征,如坐标、长度、面积等;非空间数据用来表达海洋的属性特征,如规划用途、用海方式等。二者无论是在实地上的反映,还是在图纸上的反映,必须做到协调一致。

3. 海洋数据间存在复杂的关系

对于海洋空间数据不仅记录了点、线、面等空间地物的坐标位置,而且也记录下了它们间的空间位置关系,以便于完成复杂的空间查询和空间分析任务。

4. 海洋数据具有时效性

现实生活中,海洋是时时发生变化的,所以过时的信息不具备现势意义,但可以作为历史保存,用于海洋要素信息统计分析等事务中。好的海洋信息数据库必须将海洋数据的时间维度考虑进去,这在一定程度上会增加海洋数据的处理难度。

5. 海洋数据的严肃性

海洋是重要的资源和资产,其主体的合法权利应当受到国家法律、法规的保护。而海洋数据是这一保护的基本依据,因此,海洋数据必须被准确记录。

(四) 海洋数据库

海洋数据库是众多海洋数据的集合,是海洋信息管理系统的核心,旨在实现对海洋数据的统一高效管理,包括基础数据库、专题数据库、整合数据库、数据集市、产品数据库和元数据库等几部分。

1. 基础数据库

海洋基础数据库主要存储海洋水文、海洋气象、海洋物理、海洋化学、海洋生物、海洋地质、海底地形和海洋地球物理等 8 大类数据。其数据库模式与标准数据集文件格式基本对应,是数据集文件的关系化存储。

2. 专题数据库

海洋专题数据库是在海洋基础数据库的基础上,通过综合分析、融合处理等多种技术手段,面向实际应用需求建立的若干专题数据库。主要包括基础地理遥感、海域管理、海岛管理、环境保护、海洋防灾减灾、海洋经济与规划、海洋执法监察、海洋权益、海洋科技管理等专题。海洋专题信息数据库是综合管理信息系统的主要数据基础。

3. 整合数据库

基础数据库中对按照调查手段组织的数据(如台站数据、BT 数据)按照主题(如温度、盐度、密度数据)重新组织,形成整合数据库、基础数据库数据通过 ETL 工具进行数据抽取、清洗、转换等处理后装载到整合数据库。

4. 数据集市

数据集市是由数据分析人员自定义、自动增量维护、针对特定领域创建的数据物理存储的视图,是按要素整合的海量海洋数据的子集。基于数据集市可以更快更好地完成数据挖掘、OLAP 等数据分析工作。

5. 产品数据库

结合数字海洋应用需求，按照统一的标准规范，整合处理 908 专项调查与评价资料、业务化海洋监测资料、历史调查资料、国际合作资料以及海洋经济、海洋管理活动产生的资料，开发了基础地理、海洋遥感、海底地形、岸线修测、水文气象、海洋防灾减灾、海洋经济统计等 9 大类专题信息产品，并将之纳入海洋数据仓库中，实现了对海洋产品数据的统一管理。

6. 元数据

元数据是整个数据仓库体系中非常重要的一个部分。不论是数据集文件基础数据库、整合数据库、专题数据库还是产品库都需要元数据对这些数据进行描述。

三、海洋信息的数据采集与处理

（一）海洋信息的数据采集

海洋信息的数据采集途径主要包括海上实地测量、航空航天遥感、现场专题考察与调查、统计调查及文字报告资料、已有数据和图件等。

1. 海上实地测量

海上实际测量数据包括台站数据、船舶数据、断面测量数据、ADCP 测量数据和浮标数据（包括 ARGO）等，一般采用各类专业测量仪器直接测量。

2. 航空、航天遥感

遥感资料具有调查范围大、速度快、信息广等特点，为海洋相关研究提供了大量的数据，如覆盖全国海区范围的遥感影像等，并可从中提取相关的海洋水文、气象、海底地形地貌等信息，并可为海洋数据的及时更新提供依据。但遥感调查技术复杂，信息提取相对困难，一般用于直接测量或采样较困难的海洋资源要素信息的提取。

3. 现场专题考察与调查

海洋管理中有大量信息需要从现场第一手调查取得，有通过海上实地勘测或采样后实验室分析测定的海洋信息数据，如海水深度、海水盐度测定等；有通过海籍调查取得的数据，如海域使用权权属状况、宗海位置、宗海形状、宗海面积等；还有专题调查所取得的数据，如海洋生物群落要素信息等。

4. 统计调查及文字报告资料

主要是指从各级政府部门或有关管理部门获取的社会经济、人口和基础设施资料、海域状况、海域使用权登记发证情况、有关专业统计资料（气象、水文、地质等统计资料）及相关的文字报告等。

5. 已有数据和图件

主要指在海洋管理未进入数字化、信息化之前已经形成的大量数据、图件和文字资料，如果在构建海洋信息管理系统时能尽可能地利用这些现有数据，可以大大降低工作成本，提高工作效率。

（二）海洋信息的数据处理

1. 数据转换

海洋信息的原始数据录入，可能会因为数字化数据和使用格式的不一致，数据源比例尺或投影的不统一，或是不同图幅间的不匹配而产生录入困难。数据处理就是要为不同模式、不同存贮介质的数据构建一个整合、检查、入库的统一数据处理机制，为初始建库和日常变更维护提供强大的数据处理工具，如数据编辑、图幅处理、数据压缩、数据类型转换、数据提取等。

2. 数据检查

在数据转换之后，入库之前，还应对数据的质量进行检查，以保证数据库的正确性，内容主要包括图形检查、属性检查、风格检查和拓扑检查等几个方面。

3. 数据建库

所谓数据建库即指将采集和检验的数据转入到数据库的过程。由于数据采集格式的多样化和数据质量的参差不齐，数据建库是一个复杂的工程，尤其对于海洋管理信息系统，其涉及数据内容多、类型庞杂，应根据预先设定的模式入库。

4. 数据存储与管理

利用空间数据库技术，实现属性数据和空间数据的一体化存储和管理利用。即，利用对象关系数据库系统和空间引擎技术，利用 SQL 语言对空间和非空间的数据进行操作，从而利用大型关系数据库系统的海量数据管理、事务处理、并发控制、数据仓库等功能，实现海洋空间数据和非空间属性数据的统一存储和管理。

四、海洋信息管理与信息系统

（一）海洋信息化

海洋信息化是在国家信息化统一规划和组织下，逐步建立起由海洋信息源、信息传输与服务网络、信息技术、信息标准与政策、信息管理机制、信息人才等构成的国家海洋信息化体系。旨在利用日趋成熟的海洋信息采集技术、管理技术、处理分析技术、产品制作和服务技术等，建立以海洋信息应用为驱动的海洋信息流通体系和更新体系，使海洋信息的采集、处理、管理和服务业务走向一条健康、顺畅、正规的发展道路，逐步实现国家海洋信息资源的科学化管理与应用。

海洋信息化的任务主要包括以下四个方面：一是海洋信息的数字化，将历史与现实的、不同信息源的、不同载体的各类海洋信息进行数字化处理，形成以海洋基础地理、海洋环境、海洋资源、海洋经济、海洋管理等为主题的、统一的、标准的、易于理解和使用的海洋基础数据库。二是海洋信息的网络化，建设海洋实时信息采集与传输网络、统计信息网络和海洋行政管理信息网络。三是决策支持信息系统的业务化，开发和整合支撑海洋管理、执法监察和国家安全决策的信息系统和信息产品，并实现业务化运行。四是海洋基础信息服务的社会化，开发海洋基础性、公益性信息资源，研制面向社会、面向市场的海洋信息产品，促进海洋信息产业化进程，实现社会共享。

（二）海洋信息管理

海洋信息管理是指为解决如何有效地组织海洋信息资源,实现海洋信息管理目标而采取的一切计划、组织、控制等行为。海洋信息管理的目标包括:① 开发海洋信息资源;② 支持海洋管理的业务运行、专题研究和战略决策;③ 支持海洋科技;④ 支持海洋开发利用工程和构建海域使用权市场;⑤ 支持国民经济调控和国家管理的有关政策。

具体来说,海洋信息管理的任务主要包括:① 存储现有的大量海洋信息,并适时更新数据、图件和文档资料,保持海洋资料的现势性;② 提供查询检索,以掌握海洋资源、资产状况,满足海洋管理业务、社会公众和政府等各层次对海洋信息的需求;③ 数据处理,支持海洋管理的业务自动化运行;④ 信息支持,开展专题研究、综合分析研究,提供海洋管理和海洋资源持续利用的辅助决策,以达到海洋开发利用社会效益、经济效益和生态效益的统一;⑤ 指标方案,支持海洋开发、利用、保护、整治的论证和监测;⑥ 信息标准化,以达到信息资源共享,最大限度提高海洋信息利用效益的目的。

要真正实现对海洋信息的科学管理,必须依靠建设完善的海洋管理信息系统。

（三）海洋管理信息系统

海洋管理信息系统,又称为海洋信息系统,它是辅助法律、行政和经济决策的工具,也是规划和研究的辅助设备。海洋信息系统即包含某一特定海区的海洋相关信息数据库,也包含收集、更新、处理和传播数据的技术和方法。

海洋管理信息系统是以海洋资源和资产管理为工作对象的计算机信息系统,是集海洋管理业务、计算机技术、海洋地理信息系统、数据库管理系统、遥感、网络等高新技术于一体的技术含量高、投资力度大的系统工程,是海洋管理信息化的核心内容。

第二节　海洋地理信息系统

海洋地理信息系统是地理信息系统在海洋领域的应用后,为与海洋特性相适应而发展起来的相关理论与技术。它是指在计算机硬件条件和软件系统的支持下,以海底、海面、水体、海岸带及大气的自然环境与人类活动为研究对象,对各种来源的空间数据进行处理、存储、集成、显示和管理,进而作为平台为用户提供综合制图、可视化表达、空间分析、模型预测及决策辅助等服务,并结合 Web 技术实现海洋数据和相关海洋地理信息系统功能的实时共享[1],见图 10-1。与地理信息系统相比,海洋地理信息系统的发展尚处于起步阶段,相关技术还不成熟。

---

① 　王芳,朱跃华 . 海洋地理信息系统研究进展[J]. 科技导报,2007,25(23):69-73.

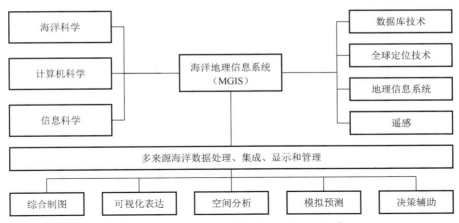

图 10-1　海洋地理信息系统（MGIS）概况①

一、海洋地理信息及其特征

（一）海洋地理信息

海洋地理信息是一种与海洋地理环境固有要素相联系的特征。从本质上来讲属于空间信息的范畴,具有多维结构和明显的时序特征,通过经纬网或公里网建立的地理坐标实现位置的识别等特点。

（二）海洋地理信息的特征

海洋地理信息作为海洋地理环境的各种自然属性和抽象属性的值,通常是由图件及各种文字与报表来表示的。它不仅是对海洋地理自然和抽象属性的直接描述,而且可以提供海洋决策服务整个信息处理过程中所需要的信息产品,是国家海洋行政管理与社会经济建设的基础信息,具有以下特征:

（1）数据种类繁多、结构复杂、直接获取难度大;

（2）空间数据与属性数据、自然属性与社会属性的高度协调统一;

（3）海洋边界信息模糊、海底信息复杂和海水的动态性;

（4）信息具有时空多维性;

（5）数据关联复杂;

（6）数据具有法律效力,具有严肃性。

二、海洋地理信息系统的构成与工程流

（一）海洋地理信息系统构成

海洋地理信息系统主要包括海洋数据预处理、数据表达、数据分析、模型集成、可视化和海洋信息服务六个方面,六者间既相互联系又有所重叠。

---

① 张欢,等.海洋地理信息系统的应用现状及其发展趋势[J].海洋地质前沿,2013,29(7):11-17.

1. 海洋数据预处理

海洋地理信息系统中所收集的海洋信息数据既包括地理数据(坐标、位置等),也包括物理数据(波、流、温、盐及其他化学测量等)和生物数据(位置、数量、营养等)。对这些数据的观测目前尚未有一种时空一体大范围同步观测的方法,往往是分开进行采集的,因此,在时空维度上是离散的、稀疏的,此外,还有一些数据源,如海流和海浪玫瑰图等很难进行数字化存储。为便于在海洋地理信息系统中对其进行统一管理,应首先对各类海洋要素数据进行预处理。

2. 海洋数据表达

所谓海洋数据表达即指在海洋地理信息系统中对真实海洋地理信息的表达和存储。比如,海洋是一个时空互动的多维空间,需要研究比传统数据结构更适合海洋的数据结构,用于计算分析这种三维动态环境;中尺度涡旋等海洋现象,其边界是模糊的,需要研究对这些现象进行描述、识别和操作的方法和技术。在进行海洋数据表达时,要注意各海洋要素信息的刚性与柔性、模糊性与不确定性、时空动态尺度特性、三维或时空四维特性等特征。

3. 海洋数据分析

海洋数据分析的目的在于揭示海洋要素与现象的时空分异,以及海洋过程的相互影响与制约。对各海洋要素相关关系的探究一般采用相关分析、回归分析,或者空间相关与自相关方法进行。一般来说,相关分析用于研究两个或数个变量共同变化的程度,回归分析则通过建立变量间的函数关系,达到要用一个或一些变量的取值来估计或预测另一变量的目的。空间相关与自相关的原理和方法与相关分析类似。

海洋现象包含大量柔性信息,常表现出模糊性、复杂性和不精确性,变量间的关系有时不是一个确定的函数或几个量就可以描述的,若忽略时空数据的时空特性,用传统数理统计的相关分析和回归分析进行处理,存在是否满足相关分析和回归分析的前提条件的问题。同时,忽略时空特性或现象间的时空关系,可能造成分析结果的不可靠等问题。比如,渔场形成不但与当前位置的水温有关,还与周围的温度等有关。而环境因子的影响有时又是属于布尔型的[①]。

4. 海洋模型集成

一是改造旧的或设计新的底层 GIS 分析模型,同时积极吸收和融合各学科的最新理论和技术,针对海洋时空特征不断界定技术标准,发展技术方法;二是改造旧的或设计新的海洋数学模型,使其更易于集成在 GIS 平台上运行。

5. 海洋信息可视化

海洋信息的可视化,不仅仅是对海洋数据的视觉表现,也是一种重要的分析手段,可以通过它完成可视化分析,获取蕴含在海洋环境中的物理、生物和化学特性、规律以及不同尺度的关系。比如,利用传统的 GIS 技术可以对同一空间范围不同要素进行比较;也可将不同空间范围的同一要素进行对比;或者进行不同空间范围不同要素的比较。要实现

---

① 苏奋振,周成虎,邵全琴,等. 东海区鱼类资源变化 GIS 时空分析[J]. 高技术通讯,2001,11(5):60-63.

这一目标,可采用多文档技术处理。

6. 海洋信息服务

对海洋地理信息服务的探讨主要集中在海洋地理信息服务的基础科学问题和知识表达问题 2 个方面。海洋信息服务问题的研究要首先统一海洋数据的标准,即海洋地理信息数据的时空标准和属性标准。海洋地理信息数据是存储在系统和网络中的,只有其标准统一,才能快速搜寻和获取。

（二）海洋地理信息系统工程流

海洋地理信息系统的工程流见图 10-2。

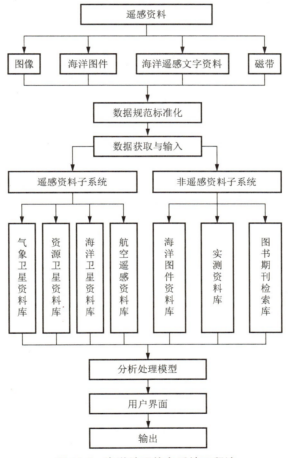

图 10-2　海洋地理信息系统工程流

三、海洋地理信息系统的应用

随着海洋地理信息系统研究的深入和相关技术手段的发展,海洋地理信息系统已被广泛应用于海洋渔业,海洋资源开发与管理,海洋环境评价、监测与保护,区域海洋综合管理等领域,形成了一些较为成熟的海洋地理信息系统和软件(表 10-1),并得到了较好的应用。

表 10-1　典型系统和软件

应用领域	开发方	系统和软件名称
海洋渔业	日本 Saitama 环境模拟实验室	Marine Explorer
	美国俄亥俄州立大学、杜克大学、美国国家海洋大气局（NOAA）等	Arc Marine ArcGIS Marine Data Model
	Mappamondo GIS 公司	Fishery Analyst for ArcGIS 9.1
海洋资源开发与管理	美国矿产资源管理服务部门、ESRI 公司	深水 GIS（Deepwater GIS）系统
	中科院遥感应用研究所	海洋数据库
	河海大学	江苏海岛资源环境信息系统
海洋环境评价、监测与保护	北卡罗来纳州立大学、南卡罗莱纳州立大学	美国卡罗莱纳州区域海洋观测预报系统
	国家海洋局北海监测中心	河北省海洋环境保护地理信息系统
区域海洋综合管理	欧洲北海四国	海岸带管理规划系统框架
	美国国家海洋大气局（NOAA）海岸研究中心	海洋规划与管理地理信息系统、地理规则信息系统
	国家海洋局	国家海洋信息系统（NMIS）
	国家海洋局南海信息中心	南海分局基础地理信息系统
其他领域	全球生物多样性信息中心、Sloan 基金会、美国全国海洋合作伙伴计划（NOPP）	海洋生物地理信息系统
	蒙特里湾生物研究协会（MBARI）	蒙特里湾海洋地理信息系统

第三节　海籍管理信息系统

一、海籍管理数据库

海籍管理数据库是指利用计算机技术,对海籍信息进行采集、输入、加工处理、存储管理、统计分析、信息交换和输出的信息管理系统。系统以计算机为核心,以交互式图形处理、图像处理和数据库管理技术为主要手段,以海籍调查、海域分等定级、海域使用权登记、海域统计等工作中提供的信息为信息源,以海籍的数据、图件、文据等的快速定量、定位和定时为主要特征。用户可通过计算机迅速检索所需的海籍信息,并按要求输出各种形式的海籍资料（如数据、图件、文字、报表等）。系统除能提供用户查询功能外,还应具备一般分析和评价功能。

（一）海籍管理数据库的特点和任务

结合我国海籍管理工作的实际情况和要求,海籍管理数据库应具有多层次结构,通常分为四级,即县（市）级、地（市）级、省级和国家级。各级之间相互兼容,上级系统具备下级系统的全部操作权限,下级系统具备上级系统的访问权限。

县（市）级海籍数据库是系统的基层数据库,直接完成海籍管理的具体工作,这决定了其信息构成的具体性和微观性,要求系统内图、数、文的对应关系明显、准确。其主要任务一是完成县(市)级海籍信息管理的各项工作,包括信息采集输入、存储管理、统计分析和信息查询等;二是为上级系统提供辖区内各宗海的基本海籍信息。

地(市)级海籍数据库是在县(市)级数据库的基础上建立的,其主要任务在于把县(市)级系统中以宗海为单元的海籍信息进行汇总,缩编成以乡、县区域为单位的宏观信息,同时传输给上级数据库。

省级海籍数据库基于县(市)级数据库建立,同时包括地(市)级数据库中的汇总缩编宏观信息,其主要任务在于在地(市)级汇总的基础上,进一步汇总整理省级海籍宏观信息。

国家级海籍数据库是整个系统中的最高层次,该层次的基本单位仍为县(市)。

（二）海籍管理数据库的信息内容

海籍管理数据库主要从事海籍有关的各种信息进行加工、管理,虽然在各层次上的侧重点不同,但基本内容相似,其主要信息内容包括:

1. 海籍数据信息

海籍数据信息主要包括 3 个部分,即海籍基本数据信息、海籍权属数据信息和其他海籍数据信息。其中,海籍基本数据信息主要是指宗海本身的属性和特征信息,如宗海的位置、面积、利用类型、用海方式、海域等级、海域使用金征收标准等;海籍权属数据信息主要是指海域使用权和他项权利,以及海域使用者方面的信息;其他海籍数据信息主要是指与宗海相关的其他信息,如宗海附着物、海域使用辅助设施等。

2. 海籍图形信息

海籍图形主要是指与海籍管理有关的图形、图件资料,包括宗海图、海籍图、地形图、海图、海域等级图及其他专题图。

3. 海籍文档信息

海籍文档信息是指与海籍管理有关的主要记录文据和档案,主要包括原始技术资料和法律证明材料 2 个部分。其中,原始技术资料是指海籍调查、海域分等定级、海域登记、海域统计等工作中的原始技术成果;法律证明文件是指与海籍管理有关的法规、文件、档案和技术规范。

（三）海籍管理数据库的建立

海籍管理数据库的建立是一项复杂的系统工程,技术性强,建设周期长。在对其进行正式建立前,通常要首先进行研究试点。

1. 研究试点阶段

主要工作在于组织有关专家研究、制订技术方案、工作方案等,并制订规程、标准、编码;组织技术人员开发各种软件,并进行试点研究,加以完善。

2. 实施完善阶段

主要工作在于根据实际需要,分期分批建立各级数据库,并不断地完善、改进,以适应海籍管理的要求。

海籍管理数据库的具体加工流程见图10-3。

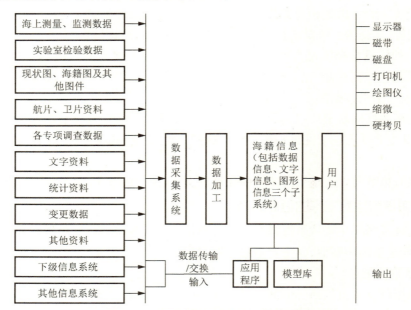

图 10-3　海籍管理数据库加工流程框图

二、海籍管理信息系统的功能

（一）海籍信息输入功能

海籍信息的输入包括数据信息的输入和图形信息的输入，其中，数据信息主要来自于海籍调查、海域分等定级、登记、统计等工作，大部分是数据或表格数据；图形信息主要来自于工作底图（一般为海图或地形图）、宗海图、海域分等定级图、海域评价图等，以图形形式表示。

（二）海籍信息系统管理功能

海籍信息系统管理功能是数据库的核心，包括图形信息管理功能、数据信息管理功能和图数连接功能等。

1. 图形信息管理功能

图形信息管理主要负责对海籍图件的管理功能，如，图件的处理、存储、组织、编辑等。具体包括图库管理功能、符号库管理功能、图形的输入输出功能、图表的产生功能和各种计算平差功能等。

2. 数据信息管理功能

数据信息管理功能是指对海籍管理数据信息进行统一的管理调度，并对数据库文件查询、检索、输出和传送的功能。通过数据库系统对海籍数据进行管理，建立数据结构的关系模型，可以有效减少数据存储的冗余度，提高检索的灵活性和速度。

3. 图数连接功能

鉴于海籍图和属性数据的直接对应关系,必须对图形信息和属性信息进行共同管理,从而实现图形数据和属性数据信息的图数互查。

(三)日常海籍管理功能

日常海籍管理功能是指为海籍管理部门日常管理工作服务的功能,主要包括海籍信息查询功能、海籍信息变更功能、统计汇总和分析预测功能、海籍信息共享功能等。

1. 海籍信息查询功能

快速、准确地检索各种信息,如对图、数、文信息的查询和相互查询,以及对各种派生数据的检索等。

2. 海籍信息变更功能

海籍信息大部分是动态信息,因此必须不断更新变化了的海籍信息,同时将过时的信息存档,以保证系统的现势性和信息的准确性。

3. 统计汇总分析预测功能

对海籍信息进行统计汇总和缩编,并打印各种统计报表,同时进行各种统计分析,建立预测模型,并对未来发展做出预测。

4. 海籍信息共享功能

海籍信息是海洋管理的基础,也是经济建设的基础,因此,海籍管理数据库除了能与上下各级之间纵向兼容外,还能与其他管理数据库、经济信息系统横向兼容,从而实现信息共享。

(四)海籍信息输出功能

实现海洋信息多种形式的输出,包括报表、图形、介质输出及传输。

1. 报表输出功能

输出各种卡、表,如海籍登记表、各种索引表等。

2. 图形输出功能

输出海籍图、海域分等定级图、海域使用现状图等各种图件。

3. 介质输出功能

把海籍信息输到介质中,供存档和输出。

4. 传输输出功能

与各级海籍管理数据库和其他相关管理数据库相互联网,从而实现远距离数据通信。

第四节 海域动态监视监测管理系统

一、海域动态监视监测概述

海域动态监视监测是指运用遥感技术和海洋资源调查等手段和计算机、监测仪等科学设备,以海洋资源详查的数据和图件作为本海域数据,对海域使用的时空动态变化进行全面系统的反映和分析的科学方法。

海域动态监视监测是《海域使用管理法》确立的一项重要制度,是提升海域管理信息化、规范化和科学化水平的重要手段。2012年国务院批准的《全国海洋功能区划(2011—2020)》要求,"建立全覆盖、立体化、高精度的海洋综合管控体系,不断完善海域管理的体制机制,加大海洋执法监察力度,整顿和规范海洋开发利用秩序。全面推进国家、省、市、县四级海域动态监视监测体系建设。利用卫星遥感、航空遥感、远程监控、现场测量等手段,对我国管辖海域实施全覆盖、立体化、高精度监视监测,实时掌握海岸线、海湾、海岛及近海、远海的资源环境变化和开发利用情况。建立海洋功能区划和围填海计划实施监测制度,完善建设项目用海实时监控系统,重点对围填海项目进行监视监测和分析评价。"

国家海域动态监视监测管理系统是以海域管理业务数据为基础,以近岸海域开发利用活动为重点,以卫星遥感、航空遥感和地面监视监测为数据采集的主要手段,对我国管辖海域进行全覆盖、高精度、立体化、常态化的监视监测;以先进、实用、可靠的数据传输与处理技术,实现监视监测数据的完整、安全和及时传递;以政府管理和社会需求为导向,构建由海域使用行政管理、海域动态监视监测业务管理、海域动态评价与决策支持组成的,可长期、稳定、高效运行的综合业务系统。

二、海域动态监视监测系统

我国的海域动态监视监测管理系统由国家海洋局统一负责建设与运行,系统共分为国家、省、市、县四级,主要包括国家、省、市三级海域动态监视监测中心、三级监控与指挥平台和市、县地面监视监测队伍(图10-4)。各省、市海域动态监视监测中心挂靠在本级海洋行政主管部门直属的事业单位,各级海域使用监控与指挥平台则设立在本级海洋行政主管部门。

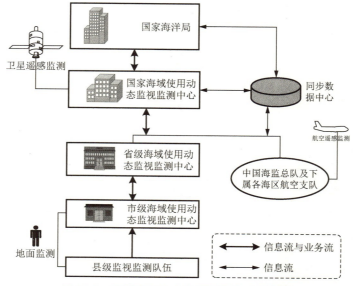

图10-4 我国海域动态监视监测体系结构图

国家海域动态监视监测中心对全国海域动态监视监测工作实施业务组织与技术指导，负责编制《全国海域动态监视监测年度工作方案》，审核沿海省（区、直辖市）海域动态监视监测年度工作方案，负责对海域动态监视监测工作实施全程质量控制与保证，对从事监视监测业务的工作人员进行专业培训，并建立考核标准和上岗资质制度，依据相关标准在项目建设期间对省、市海域动态监视监测中心的建设情况进行检查验收；负责汇总处理上报的监视监测数据，分发经处理的遥感监视监测图像数据，开展海域动态评价与决策支持和海域管理信息服务；负责国家监控与指挥平台的建立与维护。

省级海域动态监视监测中心负责本省海域动态监视监测的业务组织与技术指导；负责编制本省海域动态监视监测年度工作方案，审核市级海域使用监视监测年度工作方案；负责开展本省海域动态监视监测的质量控制与保证工作；负责接收、汇总与处理本省的监视监测数据，异点异区信息的上传下达；开展本省海域动态评价与决策支持和海域管理信息服务；负责省级监控与指挥平台的建立与维护。省级海域动态监视监测中心接受国家海域动态监视监测中心的业务领导与技术指导。

市级海域动态监视监测中心负责本市年度监视监测工作方案的编制、开展所辖海域地面监视监测、异点异区监测核查与信息反馈、监视监测产品制作与信息服务；负责市级监控与指挥平台的建立与维护。市级海域动态监视监测中心接受上级海域动态监视监测中心的业务领导与技术指导。

沿海县级海域动态监视监测工作应在市级海域动态监视监测中心业务领导下，按照市年度监视监测工作方案的要求，做好所辖海域地面监视监测和数据上报。

三、监视监测系统数据流程结构

在我国海域动态监视监测体系中，根据系统中监测数据的流动方向，可以将系统的业务流程结构划分为四个层次，分别为数据获取与处理层、数据传输层、数据管理层和数据应用层，如图10-5所示。

四、海域动态监视监测业务

海域动态监视监测体系的主要工作包括：覆盖我国全部内水和领海海域的卫星遥感监视监测；覆盖我国重点海域的航空遥感监视监测；覆盖我国近岸及其他开发活动海域的地面监视监测；海域动态监视监测系统的运行、数据更新及维护；海域管理信息服务 5 个方面。

1. 覆盖我国全部内水和领海海域的卫星遥感监视监测

我国海域动态监视监测体系中对内水和领海海域全范围的卫星遥感监视监测按其监测精度的不同分为 2 类，一类为基于 2.5 米空间分辨率卫星影像的高分辨率监视监测，每三年进行一次；另一类为基于 20 米空间分辨率卫星影像的低分辨率监视监测，每年进行二次。卫星遥感监视监测的目的在于对我国的海域使用状况和海域自然属性的变化进行即时的监测，监视监测成果主要包括：① 高分辨率卫星遥感影像图（1：5 万）；② 低分辨

率卫星遥感影像图(1∶10万);③ 海域使用现状图(1∶5万);④ 海洋功能区使用分布图
(1∶5万);⑤ 海域自然属性图(1∶5万);⑥ 卫星遥感监视监测工作报告;⑦ 卫星遥感
监视监测技术报告。

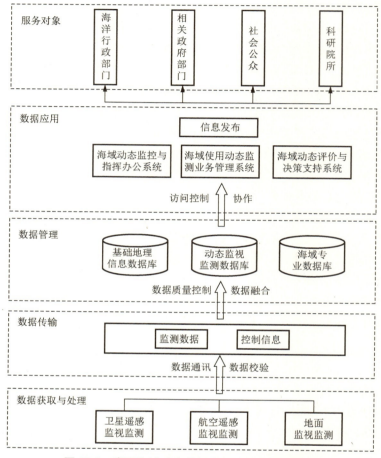

图10-5 我国海域动态监视监测系统数据流程图

2. 覆盖我国重点海域的航空遥感监视监测

我国海域动态监视监测体系中对重点海域的航空遥感监视监测每年进行一次,空间
分辨率一般优于0.5米。监测范围包括大连近岸海域、营口近岸海域、葫芦岛近岸海域、
天津近岸海域、唐山近岸海域、黄河三角洲(东营及黄河海港近岸海域)、烟台威海近岸海
域、青岛近岸海域、长江三角洲经济区(连云港近岸海域、杭州湾北岸近岸海域、宁波近岸
海域和瓯江口近岸海域)、闽江口近岸海域、大亚湾近岸海域、珠江三角洲珠海及深圳近岸
海域、湛江近岸海域、防城港近岸海域、海南岛西北部近岸海域等15个重点海域。监视监
测成果主要包括:① 航空遥感影像图(1∶1万);② 海域使用现状图(1∶1万);③ 海洋
功能区使用分布图(1∶1万);④ 海域自然属性图(1∶1万);⑤ 航空遥感监视监测工作
报告;⑥ 航空遥感监视监测技术报告。

3. 覆盖我国近岸及其他开发活动海域的地面监视监测

我国海域动态监视监测体系中的地面监视监测主要针对近岸和其他开发活动海域，主要包括权属监视监测（各类型宗海面积、宗海用途、权属变更、海域等级、宗海价格、经济产值等动态信息）、在建工程用海项目监视监测（用海面积、位置、用途和施工过程等）、核查监测（卫星遥感、航空遥感监视监测及举报发现的异点异区核查）、突发事件监测（违规用海活动等）、海洋灾害监测（海岸侵蚀、海水入侵等）。其中，权属监视监测和在建工程用海项目监视监测每月开展一次；核查监测、突发事件监测和海洋灾害监测实时进行。监视监测成果主要为各类监视监测数据报表、图形文件和报告。

4. 海域动态监视监测系统的运行、数据更新及维护

根据海域动态监视监测的结果，定期更新各数据库，并对应用系统进行定期升级和维护，以确保系统内相关海域使用信息的时效性。

5. 海域管理信息服务

通过合理运行和维护海域动态监视监测体系，实时掌握我国的海域使用动态信息，并开展海域使用现状评价、海洋功能区划评价、海洋经济预测、海域自然属性动态评价、海洋灾害预警预报等一系列相关活动，为国家海域管理提供宏观决策支持。同时，每年定期发布海域动态监视监测公报（海域动态监视监测年度计划任务完成情况；海域使用现状、海域权属、海洋功能区、在建用海项目、海域经济指标的监视监测成果；海域动态评价与决策支持）。

■ 本章小结 ■

海洋信息管理是实现海洋信息管理目标而采取的一切计划、组织、控制等行为。本章首先介绍了海洋信息、海洋数据、海洋信息管理的相关基础知识和理论，在此基础上引出海洋地理信息系统的基本概念、基本构成、工程流和应用情况等。其次，重点介绍了海籍管理信息系统，包括海籍管理数据库的特点、任务、信息内容、建立流程以及海籍管理信息系统的功能。最后在对海域动态监视监测进行概述的基础上，介绍了海域动态监视监测体系结构、监视监测系统数据流程结构和监视监测业务等内容。

■ 关键术语 ■

海洋信息　海洋数据　海洋地理信息系统　海籍管理信息系统　海域动态监视监测

■ 复习思考题 ■

1. 简述信息、海洋信息、海洋数据的概念，并举例说明。
2. 简述海洋地理信息系统的基本构成，可举例说明。
3. 简述海籍管理信息系统的基本功能。
4. 说明什么是海域动态监视监测？海域动态监视监测的内容主要有哪些？

■ 参考文献 ■

［1］　周成虎,苏奋振,等.海洋地理信息系统原理与实践［M］.北京:科学出版社,2013.

［2］　赵玉新,李刚.地理信息系统及海洋应用［M］.北京:科学出版社,2012.

［3］　石绥祥,雷波.中国数字海洋——理论与实践［M］.北京:海洋出版社,2011.

［4］　杜云艳,周成虎,杨晓梅.海洋地理信息系统——原理.技术与应用［M］.北京:海洋出版社,2006.

［5］　海域管理培训教材编委会.海域管理概论［M］.北京:海洋出版社,2014.

附录1 海籍调查表及填写说明

海 籍 调 查 表

_____省(市、区)_____市_____县(市)

项目名称:_____

申 请 人:_____

调查单位:_____

填表日期:_____

国家海洋局制

表1 海籍调查基本信息表

申请人	单位/个人			联系电话			
	地址			邮编			
	法定代表人		身份证号				
	联系/代理人		身份证号				
项目用海	项目名称						
	用海类型	一级类					
		二级类					
	用海设施/构筑物						
海籍测量	宗海面积		公顷	宗海位置（文字说明）			
	用海方式		公顷				
			公顷				
			公顷				
			公顷				
	使用岸线		米				
权属核查	相邻用海	东	西	南		北	
	使用人（签字）						

记事	权属核查记事： 核查人（签名）　　日期
	海籍测量记事： 测绘人（签名）　　日期
	海籍调查结果审核意见： 审核人（签名）　　日期
备注	

调查单位（章）：

表2　宗海及内部单元记录表

宗海界址线：			宗海总面积：	
				公顷

用海方式	内部单元 （按用途）	内部单元界址线	用海面积（公顷）	
			内部单元面积	合计

（表格行数可调整,可附页）

测绘人：＿＿＿＿＿＿　　审核人：＿＿＿＿＿＿

表3　界址点坐标记录表

项目名称				坐标系		
投影方式		高斯-克吕格投影		中央经线		
界址点		大地坐标(° ′ ″)		平面坐标(m)		获取方式(√)
序号	编号	纬度	经度	x(纵向)	y(横向)	实测	推算
1							
2							
3							
4							
5							
6							
7							
8							
9							
10							
11							
12							
13							
14							
15							
16							
17							
18							
19							
20							
21							
22							
23							
24							
25							
26							
27							
28							
29							
30							

（可附页）

测绘人：_____　　审核人：_____　　测量日期：_____

表4　海籍现场测量记录表

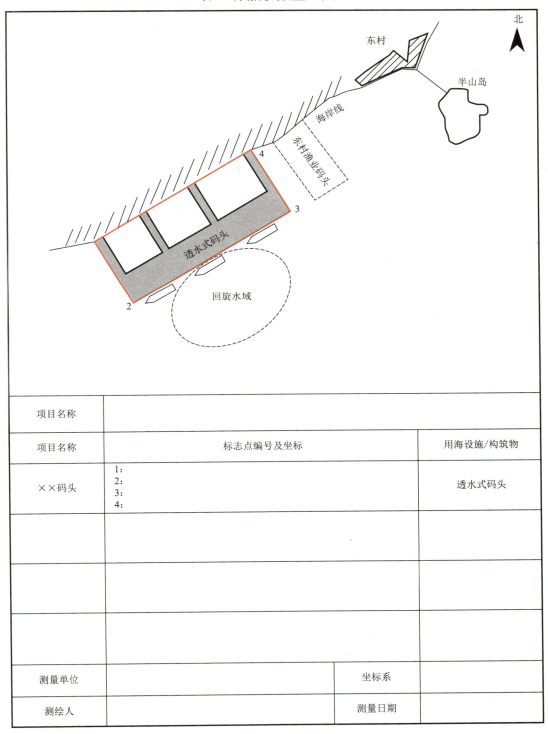

项目名称		
项目名称	标志点编号及坐标	用海设施/构筑物
××码头	1: 2: 3: 4:	透水式码头
测量单位		坐标系
测绘人		测量日期

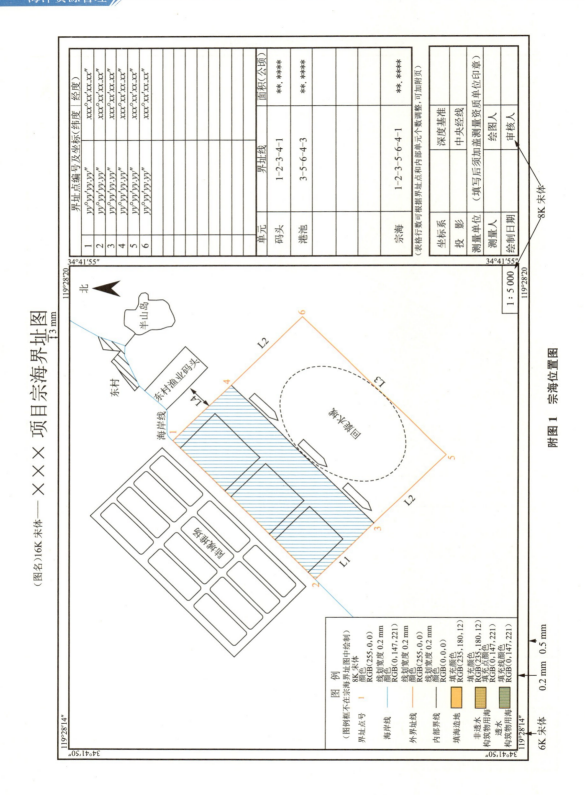

附图 1　宗海位置图

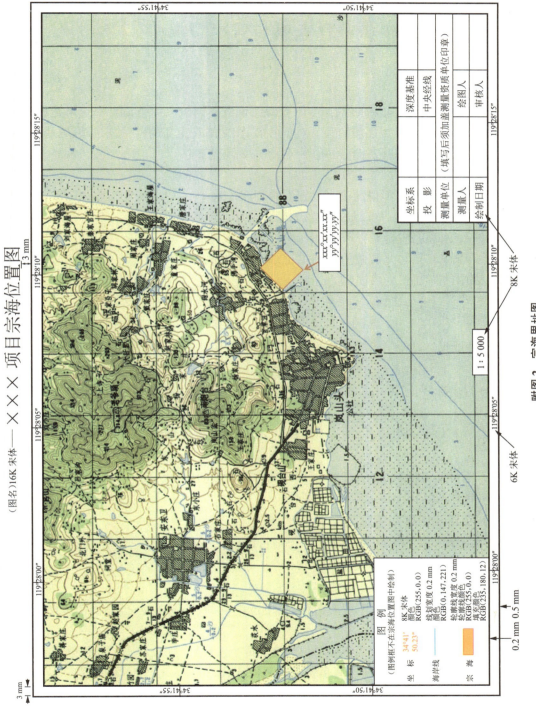

（图名）16K 宋体——×××项目宗海位置图

附图 2　宗海界址图

海籍调查表填写要求与说明

一、填写要求

1. 本表为海籍调查成果的综合记录,是海籍调查不同阶段调查信息和成果记载的汇总,应随着海籍调查的进展逐步填写。对于各表、图之间有重复的栏目,应分别填写。

2. 各栏目内容应填写齐全,准确无误,字迹要清楚整洁。所记内容应与宗海实际情况一致。

3. 各项记录内容均不得涂改。附图不得划改。表1~4中同一项内容划改不得超过两次,每页不得超过两处,划改处应加盖划改人员印章或签字。

4. 每一宗海填写一份调查表,如项目栏内容过多可加附页。

5. 海籍测量结果与海域使用申请书记录不一致时,按实际情况记录,并在海籍调查基本信息表中的"备注"栏内注明。

二、填写说明

(一)封面

1. "_____省(市、区)_____市_____县(市)",填写调查海域所在地。

2. "项目名称",记录用海项目名称,由申请者、项目或海洋开发利用活动的名称组成。

3. "申请人",记录申请者名称,属单位申请的,记录单位全称;属个人申请的,记录姓名。

4. "调查单位",记录负责承担本宗海海籍调查任务的单位全称。

5. "填表日期",记录本表最终完成时间。

(二)海籍调查基本信息表

海籍调查基本信息表分为"申请人"、"项目用海"、"海籍测量"、"权属核查"、"记事"与"备注"六部分。

1. "申请人"

(1)"单位/个人",记录申请者名称,属单位申请的,记录单位全称;属个人申请的,记录姓名。

(2)"地址"、"邮编",记录申请单位的地址或个人住址、邮政编码。如果申请者是非法人单位,或单位地址不明确,填写负责人通讯地址。

(3)"法定代表人"、"身份证号",记录申请单位法定代表人的姓名、身份证号码。如果申请者是非法人单位,填写负责人的姓名、身份证号码并注明。

(4)"联系/代理人"、"身份证号"、"联系电话",记录负责处理本宗海海域使用权相关问题的授权代表人的姓名、身份证号码和联系电话。

2."项目用海"

（1）"项目名称"，记录用海项目名称，与封面中的项目名称一致。

（2）"用海类型"，记录本宗海的一级和二级使用类型，按《海域使用分类体系》中规定的用海类型填写。

（3）"用海设施/构筑物"，填写用海设施或构筑物的名称。如养殖筏，养殖网箱，人工渔礁，跨海桥梁，海底隧道，栈桥，堤坝，人工岛，钻井平台，采油平台，海底电缆、管道，取、排水设施，码头及引桥等。

3."海籍测量"

（1）"宗海面积"，记录宗海总面积，保留 4 位小数。

（2）"用海方式"，记录本宗海存在的用海方式及其对应内部单元的面积。用海方式按《海域使用分类体系》中规定的二级用海方式填写；面积保留 4 位小数。

（3）"宗海位置"，以文字方式记录宗海的地理方位、与明显标志物的相对位置等。

（4）"使用岸线"，记录本宗海占用的岸线长度，保留 2 位小数。

4."权属核查"

"相邻用海"的"使用人"，由本宗海毗邻用海的业主对双方共有界址点、界址线位置进行确认，并签字。无毗邻用海的，填"无"；有毗邻用海但业主未签字的，填"未签"。

5."记事"

（1）"权属核查记事"，记录权属核查中发现的问题和需要说明的情况，例如尚未确权的毗邻用海及与本宗海的具体关系等，并由完成权属核查的人员签署姓名和日期。

（2）"海籍测量记事"，简要记录测量采用的技术方法和使用的仪器；测量中遇到的问题和解决办法。若存在遗留问题，应记录问题及可行的解决方案，并由完成海籍测量的人员签署姓名和日期。

（3）"海籍调查结果审核意见"，记录对海籍调查结果是否合格、有效的评定意见，并由负责本宗海调查成果审核的人员签署姓名和日期。

6."备注"

记录其他需要说明的问题。

7."调查单位（章）"

填写负责承担海籍调查任务的单位全称，并加盖测量资质单位印章。

（三）宗海及内部单元记录表

1."宗海界址线"，记录以"＊-＊-……-＊-＊"方式表示的界址线，"＊"代表界址点编号。首尾界址点编号应相同，以表示界址线闭合。

2."宗海总面积"，记录宗海总面积，保留 4 位小数。

3."用海方式"，记录本宗海出现的用海方式名称，按《海域使用分类体系》中规定的二级用海方式填写。

4."内部单元"，记录对应用海方式的宗海内部单元名称，按用途取名，如码头、港池等。

5. "内部单元界址线",记录各宗海内部单元的界址线,要求同"宗海界址线"。

6. "内部单元面积",记录宗海内部单元的面积,保留4位小数。

7. "合计",记录每种用海方式的面积合计数,保留4位小数。

8. "测绘人"、"审核人",签署测绘、审核人员的姓名。

9. 本表中对应各用海方式的宗海内部单元记录行数应根据实际情况进行调整,填写空间不足时可加附页。

(四)界址点坐标记录表

1. "项目名称",记录用海项目名称,与封面中的项目名称一致。

2. "坐标系",记录本表所记载的界址点坐标的参照系名称。

3. "投影方式",记录本表所用平面坐标系的投影方式名称(一般应为高斯-克吕格投影)。

4. "中央经线",记录采用高斯-克吕格投影方式时的中央经线。若"投影方式"中填写墨卡托等其他投影方式时,此栏可改成"标准纬线"等。

5. "界址点"、"大地坐标"、"平面坐标",按界址点序号顺序记录每一个界址点的编号、大地坐标值和平面坐标值。大地坐标以＊＊＊°＊＊′＊＊.＊＊″形式记录;平面坐标以m为单位,以十进制数字形式记录,保留2位小数。界址点个数较多,本表填写空间不足时,可加附页。

6. "获取方式",注明界址点坐标获取方式。实际测量获取的,在"实测"栏打"√";由标志点坐标推算获取的,在"推算"栏打"√"。

7. "测绘人"、"审核人"、"测量日期",签署测绘、审核人员的姓名和测量日期。

(五)海籍现场测量记录表、宗海位置图和界址图

按《海籍调查规范》要求绘制。

附录2 海域等别

等别	范围	
	省(市)	地(市)、区
一等	上海	宝山区 浦东新区
	山东	青岛市(市北区 市南区)
	福建	厦门市(湖里区、思明区)
	广东	广州市(番禺区 黄埔区 萝岗区 南沙区)、深圳市(宝安区 福田区 龙岗区 南山区 盐田区)
二等	上海	奉贤区 金山区 南汇区
	天津	塘沽区
	辽宁	大连市(沙河口区 西岗区 中山区)
	山东	青岛市(城阳区 黄岛区 崂山区 李沧区)
	浙江	宁波市(海曙区 江北区 江东区)、温州市(龙湾区 鹿城区)
	福建	泉州市(丰泽区)、厦门市(海沧区 集美区)
	广东	东莞市、汕头市(潮阳区 澄海区 濠江区 金平区 龙湖区)、中山市、珠海市(斗门区 金湾区 香洲区)
三等	上海	崇明县
	天津	大港区
	辽宁	大连市(甘井子区)、营口市(鲅鱼圈区)
	河北	秦皇岛市(北戴河区 海港区)
	山东	即墨市、胶州市、龙口市、蓬莱市、日照市(东港区 岚山区)、荣成市、威海市(环翠区)、烟台市(福山区 莱山区 芝罘区)
	浙江	宁波市(北仑区 鄞州区 镇海区)、台州市(椒江区 路桥区)、舟山市(定海区)
	福建	福清市、福州市(马尾区)、晋江市、泉州市(洛江区 泉港区)、石狮市、厦门市(同安区 翔安区)
	广东	惠东县、惠州市(惠阳区)、江门市(新会区)、茂名市(茂港区)、汕头市(潮南区)、湛江市(赤坎区 麻章区 坡头区 霞山区)
	海南	海口市(龙华区 美兰区 秀英区)、三亚市

等别	范围	
	省(市)	地(市)、区
四等	天津	汉沽区
	辽宁	长海县、大连市(金州区 旅顺口区)、葫芦岛市(连山区 龙港区)、绥中县、瓦房店市、兴城市、营口市(西市区 老边区)
	河北	秦皇岛市(山海关区)
	山东	莱州市、乳山市、文登市、烟台市(牟平区)
	江苏	连云港市(连云区)
	浙江	慈溪市、海盐县、平湖市、嵊泗县、温岭市、玉环县、余姚市、乐清市、舟山市(普陀区)
	福建	长乐市、惠安县、龙海市、南安市
	广东	恩平市、南澳县、汕尾市城区、台山市、阳江市(江城区)
	广西	北海市(海城区 银海区)
五等	辽宁	东港市、盖州市、普兰店市、庄河市
	河北	抚宁县、滦南县、唐海县、唐山市(丰南区)、乐亭县
	山东	长岛县、东营市(东营区 河口区)、海阳市、莱阳市、潍坊市(寒亭区)、招远市
	江苏	大丰市、东台市、海安县、海门市、启东市、如东县、通州市
	浙江	岱山县、洞头县、奉化市、临海市、宁海县、瑞安市、三门县、象山县
	福建	连江县、罗源县、平潭县、莆田市(城厢区 涵江区 荔城区 秀屿区)、漳浦县
	广东	电白县、海丰县、惠来县、揭东县、雷州市、廉江市、陆丰市、饶平县、遂溪县、吴川市、徐闻县、阳东县、阳西县
	广西	北海市(铁山港区)、防城港市(防城区 港口区)、钦州市(钦南区)
	海南	澄迈县、儋州市、琼海市、文昌市
六等	辽宁	大洼县、凌海市、盘山县
	河北	昌黎县、海兴县、黄骅市
	山东	昌邑市、广饶县、垦利县、利津县、寿光市、无棣县、沾化县
	江苏	滨海县、赣榆县、灌云县、射阳县、响水县
	浙江	苍南县、平阳县
	福建	东山县、福安市、福鼎市、宁德市(蕉城区)、霞浦县、仙游县、云霄县、诏安县
	广西	东兴市、合浦县
	海南	昌江县、东方市、临高县、陵水县、万宁市、乐东县

附录3 海域使用统计表

表1 海域使用管理现状

填表单位:(章) 截止到200 年

用海类型		现有海域使用权证书(本)		现有确权海域面积(公顷)		累计征收海域使用金(万元)
		经营性项目	公益性项目	经营性项目	公益性项目	
渔业用海	渔业基础设施用海					
	养殖用海					
	增殖用海					
	人工鱼礁用海					
交通运输用海	港口用海					
	航道					
	锚地					
	路桥用地					
工矿用海	盐海用海					
	临海工业用海					
	固体矿产开采用海					
	油气开采用海					
旅游娱乐用海	旅游基础设施用海					
	海水浴场					
	海上娱乐用海					
海底工程用海	电缆管道用海					
	海底隧道用海					
	海底仓储用海					
排污倾倒用海	污水排放用海					
	废物倾倒用海					
围海造地用海	城镇建设用海					
	围垦用海					
	工程项目建设用海					
特殊用海	科研教学用海					
	保护区用海					
	海岸防护工程用海					
其他用海						
合计						

统计负责人: 填表人: 审核人: 填表日期:

表2 海域使用管理情况

填表单位:(章)　　　　　　　　　　　　　　　　　　　　200　年　　　季度

| 用海类型 | | 海域使用确权发证 | | | | 海域使用权注销 | | | | 海域使用金征收金额(万元) | | 海域使用金减免金额(万元) |
| | | 海域使用权证书(本) | | 确权面积(公顷) | | 注销证书(本) | | 注销面积(公顷) | | | | |
		经营性项目	公益性项目	经营性项目	公益性项目	经营性项目	公益性项目	经营性项目	公益性项目	新增项目征收金额	原有项目征收金额	
渔业用海	渔业基础设施用海											
	养殖用海											
	增殖用海											
	人工鱼礁用海											
交通运输用海	港口用海											
	航道											
	锚地											
	路桥用地											
工矿用海	盐海用海											
	临海工业用海											
	固体矿产开采用海											
	油气开采用海											
旅游娱乐用海	旅游基础设施用海											
	海水浴场											
	海上娱乐用海											
海底工程用海	电缆管道用海											
	海底隧道用海											
	海底仓储用海											
排污倾倒用海	污水排放用海											
	废物倾倒用海											
围海造地用海	城镇建设用海											
	围垦用海											
	工程项目建设用海											
特殊用海	科研教学用海											
	保护区用海											
	海岸防护工程用海											
其他用海												
合计												

统计负责人:　　　　　　　填表人:　　　　　　　审核人:　　　　　　　填表日期:

表3 海域使用权招标拍卖情况

填表单位:(章)   200 年 季度

		海域使用权招标			海域使用权拍卖		
		证书(本)	面积(公顷)	海域使用金征收金额(万元)	证书(本)	面积(公顷)	海域使用金征收金额(万元)
渔业用海	渔业基础设施用海						
	养殖用海						
	增殖用海						
	人工鱼礁用海						
交通运输用海	港口用海						
	航道						
	锚地						
	路桥用地						
工矿用海	盐海用海						
	临海工业用海						
	固体矿产开采用海						
	油气开采用海						
旅游娱乐用海	旅游基础设施用海						
	海水浴场						
	海上娱乐用海						
海底工程用海	电缆管道用海						
	海底隧道用海						
	海底仓储用海						
排污倾倒用海	污水排放用海						
	废物倾倒用海						
围海造地用海	城镇建设用海						
	围垦用海						
	工程项目建设用海						
特殊用海	科研教学用海						
	保护区用海						
	海岸防护工程用海						
其他用海							
合计							

统计负责人: 填表人: 审核人: 填表日期:

表 4 海域使用权变更情况

填表单位：(章)   200 年   季度

		转让		出租		抵押		继承		转移		更名、更址		续期	
		证书(本)	面积(公顷)	证书(本)	面积(公顷)	证书(本)	面积(公顷)	证书(本)	面积(公顷)	证书(本)	面积(公顷)	证书(本)	面积(公顷)	证书(本)	面积(公顷)
渔业用海	渔业基础设施用海														
	养殖用海														
	增殖用海														
	人工鱼礁用海														
交通运输用海	港口用海														
	航道														
	锚地														
	路桥用地														
工矿用海	盐海用海														
	临海工业用海														
	固体矿产开采用海														
	油气开采用海														
旅游娱乐用海	旅游基础设施用海														
	海水浴场														
	海上娱乐用海														
海底工程用海	电缆管道用海														
	海底隧道用海														
	海底仓储用海														
排污倾倒用海	污水排放用海														
	废物倾倒用海														
围海造地用海	城镇建设用海														
	围垦用海														
	工程项目建设用海														
特殊用海	科研教学用海														
	保护区用海														
	海岸防护工程用海														
其他用海															
合计															

统计负责人：   填表人：   审核人：   填表日期：

表5 临时用海管理情况

填表单位:(章)　　　　　　　　　　　　　　　　　200　年　　季度

序号	项目名称	用海类型	用海时限(日)	临时用海面积(公顷)	海域使用金征收金额(万元)
	合计				

统计负责人:　　　　填表人:　　　　审核人:　　　　填表日期:

附录 4　海域使用论证报告书格式和内容

1. 文本规格

海域使用论证报告书的文本外形尺寸为 A4(210 mm×297 mm)。

2. 封面格式

第一行书写项目名称:××××项目(居中,指建设项目立项批复的名称,不超过 30 个汉字);

第二行书写:海域使用论证报告书(居中);

第三行落款书写:论证单位全称(居中)(加盖公章);

第四行书写:××××年××月(居中)。

3. 封里 1 内容

封里 1 为海域使用论证资质证书(正本)1/3 比例彩印件,同时应写明海域使用论证承担单位全称、通讯地址、邮政编码、联系电话、传真电话、电子信箱等内容。

4. 封里 2 内容

应写明海域使用论证委托单位全称,海域使用论证承担单位全称,海域使用论证资质证书等级与编号,海域使用论证单位法人姓名、职称,技术负责人姓名、职务或职称,项目负责人姓名、职务或职称等。

5. 封里 3 内容

封里 3 为技术签署页,应给出海域使用论证报告书主要编制人员的姓名、专业、技术职称、岗位证书编号、负责编制的责任章节并签名,由技术负责人审核签字;写明论证协作单位及其所承担的专题内容和主要参加人员情况并签名。

6. 海域使用论证报告书编写大纲

1　概述

　1.1　论证工作来由

　1.2　论证依据

　　1.2.1　法律法规

　　1.2.2　技术标准和规范

　　1.2.3　项目基础资料

　1.3　论证工作等级和范围

　　1.3.1　论证工作等级

---

9 结论与建议

9.1 结论

9.1.1 项目用海基本情况

9.1.2 项目用海必要性结论

9.1.3 项目用海资源环境影响分析结论

9.1.4 海域开发利用协调分析结论

9.1.5 项目用海与海洋功能区划及相关规划符合性分析结论

9.1.6 项目用海合理性分析结论

9.1.7 项目用海可行性结论

9.2 建议

资料来源说明

1. 引用资料

2. 现场勘查记录

附件

1. 海洋主管部门同意开展海域使用论证工作的文件；

2. 海域使用论证工作委托书；

3. 海域使用论证单位技术负责人签署的技术审查意见；

4. 现场调查的计量认证(CMA)分析测试报告或实验室认可(CNAS)分析测试报告(可单独成册)；

5. 用海申请者与利益相关者已达成的协议；

6. 其他相关的文件和图表。

附录5　海域使用论证报告表格式与内容

1. 文本规格

海域使用论证报告表文本外形尺寸为A4(210 mm×297 mm)。

2. 封面格式

第一行书写项目名称:××××工程(居中,指建设项目立项的名称,不超过30个汉字);

第二行书写:海域使用论证报告表(居中);

第三行落款书写:海域使用论证报告表编制单位全称(居中,加盖公章);

第四行书写:××××年××月(居中)。

3. 封里1内容

封里1为海域使用论证资质证书1/3比例彩印件,同时应写明证书持有单位的全称、通讯地址、邮政编码、联系电话、传真电话、电子信箱等。

4. 封里2内容

封里2中应写明:海域使用论证委托单位全称,海域使用论证承担单位全称(加盖公章),海域使用论证资质证书等级与编号,海域使用论证单位法人姓名、职称,技术负责人姓名、职务、职称,项目负责人姓名、职务、职称,报告表由技术负责人审核签字。

5. 参加论证人员基本情况

表1　论证人员基本情况

姓名	从事专业	技术职称	上岗证书号	本项论证职责	签名

6. 论证报告表格式

申请人	单位名称					
	法人代表	姓名			职务	
	联系人	姓名			职务	
		通讯地址				

项目用海基本情况	项目名称					
	项目性质	公益性			经营性	
	投资金额		万元	用海面积		公顷
	用海期限					
	占用岸线		m	新增岸线		m
	用海类型					
	各用海类型/作业方式		面积		具体用途	
			公顷			
			公顷			
			公顷			
			公顷			
	……		公顷		……	

项目概况及用海必要性分析（可附图、表格和添加页）

项目所在海域概况（可附图、表格和添加页）

项目用海资源环境影响分析

海域开发利用协调分析（可附图、表格和添加页）

项目用海与海洋功能区划及相关规划符合性分析（可附图、表格和添加页）

项目用海合理性分析

海域使用对策措施

结论与建议

附录 6　海域价格评估报告的规范格式

1. 封面

海域价格评估报告

项目名称:(说明评估项目的全称)

委托评估方:(说明委托评估的单位)

评估机构:(说明承担该项评估的机构名称)

评估报告编号:(说明该评估机构对该项目的编号)

提交报告日期:(说明海域价格评估报告提交的具体日期)

2. 主要内容

第一部分　摘要

一、评估项目名称

与封面文字一致。

二、委托评估方

说明该项评估的委托单位或个人。

三、评估目的

说明委托评估方的评估需求以及评估结果的使用方向。

四、评估对象

说明评估对象的位置、面积和用途,并明确评估对象是否包含附属用海设施和海上构筑物。

五、评估基准日

说明评估结果对应的具体日期,格式为××××年××月××日。

六、海域价格定义

说明评估报告中海域价格的具体内涵,包括评估基准日、现状利用或规划利用条件、设定的开发程度与用途、使用年限以及是否包含附属用海设施和海上构筑物等。

七、评估结果

以人民币表示最终评定的海域价格和单位面积价格,海域价格附大写金额。

海域评估人员签字:(签名,海域评估岗位培训证书编号)

×××　×××××××

×××　×××××××

海域评估机构:(机构公章)

××××年××月××日

第二部分　报告正文

一、评估的依据

说明该项评估所依据的国家或地方有关法律、法规,采用的技术规程,委托方提供的有关材料,评估人员实地勘察、调查所获取的资料等。

二、评估对象概况

(一)海域使用权登记情况

说明评估对象的地理位置、四至、海域使用类型、用海方式、用海面积、海域使用权证书编号,海域使用金缴纳情况及其他事项。

(二)权利状况

说明海域使用权取得时间、批准使用年限、海域是否被抵押、有无权利纠纷等情况。

(三)利用状况

介绍海域开发利用现状、沿革及附属用海设施和海上构筑物建设情况。

三、海域价格影响因素分析

　　针对不同海域使用类型,通过定性与定量相结合的方式,重点分析海域质量和海域使用效益的主要影响因素及其影响程度、影响趋势,与本次评估相关性小的因素可作为参考。在海域价格影响因素分析时,应做到描述客观,内涵准确,分析合理,参数有据。

　　四、海域评估的原则、方法和过程

　　(一)评估原则

　　简要说明该项评估所遵循的主要原则。

　　(二)评估方法和过程

　　应针对不同评估方法说明参数取值依据和标准、计算过程和评估结果。

　　1. 成本法

　　(1)应明确海域取得费各组成项目及费用标准,并说明确定依据;

　　(2)应明确评估对象的开发状况、开发期限、开发费用标准,并说明依据;

　　(3)应说明贷款利息、投资回报率、海域还原利率取值的依据、来源、分析计算过程;

　　(4)应说明计算公式和结果。

　　2. 收益法

　　(1)应说明年总收入的确定依据或计算方法和过程;

　　(2)应明确年总费用各项构成的确定依据和方法;

　　(3)应说明海域年纯收益的测算依据和方法;

　　(4)应说明海域还原利率和海域使用年限确定的方法和依据;

　　(5)应明确计算公式和评估结果。

　　3. 假设开发法

　　(1)应综合分析评估对象条件、利用现状、区划、规划等限制条件,确定海域最有效利用方式;

　　(2)应明确评估对象开发完成后的利用方式,并依据当前市场状况估算海域开发后的总价值,说明估算方法和依据;

　　(3)应说明评估中涉及的海域取得费、海域开发费确定依据和方法;

　　(4)应说明开发周期、利息、税费、利润选择依据;

　　(5)应说明计算公式和结果。

　　4. 市场比较法

　　(1)应说明比较实例选择的依据和原则;

　　(2)应说明比较因素选择依据;

　　(3)应说明评估对象和比较实例的各因素条件;

　　(4)应编制比较因素条件指数表;

　　(5)应在各因素条件指数表的基础上,进行比较实例的评估基准日修正、交易情况修正、影响因素修正和年期修正;

　　(6)应说明计算公式和结果。

　　5. 海域基准价格修正系数法

　　(1)应说明海域基准价格公布的时间、批准文号、批准机关、海域基准价格的内涵;

（2）应说明评估对象所在位置、海域使用类型、所在区域的海域基准价格及对应因素修正幅度表和因素条件说明表；

（3）就说明评估对象各项因素的具体条件；

（4）应明确评估对象各因素的修正系数和综合修正系数；

（5）应说明评估基准日、海域使用年期、交易情况修正系数的确定方法和依据；

（6）应说明计算公式和结果。

五、海域价格的确定

采用一种方法评估的，测算价格为最终海域价格。多种方法评估的，可用加权平均等方法评定最终结果。海域出让评估应明确海域开发费、专业费、补偿费、业务费、其他费用等内容。海域转让评估应明确海域转让前的取得价格、附属用海设施和海上构筑物重置费以及转让增值收益等内容。

最终结果以人民币注明海域价格和单位，海域价格应附大写金额。

六、需要说明的事项

（一）评估的前提条件和假设条件

说明本次评估结果成立的前提条件、假设条件。

（二）评估结果和评估报告的使用

1. 评估结果和评估报告发生效力的法律依据；

2. 评估结果和评估报告使用的方向和限制条件；

3. 评估报告的有效期自评估基准日起不超过1年。

（三）需要特殊说明的事项

1. 有关材料来源及未经证明或无法实地确认的资料和事项；

2. 评估对象的特殊性、评估中未考虑的因素及采取的特殊处理措施；

3. 其他需要特殊说明的问题。

第三部分　附件

一、评估委托书

二、委托评估方证明材料

三、评估机构证明材料

四、评估对象权属及有关背景材料

五、现场勘察资料